Umwelt 2000

Texte von Wolfgang Klausewitz, Wilhelm Schäfer und Wolfgang Tobias
Redaktionelle Bearbeitung von Dagmar Tobias (1.–3. Auflage)
Gestaltung von Jürgen Wirth

Völlig neue und ergänzte 4. Auflage von Wolfgang Klausewitz

Kleine Senckenberg-Reihe Nr. 3
Herausgegeben von der
Senckenbergischen Naturforschenden Gesellschaft
Verlag Waldemar Kramer, Frankfurt am Main

CIP-Kurztitelaufnahme der Deutschen Bibliothek

Klausewitz, Wolfgang:
[Umwelt zweitausend]
Umwelt 2000 / Texte von Wolfgang Klausewitz, Wilhelm Schäfer u. Wolfgang Tobias. – Völlig neue u. erg. 4. Aufl. / von Wolfgang Klausewitz. – Frankfurt am Main : Kramer 1986.
(Kleine Senckenberg-Reihe ; Nr. 3)
ISBN 3-7829-1102-4

NE: Schäfer, Wilhelm: ; Tobias, Wolfgang: ; Senckenbergische Naturforschende Gesellschaft: Kleine Senckenberg-Reihe der Senckenbergischen Naturforschenden Gesellschaft

ISBN 3-7829-1102-4
Völlig neue und ergänzte 4. Auflage von Wolfgang Klausewitz
Umschlagzeichnung von Walter Hanel
Gesamtherstellung: W. Kramer & Co. Druckerei-GmbH, Frankfurt am Main

Inhaltsverzeichnis

Vorwort zur 4. Auflage

Das Thema Umwelt mit der Problematik der Belastung, Verschmutzung und Vergiftung sowie den damit verbundenen Gefährdungen für jegliches Leben einschließlich des Menschen wird in unserem Land seit mehr als zehn Jahren heftig und widersprüchlich diskutiert. Den Anstoß gaben zu Beginn der siebziger Jahre bestimmte Veröffentlichungen der Medien und insbesondere das Wirken des Naturmuseums und Forschungsinstituts Senckenberg in Frankfurt am Main.

Im Senckenberg-Museum wurde 1970 die Sonderausstellung „Umwelt 2000" eröffnet, die damals in der Öffentlichkeit erhebliches Aufsehen erregte, da dort diese Thematik überhaupt zum ersten Mal ausführlich dargestellt und viele bisher unbekannte Fakten dokumentiert wurden. Neben der Präsentation des zu jener Zeit vorhandenen Wissens über die biologisch-ökologischen Fakten der Belastung der Natur und sämtlicher Lebewesen, wurde in dieser Sonderschau zugleich jener damals schon auf dem Gebiet des Umweltschutzes arbeitenden Industrie (besonders in der Luftreinigung und Abwasserbehandlung) die Möglichkeit geboten, ihr technisches Können zu vermitteln.

Nachdem diese äußerst erfolgreiche Sonderausstellung über ein Jahrzehnt im Senckenberg-Museum zu besichtigen war und von nahezu drei Millionen Menschen besucht wurde, befinden sich heute wesentliche Teile im Naturschutz-Zentrum in Wetzlar, wo sie weiterhin der Öffentlichkeit und insbesondere der Jugend zugänglich sind, da das Thema an Aktualität nichts eingebüßt hat.

Verbunden mit dieser Ausstellung wurde seinerzeit die Broschüre „Umwelt 2000" herausgegeben, die von vornherein derart konzipiert war, daß sie über einen Ausstellungskatalog hinaus eine zusammenfassende Darstellung unseres damaligen Wissens über jene wesentlichen Fakten der Umweltproblematik bot, die im Gefolge der ständigen Zunahme der Erdbevölkerung und der damit notwendigen industriellen und technischen Durchdringung unseres Lebens auftreten. In dieser Schrift wurde zum ersten Mal im deutschsprachigen Raum auf allgemeinverständliche Weise die anthropogene Belastung unserer Umwelt und deren Folgen in knapper, aber doch anschaulicher Form dargestellt. Sie fand daher beträchtlichen Widerhall und wurde nicht nur von Ausstellungsbesuchern und ökologisch Interessierten gelesen, sondern auch in Schulen und sogar in Hochschulen als Lehrstoff verwendet.

Da die erste Fassung der Broschüre sich auf die reinen und aktuellen, bis 1970 bekannten Fakten und Probleme beschränkte, aber kein Hintergrundwissen vermittelte, wurde 1973 eine erweiterte Auflage herausgegeben, die zusätzlich die Behandlung theoretischer Fragen und eine Reihe inzwischen aktuell gewordener ökologischer Themen enthielt.

Im Verlauf des vergangenen Jahrzehnts ist die Zahl der Umweltveröffentlichungen auf dem Buchmarkt Legion geworden. Heute werden sogar Kinderbücher und Romane, die das Umwelt-Thema zum Inhalt haben, hergestellt. So hatten die Autoren den Eindruck, daß die Broschüre „Umwelt 2000", die einst eine Pionieraufgabe hatte und die Funktion einer Initialzündung besaß, nun überholt sei. Doch die Nachfrage nach dieser verhältnismäßig straffen Darstellung der gesamten Umweltproblematik ist ungebrochen. Wir haben aber einen weiteren, schließlich entscheidenden Grund für die Wieder- und Neuherausgabe dieser, eigentlich schon „historischen" Umweltschrift. Wir hatten angenommen, daß mehr als zehn Jahre vielfältiger und intensiver Informationsarbeit der verschiedensten Gremien und Institutionen bis hin zum „Club of Rome" genügen dürften, Politiker und Wirtschaftler zu veranlassen, die notwendige Einbeziehung ökologischer Faktoren in die ökonomische Planung zu bewirken. Wenn auch die Entwicklung in jüngster Zeit hier und da zeigt, daß die Umweltproblematik erkannt wird, ist die traditionelle, auf wirtschaftliches Wachstum ausgerichtete, ökologische und sogar humanmedizinische Folgeerscheinungen vernachlässigende Denkstruktur noch vorherrschend. Es gibt immer noch Strömungen, die glauben oder glauben machen wollen, daß die Umweltproblematik keine echte Aufgabe sei und wie früher vernachlässigt werden könne. Solange die ökologisch fundierten Prognosen der siebziger Jahre – deren Verwirklichung z. B. im Zusammenhang mit der Bevölkerungsexplosion längst ihren verheerenden Lauf begonnen hat – als Hysteriker-Prophezeiungen bezeichnet und solange die geforderte Berücksichtigung ökologischer Folgen bei technischen Weiter- und Neuentwicklungen als unverantwortliches Denken verächtlich gemacht werden und solange Biologen und Naturschützer als „Öko- und Feuchtgebiets-Apostel" apostrophiert werden, muß eine ökologisch verantwortungsbewußte Institution wie das Forschungsinstitut Senckenberg Stellung beziehen. So soll mit dieser Broschüre das 1970 begonnene Bemühen, in weiten Teilen der Bevölkerung ein ökologisches Bewußtsein zu wecken oder zu vertiefen, entsprechend den heutigen Kenntnissen fortgesetzt werden.

Wie schon 1970 bemühen wir uns auch heute um die Darstellung sachlicher, wissenschaftlich gesicherter Fakten. Es werden keine Fronten gezogen und keine Angeklagten geschaffen, denn ein jeder Mensch ist für die Umweltbelastung mitverantwortlich. Erst wenn Umweltschutz im persönlichen Leben und im eigenen Hause verwirklicht wird, besteht für den Einzelnen ein Recht zur Kritik an der Mitwelt und an Einrichtungen unserer Gesellschaft.

Selbstverständlich mußte die Broschüre entsprechend dem heutigen Wissensstand revidiert werden. Denn seit 1970 hat sich die Kenntnis über die vielfältigen Formen der Umweltbelastung erheblich vergrößert und vertieft. So wurden nicht nur die vorhandenen Kapitel meist beträchtlich erweitert, viele Abschnittte wurden auch völlig neu geschrieben. So hat die vorliegende Schrift im Vergleich zu den früheren Auflagen ein stark abgewandeltes Gepräge erhalten, was auch aus dem veränderten Titelbild hervorgeht.

Trotz immer noch vorhandener Widerstände mancher wirtschaftsbezogener Kreise und Kräfte gegen eine umweltorientierte Politik und gegen ein Einbeziehen der Ökologie in die Planungen der Ökonomie, ist zu hoffen, daß die Erkenntnis von der gefährdeten Umwelt und der mitbetroffenen Menschheit sich weiterhin ausbreitet, in zunehmendem Maße ernstgenommen wird und in der Planung, aber auch in der Ausbildung der technischen Kräfte Berücksichtigung findet. Erfreulicherweise sind wichtige positive Ansätze im politischen Feld und in der Gesetzgebung zu verzeichnen.

Es ist die Aufgabe dieser Broschüre, der Mitwelt klarzumachen, daß sich die Menschheit an einem Scheidepunkt befindet. Seit der Herausgabe der 1. Auflage dieser Schrift im Jahre 1970 hat sich die Bevölkerung um über 1 Milliarde Menschen vermehrt. Der Druck auf die Ökosysteme der Natur wird immer stärker, die Einwirkungen auf die biochemischen und energetischen Kreisläufe werden immer gravierender, die Vernichtungsrate der Lebensräume sowie die Anzahl ausgestorbener oder ausgerotteter Tiere und Pflanzen werden immer größer. Die vielfältigen Gefahren für die Menschen werden immer bedenklicher.

Viele Fachleute sind sich einig, daß gegenwärtig die größte Massenvernichtung von organischem Leben stattfindet. Eine einzige Art, der *Homo sapiens*, ist dabei, zum ersten Mal in der geologischen Geschichte eine katastrophale Vernichtung durchzuführen. Durch die Maßlosigkeit der menschlichen Expansion wird eine zunehmende Fülle von Lebensräumen zerstört. Wir dürfen nicht müde werden, unsere Mitmenschen und die Politiker darauf hinzuweisen, daß die Menschheit nur dann die Chance hat zu überleben, wenn die Vielfältigkeit der organischen Lebewelt erhalten bleibt und wenn man im Umgang mit der Natur und der Umwelt im ökologischen Sinne Vernunft walten läßt.

Prof. Dr. W. ZIEGLER
Herausgeber

"The ecological facts of life are grim. The survival of all living things – including man – depends on the integrity of the complex web of biological process which comprise the earth ecosystem. However, what man is now doing on the earth violates this fundamental requisite of human existence. For modern technologies act on the ecosystem which supports us in ways that threaten its stability; with tragic perversity we have linked much of our productive economy to precisely those features of technology which are ecologically destructive.

These powerfull, deeply entrenched relationships have locked us into a selfdestructive course. If we are to break out of this suicidal track we must begin by learning the ecological facts of life." (B. Commoner)

Zum Hungern geboren

Während man diesen Satz liest, werden auf der Erde 7 Kinder geboren und 5 Menschen sterben.

1970 nahm jede Sekunde die Bevölkerung der Erde

	um	2	
jede Minute	um	120	
jede Stunde	um	7200	
jeden Tag	um	172800	
jede Woche	um	1209600	
jeden Monat	um	5184000	
im Jahr	um	63072000	Menschen zu.

1985 nahm sie um 80000000 zu.

„Die Menschheit wächst nicht länger, sie explodiert.“ (C. Jacobi)

Vor 1 Million Jahre, der unteren Altsteinzeit, dürfte der Mensch nur in Afrika mit einer geschätzten Gesamtbevölkerung von 125000 Individuen gelebt haben. Asien und Europa wurden vermutlich erst in der mittleren Altsteinzeit vor 300000 Jahren besiedelt.

Die Gesamtbevölkerung von 1 Million dürfte frühestens in der mittleren Altsteinzeit, möglicherweise sogar erst am Ende der letzten Eiszeit vor etwa 10000 Jahren erreicht worden sein.

Vor 6000 Jahren begann die Anlage von Dörfern und Städten, was zu einem raschen Anwachsen der Bevölkerung führte: schätzungsweise 86 Millionen.

Zu Beginn unserer Zeitrechnung soll die Gesamtbevölkerung 133 Millionen, nach anderen Schätzungen 250 Millionen betragen haben.

Im Jahre 1600 betrug die Gesamtzahl 500 Millionen.

Um 1830 hatte sich die Menschheit auf 1 Milliarde verdoppelt.

1930 war die Bevölkerung auf 2 Milliarden angestiegen.

1965 waren es 3,3 Milliarden.

1975 wurde die 4 Milliarden-Grenze überschritten.

1985 waren es über 4,8 Milliarden.

Für das Jahr 2000 wird eine Weltbevölkerung von etwa 6–7 Milliarden vorausberechnet,

für das Jahr 2100 von 9–10 Milliarden.

„Eine Sintflut von Menschenkörpern kommt auf uns zu.“ (T. Fox)

„In sechseinhalb Jahrhunderten, der gleichen unbedeutenden Zeitspanne, die uns vom Dichter Dante trennt, stünde ein Mensch auf jedem Quadratfuß Boden auf Erden – eine Schreckensvision gegenüber der selbst das ‚Inferno‘ verblaßt.“ (McNamara)

Die Bevölkerungsexplosion findet auch im Wachstum der Städte ihren Ausdruck:

Im Jahre 1900 gab es auf der Erde 11 Städte mit einer Million und mehr Einwohnern,

1985 sind es 270 Städte, davon 140 in der Dritten Welt.

1950 gab es nur 2 Städte mit 10 Millionen und mehr Einwohnern,

1985 waren es mindestens 17, davon 10 in der Dritten Welt.

Worin sind die Ursachen dieser Bevölkerungsexplosion zu suchen? Während Seuchen wie Cholera und Pest, Hungerkatastrophen und daraus resultierende Krisenzeiten mit langandauernden Kriegen die Menschheit des Mittelalters fast um ein Viertel dezimierten, brachte die stürmische Entwicklung der Naturwissenschaften in der Neuzeit einen gewaltigen Aufschwung auf den Gebieten Medizin und Sozialhygiene und führte zu einer drastischen Senkung der Kindersterblichkeit und gleichzeitigen Erhöhung der Lebenserwartung.

Bereits an der Wende zum 19. Jahrhundert malte der englische Pfarrer und Volkswirt Thomas Robert Malthus ein apokalyptisches Bild der Überbevölkerung, indem er meinte, die Menschheit müsse verhungern, wenn eine Familie in Zukunft mehr als zwei Kinder bekomme. Die Erzeugung von Nahrungsmitteln könne mit dem Bevölkerungsanstieg nicht Schritt halten (Gesetz vom abneh-

Geschätztes Wachstum der Weltbevölkerung von 8000 v. bis 2000 n. Chr. Abszisse: Jahreszahlen; Ordinate: Bevölkerungszahl in Milliarden. (Nach Ehrlich & Ehrlich, abgeändert.)

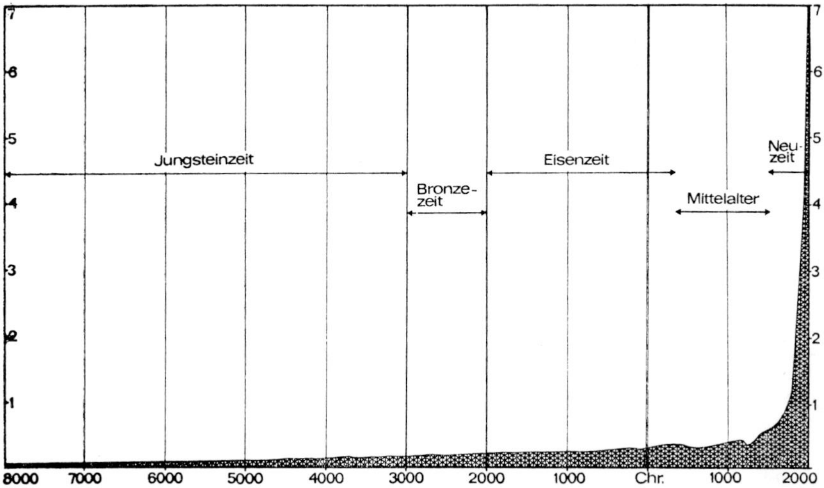

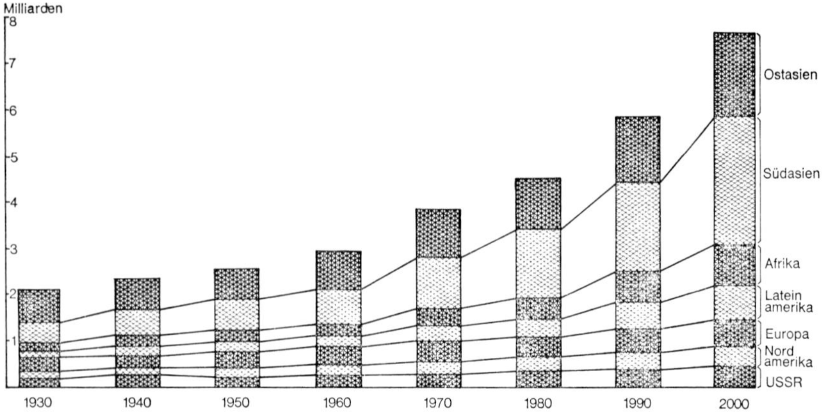

Bisheriges und voraussichtliches Wachstum der Weltbevölkerung seit 1930 bis zum Jahr 2000, in kontinentale oder subkontinentale Bevölkerungsgruppen aufgegliedert, nach Statistiken der Vereinten Nationen. (Nach Ehrlich & Ehrlich.)

menden Bodenertrag). Später erklärte der Philosoph John Stuart Mill (1806–1873):

„Es gibt keine Zivilisation, die erlaubt, eine größere Menschenzahl so gut zu versorgen wie eine kleine. Die Schäbigkeit der Natur ist es, ihr unbegreiflich schmutziger Geiz – nicht die Ungerechtigkeit der Gesellschaft! – die auf Überbevölkerung mit der Strafe des Hungers antwortet." (J.S. Mill)

Heute hat bereits die Hälfte der Menschheit keine ausreichende Nahrung. Von den 3,3 Milliarden Menschen des Jahres 1965 waren nur 35% gut ernährt, 50% knapp ernährt, 15% hungerten. An den direkten und indirekten Auswirkungen des Hungers sterben jährlich etwa 15 Millionen Menschen.

Hungersnöte können die Bevölkerungsexplosion nicht aufhalten. Im vorigen Jahrhundert verhungerten 100 Millionen Chinesen; zwischen 1870 und 1900 20 Millionen Inder. Beide Völker zusammen haben heute 1,25 Milliarden Menschen.

Moderne Soziologen sind der Ansicht, nicht Hunger und Not bremsten das Wachstum der Bevölkerung, sondern im Gegenteil der Wohlstand. Eine sinnvolle Familienplanung ist erst mit dem Aufstieg vom Analphabetentum zu kultureller Bildung und höherem Sozialniveau zu erreichen.

Der enorme Bevölkerungszuwachs in den letzten Jahrhunderten und heute ist auf den Entwicklungsprozeß der Völker, den Bevölkerungszyklus, zurückzuführen, der sich in vier Abschnitte gliedert: Im ursprünglichen Zustand entspricht einer hohen Geburtenrate eine hohe Sterberate, so daß der Bevölkerungsanstieg sehr gering ist. Mit der Einführung von Medizin und Hygiene sinkt die Sterberate, während die Geburtenrate auf dem hohen Stand bleibt, so daß die Bevölkerungszahl rasch steigt. Bei zunehmender sozialer Aufklärung und Schulbildung sinkt die Sterberate weiter, gleichzeitig reduziert sich aber auch die Geburtenzahl, womit sich der Bevölkerungszuwachs verringert. Schließlich stellt sich zwischen der geringen Sterbe- und Geburtenrate ein Gleichgewicht ein, so daß sich die Bevölkerung nur sehr langsam, wenn überhaupt vermehrt.

Der letzte Zustand trifft beinahe auf alle westeuropäischen Völker zu, aber auch die slawischen Völker treten in das Stadium ein, in dem sich der Bevölkerungszuwachs verlangsamt. Entscheidend für eine Verlangsamung des Anstiegs sind die Überwindung des Analphabetentums und die Anhebung des Lebensstandards. Das schnelle Wachstum der Bevölkerungszahl wird somit nach den bisherigen Erfahrungen erst dann zu einem Stillstand kommen, wenn bei allen Völkern Wohlstand und Bildung eingekehrt sind (Kolbe).

„Die Überbevölkerung der Erde ist ein Problem, das jeden angeht und nur in internationaler Zusammenarbeit gelöst werden kann." (H. Nachtsheim)

Die direkte Folge der Überbevölkerung ist der Nahrungsmangel vieler Menschen, besonders in der Dritten Welt. Die nur langsam steigende Produktionsrate der Lebensmittel kommt bei weitem nicht dem Bevölkerungswachstum nach. Der größte Nahrungsmangel herrscht in Afrika, wo 150 Millionen Menschen Hunger leiden. Vor einer Katastrophe steht die Sahel-Zone, wo viele Menschen unmittelbar vom Hungertod bedroht sind. Doch Hunger und Elend herrschen auch in einer Reihe anderer Gebiete und Staaten Afrikas, Lateinamerikas und Südasiens. Bevölkerungswachstum und fehlende eigenständige Nahrungsgrundlage führen zu einer Katastrophe, die für uns Wohlstandsbürger überhaupt nicht vorstellbar ist. Ein Beispiel von vielen: Im Nordosten Brasiliens sind 1984 drei Millionen Menschen vom Hungertod bedroht, 60% der dort lebenden Einwohner leiden unter Anämie, die Kindersterblichkeit liegt bei 25%. Verantwortlich gemacht wird die Natur mit einer seit Jahren anhaltenden Dürre. Doch der wahre Schuldige ist der Mensch, der diese einst dicht bewaldete und feuchte Landschaft über riesige Strecken in eine Kultursteppe umgestaltet hat, die sich durch die tiefgreifende Einwirkung auf den Wasserhaushalt und Wasserkreislauf nun allmählich in eine nicht mehr regenerierbare Wüste umwandelt.

Nach den Ermittlungen der amerikanischen karitativen Organisation „Hunger Project" sind 1977 täglich etwa 41000 Menschen an Hunger gestorben, also knapp 15 Millionen im Jahr, 1984 seien es aufgrund der internationalen Hilfsmaßnahmen „nur" noch täglich 35000 oder knapp 12,8 Millionen gewesen. Doch sind solche „Erfolgsmeldungen" trügerisch. Durch Vernichtung der für einen geordneten Wasserhaushalt sorgenden Wälder und die dadurch bedingte Trockenheit breitet sich überall in den Tropen der Prozeß der Versteppung und Wüstenbildung (Desertifikation) aus. Damit verlieren die ansässigen Menschen ihre Lebensgrundlage, sie sind dem Hunger und oft dem Hungertod preisgegeben. Dies gilt besonders auch für Afrika. Die UN-Nahrungs- und Landwirtschaftsorganisation FAO berichtete 1984, daß 24 afrikanische Länder dringender Hilfe und Unterstützung bedurften, um verbreitete Hungerkatastrophen zu vermeiden. Nicht allen Ländern und Regionen konnte geholfen werden. In Afrika ist die Nahrungskrise auf drei Faktoren zurückzuführen: 1. Das schnellste Bevölkerungswachstum, das je ein Kontinent aufwies; 2. die verbreitete Verschlechterung der natürlichen Umwelt (einschl. Bodenerosion, Bodenverschlechterung und Wüstenbildung) und 3. die chronische Unterentwicklung der Landwirtschaft.

Aktueller Stand der Bevölkerungsexplosion (1984/85)

Hinsichtlich der Umweltbelastung der Welt stellt das Bevölkerungswachstum das größte aller Probleme dar. Nach dem UN-Bericht von 1973 hatte die Weltbevölkerung Mitte 1971 aus 3,7 Milliarden Menschen bestanden. Damals vermehrte sie sich jährlich um knapp 75 Millionen, heute sind es etwa 85 Millionen bei steigender Tendenz. Die 4-Milliarden-Grenze wurde im Verlaufe des Jahres 1975 erreicht. 1981 lag die Kopfzahl der Weltbevölkerung bei 4,5 Milliarden. Nach den Berechnungen des US-Amtes für Statistik betrug sie Mitte 1983 rund 4 721 887 000 Menschen auf der Erde; Mitte 1986 über 4,9 Milliarden. Nach dem Demographischen Jahrbuch der Vereinten Nationen wird die Weltbevölkerung bei Beibehaltung der derzeitigen Vermehrungsrate von knapp 2% – wenn nicht zuvor eine große Katastrophe eintritt – im Jahr 2000 etwa 6–7 Milliarden betragen (davon wird maximal ein fünftel = 1,4 Milliarden in den Industrieländern leben). Für das Jahr 2035 wurden über 14 Milliarden Menschen für unseren Erdball vorausberechnet.

Derzeit sind 56,7% der Weltbevölkerung Asiaten, 12,6% Europäer, 9,5% Afrikaner, 8,8% Nordamerikaner, 6,6% Bewohner der Sowjetunion, 5,3% Südamerikaner und 0,5% leben in Ozeanien. Heute leben mehr als die Hälfte der Menschen in den fünf größten Ländern der Erde: China = 1 059 802 000, Indien = 730 572 000, UdSSR = 272 308 000, USA = 234 193 000, Indonesien = 160 932 000 Einwohner. Indien nimmt jährlich um 15,5 Millionen Menschen zu, China um 15 Mio., Indonesien um 3,3, Brasilien um 3, Bangladesch um 2,9, die UdSSR um 2,3 und die USA um 2,1 Millionen Menschen. Im Jahr 2000 wird die Bevölkerung Asiens größer sein als die gesamte Weltbevölkerung von 1970.

Die niedrigste Geburtenrate hat die Bundesrepublik Deutschland (12,8 auf 1 000), die höchste die Schweiz (52,3 auf 1 000). Zwölf Länder in Afrika haben ebenfalls einen Geburtenüberschuß um 50 auf 1 000. Die meisten Entwicklungsländer haben heute eine Geburtenziffer von 35–45 je 1 000 der Bevölkerung mit einer Sterblichkeitsziffer von 10–20. Daraus ergibt sich der hohe Geburtenüberschuß von 2–2,5%, in einigen Ländern sogar mehr als 3%. Das Bevölkerungswachstum wird aber nicht durch eine Zunahme der Kinderzahl in den Familien ausgelöst, sondern durch den beträchtlichen Rückgang der Sterblichkeit. Da dieses Bevölkerungswachstum in der Dritten Welt aber nicht einhergeht mit einer Steigerung des Lebensstandards und wirtschaftlicher Entwicklung, entsteht eine gravierende Konfliktsituation. Denn die Weltbevölkerung wächst bedeutend rascher als die Nahrungsmittelproduktion.

„Wenn wir in etwa 100 Jahren zu stabilen Verhältnissen kommen wollen, dann müssen wir bereits jetzt mit einer umfassenden Bevölkerungskontrolle beginnen, denn die Auswirkungen einer solchen Kontrolle würden sich – bedingt durch die Altersstruktur der Population und der daraus resultierenden Zeitverzögerung – erst in Jahrzehnten bemerkbar machen. ‚Bevölkerungskontrolle' heißt in diesem Zusammenhang ‚Geburtenregelung' ... Die Ärzte haben jahrhundertelang das Richtige getan, als sie die Krankheiten bekämpften, das Leben verlängerten, also die Mortalität senkten. Wir sind jetzt an einem Punkt angelangt, wo sich die Mediziner ethisch umorientieren müssen. In einer Zeit der ‚Bevölkerungsexplosion' muß jegliche Verringerung der Mortalität begleitet werden von entsprechenden Senkungen der Natalität" (U. Halbach). Wir möchten meinen, daß solche tiefgreifenden Maßnahmen der Geburtenkontrolle weniger eine Aufgabe der Ärzte, sondern insbesondere der Politiker, Militärs und der religiösen Führer der Länder der Dritten Welt sind.

„Eine Vernachlässigung der Politik wirkungsvoller Geburtenkontrolle bildet eine nie versiegende Quelle der Armut, die ihrerseits wiederum Vater von Revolution und Verbrechen ist" (Aristoteles 384 – 322 v. Chr.).

Täglich stirbt eine Art aus

Die menschliche Freude am Töten, am Profitmachen und an der Landbesitznahme sind die wesentlichsten Ursachen für das Aussterben vieler Tiere.

In den letzten 300 Jahren wurden mehr als 200 Säugetier- und Vogelarten ausgerottet. Mehrere hundert weitere Tierarten sind heute unmittelbar vom Aussterben bedroht.

Ausgerottete Vogelarten		Ursachen
Arabischer Strauß	20. Jhdt.	Schießlust
Tasmanischer Emu	19. Jhdt.	Bekämpfung
Känguruhinsel-Emu	19. Jhdt.	Waldzerstörung
Guadeloupe-Wellenläufer	20. Jhdt.	verwilderte Katzen
Brillenkormoran	1852	Jagd u. Eiersammeln
Guadeloupe-Karakara	1900	Bekämpfung u. Biotopzerstörung
Bonin-Nachtreiher	1889	Biotopzerstörung u. verwilderte Katzen
Washington-Insel-Schnatterente	19. Jhdt.	Zivilisation
Labrador-Ente	1875	Jagd u. Biotopzerstörung
Auckland-Säger	1901	Jagd u. Faunenverfälschung
Hauben-Brandente	1916	Jagd

Neuseeland-Wachtel	19. Jhdt.	Krankheiten
Himalaya-Bergwachtel	19. Jhdt.	Jagd
Kupidohuhn	1932	Schießlust u. Waldzerstörung
Madagaskar-Kuckuck	20. Jhdt.	Biotopveränderung
Rotschnabelralle	19. Jhdt.	Katzen u. Ratten
Einfarbralle	1881	Faunenverfälschung
Streifenralle	19. Jhdt.	Katzen u. Ratten
Wake-Ralle	20. Jhdt.	Jagd
Auckland-Ralle	19. Jhdt.	verwilderte Katzen
Chatham-Ralle	19. Jhdt.	Faunenverfälschung
Laysan-Ralle	20. Jhdt.	Ratten
Hawaii-Ralle	19. Jhdt.	Faunenverfälschung
Karolina-Ralle	19. Jhdt.	Ratten
Fidji-Ralle	20. Jhdt.	Faunenverfälschung
Samoa-Ralle	20. Jhdt.	Haushunde u. Ratten
Mauritius-Ralle	17. Jhdt.	Jagd
Blatthühnchenralle	20. Jhdt.	Hauskatze u. Ratten
Tristan-Teichhuhn	19. Jhdt.	Haushunde
Weißes Sultanshuhn	19. Jhdt.	Jagd
Gesellschaftsläufer	19. Jhdt.	verwilderte Schweine
Eskimobrachvogel	20. Jhdt.	Jagd u. Biotopveränderung
Riesenalk	19. Jhdt.	Eiersammeln
Mauritius-Fruchttaube	18. Jhdt.	Jagd
Neuseeland-Fruchttaube	19. Jhdt.	Biotopveränderung
Salomonen-Erdtaube	20. Jhdt.	verwilderte Katzen
Wandertaube	20. Jhdt.	Jagd u. Schießlust
Blautaube	20. Jhdt.	Biotopveränderung
Bonin-Taube	20. Jhdt.	verwilderte Katzen
Dronte oder Dodo	17. Jhdt.	Jagd u. Faunenverfälschung
Dünnschnabel-Kaka	19. Jhdt.	Bekämpfung
Guadeloupe-Amazone	18. Jhdt.	
Culebra-Amazone	20. Jhdt.	Biotopveränderung u. Tierhandel
Kuba-Ara	19. Jhdt.	Tierhandel u. Bekämpfung
Puerto Rico-Sittich	19. Jhdt.	Zivilisation
Karolina-Sittich	20. Jhdt.	Bekämpfung
Reunion-Sittich	19. Jhdt.	Waldzerstörung
Seychellen-Sittich	19. Jhdt.	Waldzerstörung
Rodriguez-Sittich	20. Jhdt.	Waldzerstörung
Mauritius-Sittich	17. Jhdt.	Jagd
Rodriguez-Papagei	17. Jhdt.	Jagd
Neukaledonien-Lori	20. Jhdt.	Waldzerstörung
Lord Howe-Ziegensittich	19. Jhdt.	Bekämpfung
Maquarie-Ziegensittich	20. Jhdt.	verwilderte Haustiere
Tahiti-Laufsittich	19. Jhdt.	Zivilisation
Ulieta-Laufsittich	18. Jhdt.	
Rodriguez-Eule	17. Jhdt.	Zivilisation
Kanincheneule	19. Jhdt.	Faunenverfälschung
Neuseeland-Eule	19. Jhdt.	Zivilisation u. Faunenverfälschung
Seychellen-Ohreule	20. Jhdt.	Zivilisation

Puerto Rico-Ziegenmelker	20. Jhdt.	Faunenverfälschung
Jamaica-Ziegenmelker	19. Jhdt.	verwilderte Hauskatzen
Riu-Kiu-Eisvogel	19. Jhdt.	
Guadeloupe-Kupferspecht	20. Jhdt.	Vegetationszerstörung durch Schafe
Stephen-Schlüpfer	20. Jhdt.	verwilderte Katzen
Guadeloupe-Zaunkönig	20. Jhdt.	Faunenverfälschung
Martinique-Zaunkönig	20. Jhdt.	Faunenverfälschung
Kurzschwanz-Zaunkönig	19. Jhdt.	Vegetationszerstörung durch Ziegen
Inseldrossel	20. Jhdt.	verwild. Katzen u. Schweine
Ulieta-Drossel	18. Jhdt.	verwild. Katzen u. Ratten
Bonin-Drossel	20. Jhdt.	verwild. Katzen u. Ratten
Oahu-Hawaiidrossel	20. Jhdt.	Ratten
Molokai-Hawaiidrossel	20. Jhdt.	Ratten u. Krankheiten
Lanai-Hawaiidrossel	20. Jhdt.	eingeschleppte Krankheiten
Laysan-Rohrsänger	20. Jhdt.	Zivilisation
Chatham-Grassänger	19. Jhdt.	Zivilisation u. Ziegen
Viti-Levu-Grassänger	19. Jhdt.	Zivilisation
Graszaunkönig	20. Jhdt.	verwilderte Katzen
Inselschnäpper	19. Jhdt.	Zivilisation
Tahiti-Monarch	20. Jhdt.	Zivilisation
Fächerschnäpper	19. Jhdt.	Zivilisation
Glockenhonigfresser	19. Jhdt.	Ratten
Schmalfederhonigfresser	19. Jhdt.	Zivilisation
Weißspitzen-Krausschwanz	19. Jhdt.	Waldzerstörung
Hawaii-Krausschwanz	20. Jhdt.	Waldvernichtung
Molokai-Krausschwanz	20. Jhdt.	Waldvernichtung
Seychellen-Brillenvogel	20. Jhdt.	Waldvernichtung
16 Hawaii-Kleidervögel	19./20. Jhdt.	Waldvernichtung, Zivilisation u. wildernde Katzen
Grundrötel	19. Jhdt.	Ziegen
Bonin-Fink	19. Jhdt.	Zivilisation
St. Christopher-Kernbeißerammer	20. Jhdt.	verwilderte Katzen
Galapagos-Kernbeißerfink	19. Jhdt.	Tierhandel
Sao Thomé-Weber	19. Jhdt.	Zivilisation
Réunion-Weber	18. Jhdt.	Zivilisation
Réunion-Star	18. Jhdt.	Zivilisation
Lord Howe-Star	20. Jhdt.	Ratten
Kusaine-Star	20. Jhdt.	Ratten
Gesellschafts-Star	19. Jhdt.	
Lappenhopf	20. Jhdt.	Waldzerstörung

Ausgerottete Säugetierarten

Beutelspitzmaus	20. Jhdt.	Zivilisation
Streifenbeuteldachs	20. Jhdt.	Faunenverfälschung
Westl. Beuteldachs	20. Jhdt.	Faunenverfälschung
Gaimards Rattenkänguruh	20. Jhdt.	Faunenverfälschung
Gilberts Rattenkänguruh	19. Jhdt.	Jagd

Breitgesicht-Rattenkänguruh	20. Jhdt.	Faunenverfälschung
Toolach-Wallaby	20. Jhdt.	Faunenverfälschung
Beutelwolf	20. Jhdt.	Bekämpfung
6 Antillen-Insektenfresser	17./19. Jhdt.	Ratten u. Mungo
Weihnachtsinsel-Spitzmaus	20. Jhdt.	wildernde Katzen
7 Westind. Fledermäuse	19./20. Jhdt.	Waldvernichtung
Büschelohr-Katzenmaki	19. Jhdt.	Waldvernichtung
15 Antillen-Stachelratten	17./20. Jhdt.	Katzen u. Mungo
8 Antillen-Hamster	17./20. Jhdt.	Katzen u. Mungo
3 Altweltratten		Faunenverfälschung
2 Pacaranas	19. Jhdt.	Jagd
Stellers Seekuh	1768	Jagd
Seewiesel	19. Jhdt.	Fellverwertung
Grizzly-Bär, 17 Rassen	19./20. Jhdt.	Jagd u. Bekämpfung
Atlasbär	19. Jhdt.	Jagd, Bekämpfung u. Waldzerstörung
Langohrfuchs	19. Jhdt.	Bekämpfung
Japanischer Wolf	20. Jhdt.	Bekämpfung
Antarktis-Wolf	19. Jhdt.	Bekämpfung
Neufundland-Wolf	20. Jhdt.	Bekämpfung
Florida-Wolf	20. Jhdt.	Bekämpfung
Östl. Puma	20. Jhdt.	Bekämpfung
Europäischer Löwe	hist. Zt.	Bekämpfung
Kaplöwe	1865	Bekämpfung u. Schießlust
Berberlöwe	1922	Bekämpfung u. Schießlust
Syrischer Wildesel	1927	Jagd
Algerischer Wildesel		Schießlust
Quagga	1878	Schießlust
Burchells Zebra	20. Jhdt.	Bekämpfung u. Schießlust
Arizona-Wapiti	1906	Schießlust u. Waldzerstörung
Östlicher Wapiti	19. Jhdt.	Waldzerstörung
Schomburgks Hirsch	20. Jhdt.	Heilaberglaube
Dickhornschaf	20. Jhdt.	Jagd u. Schießlust
Pyrenäensteinbock	1910	Jagd
Portugiesischer Steinbock	1892	Jagd u. Schießlust
Rötliche Gazelle	1920	Jagd u. Schießlust
Blaubock	19. Jhdt.	Bekämpfung
Nordafr. Kuhantilope	1920	Jagd
Ur oder Auerochse	1627	Jagd u. Waldzerstörung
Östlicher Bison	1825	Jagd u. Schießlust
Oregon-Bison	1850	Jagd u. Schießlust
Kaukasischer Wisent	1830	Jagd u. Waldzerstörung

(nach ZISWILER)

Erschreckend ist die Verarmung unserer Fauna.

Etwa 300000 Hasen, Rehe, Hirsche und Wildschweine, dazu Millionen von Kleinsäugern, Vögeln und Kriechtieren sterben jährlich den Verkehrstod auf bundesdeutschen Straßen. Der Igel ist in Gefahr, durch den Verkehr ausgerottet zu werden.

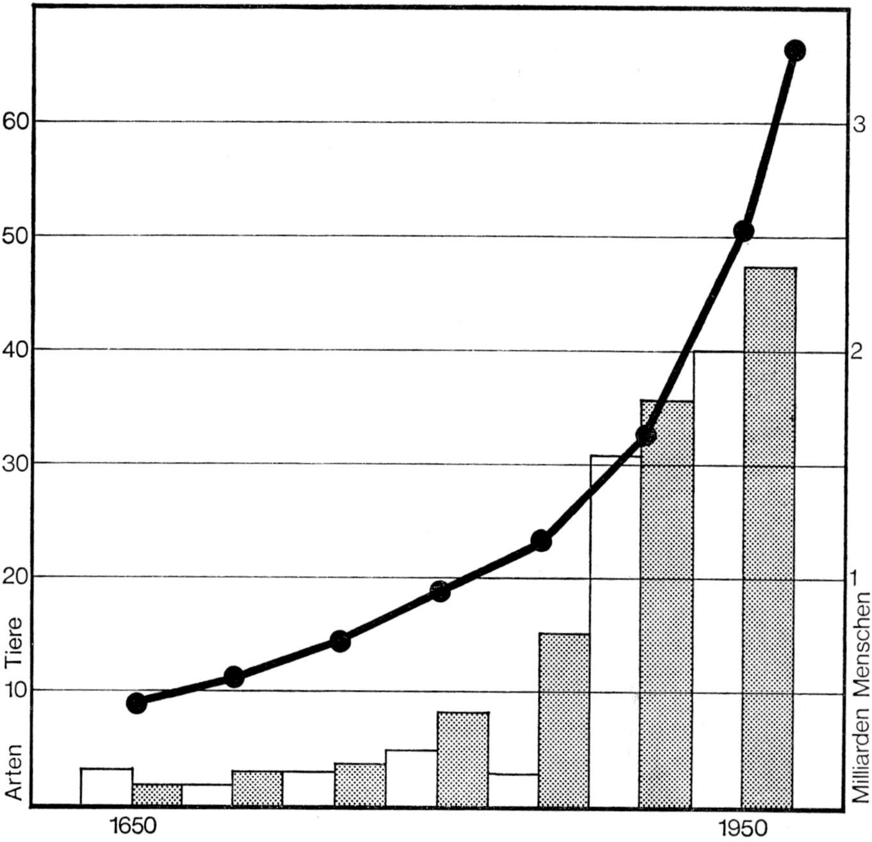

Die Beziehung zwischen der Bevölkerungsexplosion und der Zahl ausgestorbener Tiere. Schwarze Linie: Die Bevölkerungszunahme zwischen 1650 und 1950 (in Milliarden). Weiße Blöcke: Ausgestorbene Säugetiere. Graue Blöcke: Ausgerottete Vogelarten.

In den letzten 70 Jahren haben die insektenfressenden Singvögel um 90 Prozent abgenommen – Opfer des Vogelfangs und der Schädlingsbekämpfungsmittel.

Die Wandertaube *(Ectopistes migratorius)* lebte bis ins vorige Jahrhundert zu vielen Milliarden in Nordamerika. Wegen ihres wohlschmeckenden Fleisches wurde sie von einem Heer von Jägern und Fängern verfolgt. Im Jahre 1879 wurde allein im Staate Michigan noch 1 Milliarde Wandertauben erbeutet. 20

Jahre später, 1899, beobachtete man das letzte Tier in Freiheit. Die allerletzte Wandertaube starb 1914 in einem amerikanischen Zoo.

Auf einer Insel bei Tasmanien wurde der Gesamtbestand von 80 Millionen Pinguinen getötet und industriell zu Tran verkocht.

Die Bartenwale werden bald ausgestorben sein. Im nördlichen Eismeer ist das Vernichtungswerk bereits abgeschlossen. Vor 1900 wurden in den Weltmeeren pro Jahr etwa 600 Bartenwale erbeutet. 1932 waren es 43000 und heute werden jährlich etwa 70000 Wale geschossen, erheblich mehr, als Junge geboren werden. Fast alles kann man von diesen Tieren verarbeiten und zu Geld machen. Rechtfertigt dieses wirtschaftliche Motiv die Massenschlächterei und die Vernichtung einer ganzen Tiergruppe? Die Geschichte des Fangs der Bartenwale ist die Geschichte des Raubbaus und des Mordens, bis zum heutigen Tag.

Jährlich werden von den Walfängern 30000 Pottwale, die die größten Zahnwale sind, getötet. Vor den Kanarischen Inseln werden in jedem Sommer Schulen von Pottwalen geschlachtet und an Land abgespeckt.

Eine weitere blutige Rechnung: Jährlich werden 10000 Walrosse geschossen. Der jetzige Bestand von etwa 40000 Tieren verringert sich pro Jahr um 5000. Demnach werden die Walrosse in neun Jahren ausgerottet sein, wenn sie zuvor nicht international unter Schutz gestellt werden und diese Schutzbestimmungen nicht überall strengste Beachtung finden.

Außer den Walen sind die Seeschildkröten die bedauernswertesten Opfer rein kommerziellen Denkens und Handelns. Während die im Sandstrand tropischer Küsten vergrabenen Eier von den Eingeborenen gesammelt und gegessen werden, gelangen viele ausgewachsene Tiere in die Suppenkochereien der Industrienationen. Schildkrötensuppe gilt als eine besondere Delikatesse. Auf diese Weise sind diese Tiere an vielen Meeresabschnitten schon selten geworden. Ob die Meeresschildkröten diesen Raubbau als Arten überleben werden, ist noch nicht sicher.

Opfer einer anderen „Delikatesse“ sind Frösche. Allein Indien und Bangladesch exportieren jährlich über 6500 Tonnen Froschschenkel nach Europa, Australien und in die USA. Dieses Gewicht entspricht einer Menge von etwa 150 Millionen Fröschen, die der Natur entnommen und getötet werden. Es handelt sich vorwiegend um den Asiatischen Ochsenfrosch oder Tigerfrosch. Durch das Verschwinden dieser wichtigen Insektenvertilger wird das biologische Gleichgewicht in den betreffenden Ländern und Gebieten empfindlich gestört und kommt es zu beträchtlicher Zunahme von Schadinsekten: die Reisernten werden durch Zunahme von Reisschadinsekten geringer, die Malaria nimmt unter den Menschen durch vermehrte Entwicklung der übertragenden Stechmücken erheblich zu. Anstelle des kostenlos als Insektenvertilger fungierenden, harmlosen Tigerfrosches müssen nun teure und zudem giftige Chemikalien und Medikamente importiert werden.

Nashörner sterben für alternde Männer: Die Hornsubstanz der Nashörner wird mit hohem Profit von chinesischen Händlern in Südostasien als aphrodisische Stärkungsmittel verkauft. Am stärksten bedroht sind die drei asiatischen Nashorn-Arten, die kurz vor der Ausrottung stehen.

Vom Java-Nashorn *(Rhinoceros sundaicus)* gibt es höchstens noch 25 Tiere, vom Sumatra-Nashorn *(Didermoceros sumatrensis)* etwa 10 und vom indischen Panzer-Nashorn *(Rhinoceros unicornis)* höchstens 200 Exemplare. Java- und Sumatra-Nashorn sind in freier Wildbahn nicht mehr zu retten. Auch in Ostafrika werden durch Wilderer jährlich etwa 1000 Nashörner getötet.

Die endgültige Ausrottung aller Nashorn-Arten ist noch für dieses Jahrhundert zu befürchten.

Die Zahl der in den Pyrenäen lebenden Braunbären nimmt ständig ab: Von 200 im Jahre 1937 auf 15 1983/84. Durch die unwaidmännische Winterjagd am Bärenlager und die Wilderei nimmt die Zahl der Tiere weiter ab, durch den Straßenbau wird ihr Lebensraum zunehmend vernichtet. Es besteht kaum noch eine Hoffnung für diese Braunbären-Population.

„Die Erhaltung von ein paar Krokodilen, Leoparden, Uhus oder Fischottern ist eine ebenso notwendige Kulturaufgabe des Menschen wie die Bewahrung der Akropolis, der Pyramiden oder wertvoller Schlösser." (H. Weinzierl)

Viele Tiere (und Pflanzen) wurden nicht nur durch Verfolgung ausgerottet, sondern sind durch die Vernichtung ihres Lebensraums ausgestorben. In Deutschland wurden und werden Moore und sonstige Feuchtgebiete, Trockenrasen, Heiden und andere Naturlandschaften sowie Hecken, Feldraine, Trokkenmauern und andere naturnahe Landschaftsstrukturen der Landwirtschaft, dem Straßenbau und dem Städtebau geopfert. In der Landwirtschaft kommen die Anwendung von Kunstdüngern und insbesondere von giftigen Schädlingsbekämpfungsmitteln hinzu, die zu einem drastischen Rückgang vieler Tier- und Pflanzenarten führten. In den Tropen ist es die Vernichtung der Urwälder, durch die viele Tiere ihren Lebensraum verlieren und zugrunde gehen.

Ganz besonders gefährdet sind auch die inselbewohnenden Tierarten oder Lebensgemeinschaften, die durch ihre Isolierung vielfach hochgradig spezialisiert sind und oft, da räuberische Säugetiere fehlen, keine Furcht vor natürlichen Feinden kennen. Somit können neben dem Menschen auch eingeführte Schweine oder eingeschleppte Ratten innerhalb kurzer Zeit bestimmte Arten oder Artengemeinschaften gänzlich ausrotten.

Mit Hilfe des **„Washingtoner Artenschutzübereinkommen"** bemühen sich die Industrienationen um einen indirekten Schutz bedrohter und gefährdeter Tier- und Pflanzenarten durch die Einschränkung oder gar Unterbindung des Handels. Da aber nicht alle Handel treibenden Länder dieses Abkommen unterzeichnet haben, manche Unterzeichnerländer es sehr lax anwenden oder in den Ursprungsländern der gefährdeten Tiere und Pflanzen falsche Ausfuhrpapiere ausgestellt werden, ist dieses internationale Abkommen nur beschränkt wirksam. Auch hier muß die Forderung erhoben werden: Der beste Artenschutz ist der Biotopschutz. Doch so wie bei uns haben auch in der übrigen Welt Handel und Wirtschaft eine Vormachtstellung, der sich Umwelt- und Naturschutz unterzuordnen haben.

Bis vor kurzem meinte man, daß jährlich etwa eine Tierart aussterbe. Doch bezog sich diese Berechnung nur auf die größeren Wirbeltiere, besonders die Säugetiere und Vögel. Heute weiß man, daß der Artentod bedeutend katastrophalere Formen angenommen hat. Wenn man nicht nur die Insekten und alle anderen Wirbellosen, sondern auch die Pflanzen berücksichtigt, die besonders durch die Vernichtung der Lebensräume zugrunde gehen, muß man annehmen, daß täglich mindestens eine Art ausstirbt. Die Vernichtung betrifft besonders die tropischen Wälder und weite Gebiete der Korallenriffe. Sehr gefährdet ist außerdem das Wattenmeer. Es wird befürchtet, daß in wenigen Jahrzehnten etwa ein Viertel aller heutigen Pflanzenfamilien (= mehr als 50 Familien) und eine sicher ähnlich hohe Zahl an Tieren durch die Einwirkung des Menschen ausgestorben sein werden.

Folgen der Flurbereinigung

Um in der Landwirtschaft die Felder besser und rationeller maschinell bearbeiten zu können, werden in Mitteleuropa vielerorts sogenannte Flurbereinigungen vorgenommen. Diese Maßnahme bedeutet die Vernichtung und Beseitigung von Hecken, einzelnen Bäumen, Ödländereien, eingelagerten Feuchtgebieten, Obstwiesen, Feldrainen und Steinriegeln. Auch an den Hängen der Weinberge werden die Terrassen, die Steinmauern sowie das begrenzende Gebüsch zerstört, um große, ebenfalls maschinell bearbeitbare Flächen zu schaffen. Diese Flurbereinigungsmaßnahmen wirken sich nicht nur negativ auf den Boden aus und führen zu einer verstärkten Erosion bei heftigeren Regenfällen sowie zur Vernichtung und Abtragung ganzer Weinhänge bei Platz- und Gewitterregen, sondern haben auch eine verheerende Auswirkung auf die Tier- und Pflanzenwelt dieser Gebiete und das an sich schon recht labile Ökosystem der Agrarlandschaften. Wie der Deutsche Bund für Vogelschutz (DBV) aufgrund jahrelanger Beobachtungen und Untersuchungen 1984 feststellte, hat das Aussterben von Tier- und Pflanzenarten in den flurbereinigten Landwirtschaftsgebieten Mitteleuropas katastrophale Ausmaße angenommen. Die einstige große Artenfülle der bäuerlichen Kulturlandschaft ist durch die Schaffung großräumiger landwirtschaftlicher Nutzflächen, die massive Anwendung der Chemie und den rücksichtslosen Maschineneinsatz weitgehend verschwunden. Der Wildkrautflora, der vielfältigen Insektenwelt und den Sing- sowie Bodenvogelarten sind durch die radikale Veränderung der Landschaft die Lebensgrundlagen genommen. Besonders die empfindlicheren und spezialisierten Arten sind der Verschlechterung des Landschaftszustands schonungslos ausgeliefert und somit zum Aussterben verurteilt, wenn sie nicht bereits verschwunden sind. Durch diese negative Entwicklung ist aber auch jegliche natürliche Schädlingsbekämpfung durch Vögel und Nutzinsekten von vornherein ausgeschlossen. Um diese biologische Verödung unserer Landschaft aufzuhalten, fordert der DBV die Umkehr zur ökologischen Bewirtschaftung der Agrarlandschaften.

Historische und prähistorische Ausrottung von Tieren

Doch nicht nur der Mensch bewirkt die Ausrottung von Tieren, ähnliche Folgen rufen die vielfach vom Menschen in fremde Ökosysteme eingeführten oder eingeschleppten Kulturfolger Ratte, Hund und Schwein sowie Katze, Marder und Mungo hervor. So starben auf der Stewart-Insel von Neuseeland innerhalb von drei Jahren vier Vogelarten, eine Fledermausart und zahlreiche Wirbellose aus, nachdem Ratten die Insel erreicht hatten. Nach der Besiedelung der Hawaii-Inseln durch Europäer starben mindestens 15 endemische, also nur dort vorkommende Vogelarten aus. An deren Vernichtung waren in erheblichem Maße ebenfalls die Ratten beteiligt, die vom Menschen eingeschleppt wurden. Man hat beobachtet, daß Ratten ausgewachsene Albatrosse auf dem Nest töten. Auf den Galapagos-Inseln werden die jungen Riesenschildkröten von halbwilden Hausschweinen gefressen, so daß dieses seltene und im Bestand gefährdete Reptil nur durch Schutzmaßnahmen des Menschen gerettet werden kann.

Genauso hat die Vernichtung der natürlichen Lebensräume das Verschwinden vieler Tierarten zur Folge. Heute wirkt sich am verheerendsten das rasante Abholzen der letzten tropischen Regenwälder aus, da dort noch eine verhältnismäßig artenreiche und äußerst verschiedenartige Tierwelt lebt. Süd- und Mittelamerika, Westafrika, Südostasien und Sri Lanka (Ceylon) sind aufs ärgste betroffen. Es ist zu befürchten, daß die dort lebenden Faunen in weniger als einer Generation verschwunden sein werden.

Die bestbekannten Fälle der Ausrottung von Tieren durch Europäer sind die Dronte, der Riesenalk, die Stellersche Seekuh oder Riesenseekuh, der Tasmanische Beutelwolf und die Wandertaube. Doch ist die Ansicht völlig verfehlt, daß nur der Weiße ganze Tierarten vernichten würde. So lange es Menschen der verschiedensten Rassen gibt, werden Tiere verfolgt und auch ausgerottet. Wie viele Tierarten werden im Alten Testament der Bibel beschrieben, die vor einigen Jahrtausenden den Vorderen Orient bevölkerten: Löwe, Gepard, Nilpferd, Antilope *(Oryx)*, Auerochse, Hirsch, Reh, Strauß und Krokodil wurden von den alten Ägyptern, Kanaanitern, Assyrern, Israeliten und Römern, in jüngerer Zeit von Türken, Arabern, Ägyptern und Engländern nicht nur gejagt, sondern ausgerottet.

Vor 1 500 Jahren haben Polynesier die bis dahin unbewohnten Hawaii-Inseln erreicht, besiedelt und innerhalb kurzer Zeit mehr als 40 endemische Vogelarten ausgerottet, darunter 7 große flugunfähige Gänsearten und 7 ebenfalls flugunfähige Rallen. Ebenfalls vor 1 500 Jahren besiedelten die ersten Menschen Madagaskar und vernichteten 14 Riesenlemuren-Arten, mehr als sechs Arten flugunfähiger Riesenstrauße, zwei Riesenschildkröten, ein Flußpferd, ein Erdferkel und eine große Schleichkatze – lange bevor die ersten Europäer diese Insel erreichten. Neuseeland wurde ebenfalls vor 1 500 Jahren von Menschen, den Maoris, besiedelt. Sie rotteten dort 13 Arten der Moa-Riesenstrauße aus, 9 weitere flugunfähige Vogelarten, ferner eine Pelzrobbe, große Eidechsen und Frösche sowie flugunfähige Insekten, nach der bisherigen Kenntnis rund 50 Arten.

Die Indianer werden stets als Vorbilder einer ökologisch ausbalancierten Jagd auf den Bison beschrieben; sie hätten stets nur so viele Tiere erbeutet wie sie zu ihrer Ernährung benötigten. Das sinnlose Abknallen hätten erst die Weißen vorgenommen. Doch aus Knochenfunden ist ersichtlich, daß die Indianer in Westkanada um 3700 v. Chr. damit begannen, ganze Bisonherden durch die Treibjagd und das Abstürzen über steile Abhänge umzubringen. Durch Untersuchung riesiger Knochenfelder an bestimmten Jagdplätzen konnte nachgewiesen werden, daß im Verlaufe der vergangenen 5000 bis 9000 Jahre bis ins 19. Jahrhundert hinein unzählige Bisons jeglichen Alters massenweise abgetötet wurden. Zuvor haben die Paläoindianer, die vor etwa 20000 Jahren von Asien her über die Behringstraße Nordamerika erreichten, den Großhorn-Bison *(Bison antiquus)* und den kleinen Westbison *(Bison occidentalis)* als Arten ausgerottet. Außerdem fielen diesen ersten Besiedlern Nordamerikas, die nachweisbar hervorragend organisierte Jäger waren, drei Viertel aller nordamerikanischen Großsäugetierarten zum Opfer: insbesondere Mammut, Mastodon-Elefant, Riesenfaultiere, Pferde und Kamele. So verschwanden am Ende der letzten Eiszeit 31 Gattungen größerer Säugetiere aus Nordamerika. Auch von Mittel- und Südamerika sowie von den Westindischen Inseln verschwanden zahlreiche Großsäugetiere wie Faultier, Nagetiere bis zu Bärengröße und größere, z. T. flügellose Vögel.

Australien, das bereits vor 30000–40000 Jahren vom Menschen besiedelt wurde, verlor zu diesem Zeitpunkt innerhalb von 5000 Jahren 17 Gattungen mit 46 Arten großer Beuteltiere, darunter den Nilpferd-großen Pflanzenfresser *Diprotodon,* einige Riesenkänguruhs, den Löwen-großen Raubbeutler *Thylacoleo,* flugunfähige Riesenvögel *(Genyornis),* eine Riesenschildkröte, eine Riesenechse und eine Riesenschlange. Nur Arten mit schneller Fortbewegungsmöglichkeit und langsamere Nachttiere haben überlebt.

Im Gegensatz zu echten Raubtieren, die auf ihre speziellen Beutetiere eingestellt sind, vermag der Mensch als Allesfresser seine Nahrungstiere völlig auszurotten. Nur in wenigen Gebieten und lokal wurden bei manchen Naturvölkern bestimmte Tabus entwickelt, die das Verschwinden von Arten verhinderten.

Für den modernen Menschen können Natur- und Artenschutz Tabus darstellen, doch werden sie trotz unserer Erkenntnisse und eines langsam aufkommenden Verantwortungsbewußtseins nur sehr begrenzt wirksam, insbesondere wenn Profitgier und Besitz-Wunsch nach Elfenbein, Federn, Fellen, Leder und anderen organischen Stoffen nicht eingedämmt werden.

Nicht unerwähnt bleiben soll, daß es über die durch den Menschen bedingte Ausrottung großer Teile der heutigen Fauna und das durch evolutive Prozesse hervorgerufene Aussterben einzelner Arten hinaus, im Verlaufe der Erdgeschichte riesige Massensterben ganzer Tiergemeinschaften als Folge natürlicher Abläufe gegeben hat. Bei diesen Massensterben sind oft zahlreiche verschiedene Tiergruppen fast oder vollständig ausgestorben. Es kam zu tiefgreifenden

Veränderungen in der Organismenwelt. Jahrmillionen waren für deren Regeneration notwendig. Mindestens fünf große Episoden von Massensterben haben stattgefunden, wobei die Ereignisse im Oberdevon und an der Wende Kreide/Tertiär offensichtlich relativ kurzfristig oder gar schlagartig vor sich gegangen sind. Über die Ursachen werden von den Wissenschaftlern zahlreiche Faktoren herangezogen und Theorien entwickelt: Von extremer kosmischer Strahlung und Asteroiden-Einschlägen bis zu großräumigen Temperaturveränderungen. Mit Sicherheit waren es komplexe Vorgänge, deren Analyse noch intensives Studium der hinterbliebenen Zeugnisse erfordert.

Ausverkauf der Landschaft

Der Mensch beutet die Natur aus, ohne auf ihre Lebensgemeinschaften Rücksicht zu nehmen. Er lebt nicht von ihren Überschüssen, sondern von ihrer Substanz: Die Zinsen, die ihm die Natur bot, genügten ihm nicht, er räuberte und räubert auch heute noch das Kapital.

Seit Beginn dieses Jahrhunderts betrugen der Landschwund und die Einbuße an land- und forstwirtschaftlicher Fläche in Westdeutschland 2,8 Millionen Hektar. Bis zum Jahre 1975 wird mit dem Verlust einer knappen weiteren Million Hektar Natur gerechnet (H. Weinzierl).

Heute gehen täglich 110 Hektar Grund und Boden für Städtebau, Straßenbau und Industrialisierung verloren. Der natürliche Lebensraum wird stets irreparabel und unwiederbringlich verbraucht.

Die unsachgemäßen Eingriffe des Menschen in die Natur führen zu deren extremen Reaktionen, wie sie besonders durch Austrocknung der Landschaft einerseits und Hochwasserkatastrophen andererseits gekennzeichnet sind.

Der Wald ist der wirkungsvollste Schutz gegen den Oberflächenabfluß und damit gegen die Erosion, er ist der beste Ausgleicher im Wasserhaushalt, da er den Anteil des Sickerwassers wesentlich erhöht und damit den Grundwasserstand anhebt, die Hochwassergefahr mindert und zur Erhöhung der Luftfeuchtigkeit und der Niederschläge beiträgt. Wo der Wald gerodet wird, sinkt der Grundwasserspiegel, treibt die Landschaft der Verkarstung zu, ist für das Gelände ein jeder Platzregen ein schmerzliches Verlustgeschäft, da der beste Boden davongetragen wird. Die Erosion greift um sich.

„Die Vernichtung der Wälder kann die fruchtbarste Landschaft in einen steinernen Friedhof verwandeln.“ (R. Demoll)

Würde heute der Schwarzwald kahlgeschlagen werden, müßten große Teile Mitteleuropas unter einer austrocknenden Hitze, unter kalten trockenen Winden und unter einer raschen Versteppung leiden.

Wer weite Waldgebiete vernichtet, zerstört auf die Dauer auch das Ackerland und damit die Ernährungsgrundlage des Menschen.

„Die Waldbestände sind zu schützen, um dadurch auch das Ackerland zu erhalten." (UN-Empfehlung)

Die Menschheit verarbeitet jährlich 1 Milliarde Festmeter Holz zu Papier. Eine einzige Sonntagsausgabe der „New York Times" frißt 62 Hektar Wald.

In der Bundesrepublik gehen seit 1949 jährlich 7000 ha Waldfläche durch Abholzung und Verbauung verloren. Die Bodenerosion und damit der Verlust an Mutterboden wird durch unsachgemäße Bodennutzung, durch Beseitigung von Wallhecken und Feldgehölzen gefördert. Etwa 10% der landwirtschaftlichen Nutzflächen der Bundesrepublik sind durch Erosion gefährdet.

„Wir Mitteleuropäer kennen keine Naturlandschaft mehr. Nirgendwo – abgesehen vom Hochgebirge – bietet sich in unserem dicht besiedelten Raum eine Gegend an, die noch wirklich unberührt vom Menschen geblieben ist." (H.-H. Vogt)

Die Menschheit hat lange gebraucht, um einzusehen, daß ein schneller Profit an der Natur nur ein verzögerter Bankrott ist.

Noch vor 3000–4000 Jahren bestand der ganze westliche Teil der Sahara aus Buschwald. Die Menschen haben ihn abgeholzt, wodurch dieses riesige Gebiet zu Wüste wurde. Vor nur 2000 Jahren war die heutige Lybische Wüste noch fruchtbares Ackerland, die Kornkammer des römischen Imperiums.

Die einst dicht bewachsenen Zentren der alten chinesischen Kultur sind durch die Waldrodung zu weiten trockenen Erosionsgebieten geworden. Der fruchtbare gelbe Lößboden ist ein Spiel des Windes geworden und wird vom Gelben Fluß ins Gelbe Meer getragen. Der Gelbe Fluß (Hwang-Ho) transportiert jährlich 2,5 Milliarden Tonnen kostbaren Lößbodens in das Meer. Auf Güterwagen verladen, entspräche diese Menge einem Zug, dessen Länge etwa 30mal um den Äquator verläuft. Schuld daran ist die rücksichtslose Entwaldung des chinesischen Lößgebietes.

Der tägliche Verlust an Ackerland in den USA beträgt 4000 Morgen (acres); sie fließen ins Meer oder verschlammen die Talsperren. Dieser Landverlust ist eine Folge der bedenkenlosen Eingriffe in die natürliche Landschaft.

Wenn weite Teile von Mexiko nicht wieder aufgeforstet werden, wird dieses Land in spätestens 100 Jahren reine Wüste sein.

Aber auch Europa versteppt allmählich. Der Rhein trägt dem Meer jährlich 4,6 Millionen Tonnen Schlamm zu, das ist vorwiegend durch die Erosion ausgewaschener und fortgetragener, wertvoller Mutterboden. Bei starkem Hochwasser muß der Chiemsee innerhalb von zwei Tagen rund 3 Millionen Kubikmeter Schlamm aufnehmen, was einem Güterzug von München bis Ulm entspricht.

„Durch Erosion, Versteppung und Verwüstung, durch Dürreperioden und Überschwemmungen rächt sich die Natur am Menschen: auf die Dauer gesehen, ist sie immer noch mächtiger als er." (F. Osborn)

Der größte Ausverkauf einer Naturlandschaft findet heute überall dort statt, wo sich noch tropische Regenwälder befinden, die früher als unzerstörbar galten. Zum einen werden die Bäume für Edelhölzer verwendet und damit die Wälder „kultiviert", d. h. ihrer natürlichen Zusammensetzung beraubt. Des weiteren werden weite Strecken abgeholzt, um sie für die Landwirtschaft zu nutzen, insbesondere als Viehweide. Außerdem ist für die meisten Entwicklungsländer Holz eine der wichtigsten Energiequellen. Des weiteren gehen in Brasilien, Sarawak (SW-Borneo) und anderen Ländern riesige Waldgebiete durch die Anlage von Stauseen verloren, die für die Produktion von elektrischer Energie benötigt werden. Um eine zeitweilige Vergiftung des Wassers durch die Zersetzung der außerordentlich üppigen Vegetation zu verhindern, wurden im Auftrag der brasilianischen staatlichen Elektrizitätsgesellschaft die betroffenen Waldgebiete mit den außerordentlich giftigen, für Tier und Mensch gleichermaßen gefährlichen Entlaubungsmitteln, die in Vietnam angewendet wurden, besprüht.

Alljährlich nehmen die Waldbestände aller Kontinente um rund 18 Millionen Hektar ab. Diese Rodungen der Wälder führen zu unabsehbaren und nicht regenerierbaren Schäden wie Bodenerosion, Versteppung und Wüstenbildung, aber auch zu tiefgreifenden Veränderungen des Klimas und des regionalen Wasserhaushalts.

Das Worldwatch-Institut in Washington schätzt den Verlust an fruchtbarem Ackerboden landwirtschaftlich genutzter Flächen aller Länder durch Erosion jährlich auf 25,4 Milliarden Tonnen. So gehen in den USA pro Jahr etwa 1,7, in der Sowjetunion ca. 2,5, in Indien trotz weniger Ackerfläche 4,7 und in China 4,3 Milliarden Tonnen Boden verloren. Die Bodenerosion, die an sich ein natürlicher Abbauvorgang ist, wird durch die moderne Landwirtschaft erheblich verstärkt: die natürlichen Pflanzengesellschaften („Unkräuter") werden vernichtet, die Verwendung von Pestiziden und Kunstdüngern führt zur Verarmung und Konsistenzverschlechterung des Bodens; das gleiche bewirkt im landwirtschaftlichen Anbau der Verzicht auf Fruchtfolgen und die Umstellung auf reine Monokulturen. Auch die landwirtschaftliche Nutzung von Berghängen und anderen erosionsgefährdeten Flächen führt zu erheblichen Bodenverlusten, zumal die seit Jahrtausenden übliche und bewährte Anlage von Terrassen, insbesondere für den maschinellen Einsatz sträflich vernachlässigt wird. Eine weitere bodenzerstörende Folge stellt die Verwendung und Einwirkung schwerer Maschinen bei der landwirtschaftlichen Nutzung dar.

Vom Worldwatch-Institut wurde 1984 vorausberechnet, daß infolge der Eingriffe des Menschen und der Erosion um die Jahrtausendwende für jeden Bewohner der Erde im Vergleich zu Heute 32% weniger anbaubarer Boden vorhanden sein werden.

Der weitaus größte Teil der abgetragenen Ackerkrume und des sonstigen erodierten Bodens wird in die großen Flüsse und von dort in die Ozeane geschwemmt. So führt der Gelbe Fluß jährlich 1,6 Milliarden Tonnen erodierten Sediments mit sich, der Ganges knapp 1,5 t.

Es wird von Fachleuten befürchtet, daß infolge der rasanten Abholzung und

Waldvernichtung die Regenwälder und natürlichen Urwälder in Malaysia, Kambodscha, Sri Lanka, Westafrika, Guatemala und Mexiko innerhalb von zehn Jahren verschwunden sein werden und weite Teile des brasilianischen Amazonien sich in einer Generation in eine riesige Steppe verwandelt haben werden. Die katastrophalen Folgen sind vorhersehbar (sie wurden 1984 von der «UN-Wirtschafts- und Sozialkommission für Asien und den Pazifik» [ESCAP] beschrieben): ohne den Schutz des Waldes wird der starke Monsunregen die humushaltige Erde in die Flüsse fortschwemmen; der zurückbleibende Boden wird steril und ist für die Landwirtschaft weitgehend ungeeignet, die Felder versteppen; die Erosion des nackten Bodens wird sich beschleunigen; die Wasserläufe versanden.

Der Wasserhaushalt und Wasserkreislauf wird entscheidend beeinträchtigt. Es kommt zu langen Dürreperioden und gelegentlichen Hochwasserkatastrophen. Durch das Abholzen im Himalaya kommt es in den Regenzeiten zu verheerenden Überflutungen von Ganges und Brahmaputra, während in Trockenperioden der Wasserabfluß der Ströme allein im letzten Jahrzehnt beträchtlich zurückgegangen ist. Die aus den Flüssen gespeisten und für die Landwirtschaft wichtigen Wasserreservoire trocknen aus. Die Menschen, die seit Jahrhunderten oder Jahrtausenden in einem ausgewogenen ökologischen Gleichgewicht gelebt haben, besonders die Indianer des brasilianischen Urwalds, Afrikaner und Südostasiaten, müssen verhungern oder auswandern.

„Was in den armen Ländern dieser Welt aus reinem Überlebensdrang praktiziert wird, der unbarmherzige Verbrauch von Rohstoffen (wie Holz) beispielsweise, das hat in den reichen Industrieländern andere Ursachen, aber doch gleiche Folgen. Ob der Wald nun stirbt, weil die Bäume abgeholzt werden, oder ob er stirbt, weil die Luftverseuchung einen unerträglichen Grad erreicht hat – für das Ergebnis ist dies gleichgültig: Die Holzvorräte schwinden und damit ein lebenswichtiges ökologisches System."

Monika Zimmermann

Allein in Indien werden durch den Monsunregen alljährlich knapp fünf Milliarden Tonnen fruchtbare Erde in die Flüsse fortgeschwemmt und verschwinden im Meer. Die durch die Überschwemmungen entstehenden Schäden betragen jährlich rund 2 Milliarden DM. in Thailand wurden seit 1960 die Wälder zur Hälfte abgeholzt, so daß das Land heute zum Eigenbedarf teilweise Holz importieren muß. In Bangladesh haben Abholzen von Wäldern, die Vernichtung von Ackerfläche durch Erosion und die Überbevölkerung ein solches Ausmaß angenommen, daß viele Bauern und Landarbeiter in die Städte abwandern und zu Bewohnern der Slums werden. Auch die Hungerkatastrophe im äthiopischen Hochland ist eine Folge rigoroser Abholzung der Wälder und ebenso eine Folge der explosionsartigen Überbevölkerung. Auch in der peruanischen Andenregion schreitet die Bodenerosion infolge der Waldrodung auf beiden Seiten der Berghänge rasch voran und trägt zur völligen Verarmung der Bevölkerung bei.

Andere Naturgebiete der Dritten Welt werden durch den Abbau von Bodenschätzen vernichtet. In Malaysia frißt sich ein Gürtel des Zinn-Abbaus unaufhaltsam durch die Landschaft und hinterläßt nicht nur tote Schotterflächen und Halden, sondern auch zahllose verseuchte Grundwasserseen, in denen infolge der Metallvergiftung kein Leben existieren kann.

Auch der 4100 m hohe Kinabalu an der Nordostküste Borneos, besonders berühmt wegen seiner einmaligen Pflanzen- und seltenen Tierwelt, ist zum Opfer des Kupfer-Abbaus geworden. Doch nicht nur die großartige Berglandschaft wird durch die Abbaumaschinen zerstört, Abraumschutt und Abwasser gelangen mit dem Monsunregen auch in die Täler, verwüsten die Felder und vernichten in den Flüssen jegliches Leben.

Wie die internationale Umwelt- und Entwicklungsorganisation Earthcan 1984 in einem weltweit orientierten Bericht darlegte, ist der „ökologische Bankrott", der sich in den Ackerbaugebieten der meisten Entwicklungsländer durch eine Bodenerosion „alarmierenden Ausmaßes" darstellt, nicht nur an der großen Zahl von „Umwelflüchtlingen" zu erkennen, er ist auch die Ursache für viele soziale Konflikte. Bei Unruhen unter der armen Bevölkerung, Aufständen wegen Nahrungsmangels, Guerilla-Einsätzen und anderen gewaltsamen Auseinandersetzungen würden die Umweltfaktoren eine bedeutende Rolle spielen. Politiker und Wissenschaftler würden diesem Zusammenhang bislang zu wenig Beachtung schenken.

Europäische Boden-Charta

Eine „Europäische Boden-Charta" wurde 1972 von Fachleuten des Europarates ausgearbeitet und vom Europarat gebilligt. Die Charta enthält folgende zwölf Punkte:

1. Der Boden ist eines der kostbarsten Güter der Menschheit. Er macht das Leben der Pflanzen, der Tiere und der Menschen auf dem Planeten Erde möglich.
2. Der Boden ist eine nur begrenzt nutzbare natürliche Hilfsquelle, die leicht zugrunde gehen kann.
3. Die heutige Industriegesellschaft verwendet den Boden sowohl für landwirtschaftliche als auch für industrielle sowie andere Zwecke. Jede Politik der Bodenplanung muß die Eigenschaften des Bodens auf der einen Seite und die Notwendigkeiten der Gesellschaft von heute und von morgen auf der anderen Seite berücksichtigen.
4. Die Landwirtschaft und auch die Forstwirtschaft müssen Methoden anwenden, die die Qualität des Bodens erhalten.
5. Der Boden muß gegen Erosion geschützt werden.
6. Der Boden muß weiter gegen Verseuchung geschützt werden.
7. Jede Pflanzung in Städten muß in der Weise vorgenommen werden, daß sie die geringsten ungünstigen Rückwirkungen auf die angrenzenden Bodenzonen hat.

8. Schon vom Beginn der Planungen ab bis zur Vollendung öffentlicher Bauvorhaben, müssen die Auswirkungen dieser Maßnahmen auf die umliegenden Böden berechnet und entsprechende Schutzmaßnahmen vorgesehen werden.

9. Eine Bestandsaufnahme des Bodens ist unerläßlich.

10. Eine vermehrte Anstrengung wissenschaftlicher Untersuchungen und eine interdisziplinäre Zusammenarbeit sind erforderlich, um einen rationellen Gebrauch und die Erhaltung des Bodens zu sichern.

11. Die Bewahrung des Bodens muß auch zum Gegenstand der Ausbildung auf allen Ebenen und der verstärkten Unterrichtung der Öffentlichkeit gemacht werden.

12. Die Regierungen und administrativen Behörden müssen die natürliche Hilfsquelle Boden in vernünftiger Weise planen und verwalten.

Wir ersticken im Müll

1950 wurden in der Bundesrepublik für Verpackungsmaterial über1 Milliarde DM ausgegeben, 1970 waren es etwa 12 Milliarden DM.

Alljährlich fallen in Westdeutschland mehr als 1 Million Autowracks an.

„Autowrack und Plastikflasche sind die Leitfossilien dieses Jahrhunderts.“

In der Bundesrepublik fielen an

1966:	40 Millionen,	1970:	90 Millionen	cbm Hausmüll,
	13 Millionen,		14,5 Millionen	cbm Klärschlamm,
	15 Millionen,		16 Millionen	cbm Industriemüll.

Seit 1950 bis 1985 ist die Müllmenge der Bundesrepublik um 500% angestiegen. Im Jahr 1970 fielen in der Bundesrepublik 260 Millionen Tonnen Müll jeglicher Art an (davon 5–6 Vol. % unverrottbare Kunststoffe).1980 hat sich die Menge des angefallenen Mülls fast verdoppelt. Von 1970 bis 1980 hat sich in der Bundesrepublik eine Menge an Müll und Abfall angesammelt, die zusammengeschüttet der Höhe und Größe des Matterhorns entspräche.

Allerdings sind viele Menschen „müllbewußt“ geworden: Flaschen und andere Behältnisse aus Glas, die 8-10 Gew. % des Hausmülls ausmachen, werden vielerorts in gesonderten Containern gesammelt und in den Produktionsprozeß zurückgeführt. Das gleiche gilt für Papier und Pappe, die 20-35 Gew. % des Hausmülls ausmachen. Viele Hausfrauen verwenden zum Tragen keine Plastiktüten mehr, sondern wieder Netze, Körbe oder Jutetaschen. Andere verwenden keine Einwegflaschen mehr, ebenso keine Spraydosen. Gartenbesitzer trennen die organischen Abfälle vom übrigen Müll und kompostieren sie für die natürliche Düngung.

Müll wird auf vier verschiedenen Wegen beseitigt:
durch ungeordnete Ablage auf „Müllkippen",
durch geordnete Ablagerung auf „Deponien",
durch Kompostierung der verrottbaren Anteile,
durch Verbrennen.

Deponie: Etwa 75% des anfallenden Mülls werden in Deponien abgelagert. Davon nur 15–20% in geordneten Deponien. Während aber bis etwa 1970 rund 50000 „wilde Müllkippen" die Landschaft verschandelten und verpesteten sowie eine große Gefahr für das Grundwasser darstellten, hat sich die Situation durch das Bundesabfallgesetz v. 11. 6 .1972 deutlich verbessert. Seitdem dürfen Abfälle nur in geordneten Abfallbeseitigungsanlagen abgelagert oder beseitigt werden. Müllkippen müssen rekultiviert werden (welche gefährlichen Abfälle sich darunter verstecken, bleibt meist verborgen und wird allenfalls durch die Grundwasservergiftung bekannt; man weiß nämlich nicht, welche giftigen Substanzen die 40000 Altdeponien enthalten). Jegliche Beseitigung von Abfällen unterliegt der behördlichen Überwachung. Seit Einführung dieses Gesetzes wurden viele Mülldeponien eingestellt.

Müllplätze im herkömmlichen Sinne nehmen in Zukunft zu viel Platz weg, sind seuchenhygienische Gefahrenherde, belästigen die Bevölkerung durch Staub, Gestank und Rauch, sind Sammelplätze für Ungeziefer und Schädlinge. Durch Auslaugung der – zum Teil hochgiftigen – Abfallstoffe kann das Grundwasser verunreinigt oder gar vergiftet werden (aus 30 Millionen cbm Hausmüll können etwa 200000 t Salze ausgelaugt werden). Innerhalb der Großstädte gibt es kaum noch geeignete Räume für Müllabladeplätze. Beim Verbrennen von Müll können hochtoxische Rauchschwaden entstehen.

In Hamburg-Georgswerder befindet sich mit 14 Millionen cbm Abfällen jeglicher Art der höchste Müllberg Europas. Aus seinen Ablagerungen wird sogar das sehr gefährliche Dioxin ausgeschwemmt.

Kompostierung: Verrottbare Anteile des Mülls lassen sich in Kompostwerken zu Kompost verarbeiten. Vorteile der Müllkompostierung sind die Herstellung von Komposterde und ein bedeutend geringerer Flächenbedarf als bei der Deponie. Am günstigsten ist ein Kompostwerk in Verbindung mit einer Müllverbrennungsanlage. 1970 wurden 1,2–2 Mio m^3 Hausmüll und etwa die gleiche Menge Klärschlamm der biologischen Abwasserreinigung in 16 Kompostwerken verarbeitet. Zwar ist die Kompostierung eine echte Lösung des Abfallproblems, da sie den organischen Anteil (10 – 20 Gew.%) des Hausmülls und den Klärschlamm des biologisch gereinigten Abwassers in den natürlichen Stoffkreislauf zurückführt. Doch bestehen auch hier Gefahren, die besonders vom Klärschlamm herrühren. Denn er enthält einerseits Krankheitserreger, die vor der Weiterverwendung eine Sterilisierung notwendig machen, und andererseits, wenn die häuslichen Abwässer mit gewerblichen und gar industriellen vermischt wurden, eine Reihe von Schadstoffen wie gelöste giftige Schwermetalle in konzentrierter Form sowie chlororganische und andere toxische Verbindungen. So wurden in solchem Kompost u. a. Blei, Quecksilber, Cadmium, Chrom und Nikkel festgestellt, die auch in kleinsten Mengen schon toxisch sind. Sinkt der pH–Wert des Bodens, besonders durch die Einwirkung des „sauren Regens", kann die Löslichkeit dieser Schwermetalle um das 10- bis 30fache steigen, so daß sie um so leichter von den Pflanzen aufgenommen werden und auf diese Weise in den Nahrungskreislauf, auch des Menschen, gelangen.

Müllverbrennung: Sie ist die technisch eleganteste, aber auch teuerste Lösung der Müllbeseitigung. Sie ist bisher nur für Großstädte und große Stadtgemeinschaften möglich. 1983 wurde in der Bundesrepublik in 46 Müllverbrennungsanlagen der Müll von knapp 20 Millionen Einwohnern verbrannt.

Doch auch hier lauern Gefahren. Die bei der Müllverbrennung entstehenden Rauchgase können neben Wasserdampf und Kohlendioxid, Schwefeldioxid und anderen Gasen auch größere Mengen Chlorwasserstoff enthalten, d. h. Salzsäuredämpfe, die beim Verglühen von PVC-Kunststoff im Hausmüll (z. B. Einwegflaschen) als Abgase frei werden. Diese Salzsäuredämpfe sind gesundheitsschädigend für den Menschen, zerstören die Gebäude und beeinträchtigen die Pflanzenwelt. In Finnland wurde daher kürzlich die Verwendung von Einweg-Flaschen verboten. Ob man sich in der Bundesrepublik auch zu einer solchen notwendigen Maßnahme durchringen kann?

Die 46 kommunalen Hausmüll-Verbrennungsanlagen verbrennen den Müll bei 800–900 °C Hitze. Die Verbrennung einer Tonne Hausmüll kostet etwa 70 DM. Außerdem werden etwa 8–10% des durch biologische Abwasserreinigung entstehenden Klärschlamms in diesen Anlagen verbrannt.

Durch die Müllverbrennung entstehen in der Abluft, die den Schornstein verläßt, Metallaerosole in Form von staubförmig feinstverteilten Metallverbindungen der Luft. Diese toxischen Stoffe setzen sich nicht nur am Boden und auf den Pflanzen fest und geraten damit in den Nahrungskreislauf, sie gelangen sogar durch die Atemluft direkt in die Lunge von Tier und Mensch und können von dort aus vom Körper aufgenommen werden und Dauerschäden bewirken. Eine vordringliche Aufgabe bei Müllverbrennungsanlagen ist die Verminderung der Emission gasförmiger Chlor-, Schwefel- und Fluorverbindungen, die zum Teil schon in kleinsten Mengen hochgiftig sind. Eine Anlage mit einer Tagesleistung von 1 000 t Müll gibt täglich 4 t hochkonzentrierter Salzsäure und 40 kg Flußsäure in die Luft ab. Die Hamburger Müllverbrennung entläßt mit der Abluft täglich sogar 12 t Salzsäure, etwa dieselbe Menge an Schwefelsäure und 60 kg Flußsäure. Täglich werden durch den Schornstein über 900 kg Feinstaub abgegeben, der u. a. aus Kieselsäure, Aluminium, Kalzium und Eisen besteht. Die Oberfläche dieser Staubpartikel ist bedeckt mit Blei, Quecksilber und vielen anderen Metallen sowie mit organischen Verbindungen, die vielfach giftig oder krebserzeugend sind. Auch fluororganische Stoffe, die z. T. hochtoxisch sind, werden freigesetzt, z. B. bei der Verbrennung von Spraydosen. Durch das Verbrennen von Trockenbatterien wird das hochgiftige Schwermetall Cadmium in die Luft abgegeben. Auch das krebserzeugende Benzpyren entsteht bei der Müllverbrennung (allerdings ebenso durch unvollständige Verbrennung im Automotor, bei Kohle- und Ölfeuerung und in der Zigarette). In der Flugasche dieser Anlagen befindet sich auch das gefürchtete „Seveso-Gift" Dioxin. Nach den Angaben des Umweltbundesamtes sollen in der BRD jährlich maximal 5 g Dioxin durch die Müllverbrennung in die Umwelt gelangen.

Außer in einigen Chemieunternehmen gibt es in der Bundesrepublik derzeit nur drei Großanlagen, in denen Industriemüll verbrannt werden kann (Ebenhausen b. Ingolstadt [Jahreskapazität 60000 t], Herten/Westf. [30000t] und Bibesheim b. Darmstadt [60000 t]). Industriemüll wird in Verbrennungsanlagen bei 1000–1400 °C Hitze vernichtet. Die Verbrennung einer Tonne Industriemüll kostet 400–600 DM. Allerdings entstehen bei der Verbrennung von Industriemüll mit hohen Temperaturen vermehrt giftige Stickoxide und Schwefeldioxid, die beide derzeit die größten Luftverunreiniger sind, die historische Bausubstanz zerstören und als die wesentlichen Verursacher des Waldsterbens angesehen werden. Hingegen sollen andere Gifte wie z. B. die Dioxine durch die hohen Temperaturen vernichtet werden.

Hinsichtlich der Vernichtung von gefährlichem Industriemüll steht die Bundesrepublik Deutschland mit Dänemark und Holland technisch im internationalen Vergleich an der Spitze. Gegenüber den USA ist Deutschland in der Technik der Müllentsorgung ebenso weit voraus wie die USA gegenüber Deutschland in der Weltraumforschung.

Sondermüll und Altöle

In der Bundesrepublik fallen jährlich mehr als 2 Mio t verschiedenartiger gefährlicher Abfälle der chemischen Industrie, Hüttenindustrie und des Gewerbes an, die weder deponiert noch verbrannt werden dürfen. Sie enthalten u. a. Arsen, Cyanide, verschiedenartige hochgiftige Pflanzenschutzmittel. Früher wurden sie vielfach auf wilden Müllkippen abgelagert und stellen eine große Gefahr dar. Heute muß der Sondermüll zunächst neutralisiert, entgiftet oder eingedickt und darf erst dann verbrannt oder auf Deponien abgelagert werden. Lange Zeit waren die Behörden sehr lax beim Umgang mit Sondermüll, heute verhalten sich manche Müllverwerter immer noch außerordentlich unverantwortlich. Nach Professor Forth, Vorstand des Instituts für Pharmakologie und Toxikologie der Universität München, würden u. a. Müllverwerter immer wieder Anlaß zu Zweifel geben, daß der sachgerechte Umgang mit gefährlichen Stoffen sichergestellt ist. Sachgerecht sei der Umgang nur dann, wenn der damit Umgehende die Konsequenzen seiner Maßnahme für Umwelt, Mensch, Tier und pflanzliche Vegetation abschätzen kann.

Altöle werden teilweise verbrannt, teilweise wiederaufbereitet. Die Verbrennung stellt eine beträchtliche Umweltgefährdung dar, da hierbei Blei, Phosphor, Zink, Barium, Chrom, Kupfer, Nickel und andere Metalle sowie unverbrannte chlororganische Verbindungen wie PCB und sogar Dioxin in die Luft abgegeben werden. Altöl sollte, wenn es nicht wieder aufbereitet wird, nur in Industriemüll-Verbrennungsanlagen bei Erhitzung der Abgase auf 1450 °C und bei Absorption der Säuredämpfe verbrannt werden.

Vieles muß nicht in die Mülltonne

Künftig sollen diese Stoffe in mehreren Tonnen getrennt gesammelt werden:

z. B. **Papier und Pappe:**

... darauf freut sich die Altpapiersammlung.

z. B. **Alt-Medikamente:**

... die Apotheke nimmt sie zurück.

z. B. **organische Küchenabfälle:**

... sie ergeben guten Kompost für Beet und Blumen.

z. B. **Batterien:**

... der Fachhändler nimmt sie zurück.

z. B. **Farben, Lacke, Kosmetika, Haushalts-Chemikalien:**

... brauchen einen Sonderbehälter. Ihre Müllabfuhr weiß guten Rat

z. B. **Altöl:**

... das gehört zur Tankstelle oder Altölsammelstelle.

z. B. **Glas:**

... das gehört in den Glascontainer.

Umweltschutz fängt zu Hause an

Müllbeseitigung ist nicht nur eine Aufgabe der Kommunen und Industrien, auch ein jeder einzelne Bürger kann Wesentliches zur Minderung der Umweltbelastung beitragen. Von 1971 bis 1985 ist die Müllmenge pro Kopf der Bundesrepublik jährlich von 300 auf 475 kg angewachsen. Ein jeder sollte sich fragen, ob es bei der bisherigen Abfallbeseitigungspraxis bleiben soll, oder ob man mithelfen will, daß aus der jetzigen Wegwerfgesellschaft eine Wiederverwertungsgesellschaft wird.

Das Hessische Ministerium für Arbeit, Umwelt und Soziales hat festgestellt, daß durch die Vermeidung, Verminderung und Wiederverwertung von Abfall das Müllvolumen schon in wenigen Jahren um 25–30% verringert werden kann. Hierfür stellt es die folgenden Forderungen auf:

1. Man vermeide überflüssigen Abfall, u. a. Einwegflaschen, Dosen, Pappschachteln, sondern nehme nur Pfandflaschen, Mehrwegverpackungen usw.
2. Wiederverwertbare Stoffe sollten getrennt eingesammelt werden wie z. B. Papier und Glas.
3. Nichtvermeidbarer Abfall soll möglichst wiederverwertet werden wie z. B. Metalle.

Der Hausmüll besteht zu einem Viertel aus organischen Küchenabfällen, zu einem Fünftel aus Papier und Pappe, zu 9% aus Glas, zu 5% aus Kunststoff und zu fast 4% aus Metallen. Vieles davon muß nicht in die Mülltonne, sondern sollte getrennt gesammelt und entweder wiederverwertet oder gesondert behandelt werden. Nicht in die Mülltonne sollen folgende Gegenstände und Stoffe:

Organische Küchenabfälle, aber auch gemähtes Gras ergeben einen guten Kompost für Beet und Blumenkasten und gehören auf den Komposthaufen oder in entsprechende Einrichtungen.

Zeitungen, Kartons, sonstiges Papier und Pappe für die Altpapiersammlung aufheben oder in den öffentlichen Papiercontainer werfen.

Getränkeflaschen, Konservengläser und sonstiges Glas gehören in den öffentlichen Glascontainer (aber ohne Metallteile).

Altöl weder in die Kanalisation oder gar in ein Gewässer kippen, noch auf die Erde schütten, wo es versickert und eine große Gefahr für das Grundwasser bildet. Altöl muß unbedingt zur Tankstelle oder zur Altölsammelstelle gebracht werden.

Links: Nicht jeglicher Müll und Abfall gehört in die allgemeine Mülltonne, viele Gegenstände und Stoffe sollten getrennt gesammelt werden. Ein Teil von ihnen wie Papier, Glas und Altöl werden nach einem Aufarbeitungsverfahren wiederverwendet, andere wie Batterien, alte Medikamente, Farben und Haushaltschemikalien kommen auf den Sondermüll. Die Abbildung wurde uns dankenswerterweise vom Hessischen Minister für Arbeit, Umwelt und Soziales zur Verfügung gestellt.

Farben, Lacke, Abbeizmittel und andere chemische Heimwerkerartikel, ferner Kosmetika-Reste wie Nagellack, Nagellackentferner, Lippenstift usw., sowie Haushalts-Chemikalien wie Abfluß- und Backofenreiniger, Sprühdosen, Schädlingsbekämpfungsmittel, zerbrochene Thermometer usw. gehören zum Sondermüll, müssen daher gesondert gesammelt werden. Die Müllabfuhr gibt Auskunft über die Beseitigung.

Alt-Medikamente nimmt die Apotheke zurück.

Gebrauchte Batterien aus Taschenlampen, Uhren, Hörgeräten, Haushaltsgeräten usw. nehmen die Fachgeschäfte (Uhren-, Foto- und Elektrogeschäfte) zurück.

Bezüglich der im Haushalt verwendeten Verpackungsmaterialien teilt das genannte hessische Ministerium folgende Einzelheiten mit:

„Für Verpackung verbrauchten wir allein 1980 im Bundesgebiet rund 1,2 Millionen Tonnen Kunststoff, 610000 Tonnen Weißblech für Getränkedosen, 4 Millionen Tonnen Papier und Pappe, fast 2,9 Millionen Tonnen Glas und rund 100000 Tonnen Alluminium. Dieser Rohstoffverbrauch hat sich seit 1960 verdreifacht. Allein zwischen 1975 und 1979 verdoppelte sich der Anteil an Getränkedosen. 1985 werden rund drei Milliarden Dosen auf den Markt kommen.

Heute werden bundesweit nur eine Million Tonnen Wertstoffe aus Abfall zurückgewonnen. Das ist nur ein Bruchteil der Milliardenwerte, die im Abfall stecken. Der geschätzte Gesamtwert an wiederverwendbaren Abfallstoffen entspricht etwa dem Milliardenbetrag, den Bund, Länder und Gemeinden zusammen für den Umweltschutz heute ausgeben können."

„Weniger Müll – das bedeutet mehr Umweltschutz. Und Wertstoffe aus Abfall zurückzugewinnen – das heißt schonender Umgang mit den weltweit immer knapper werdenden Rohstoffen. Nur so sichern wir unsere Zukunft."
Der ehemalige Hessische Umwelt-Minister Armin Clauss

Das biologische Gleichgewicht

Seit rund 100 Jahren hat die biologische Wissenschaft eine Vorstellung davon, daß die Tier- und Pflanzenarten, die in einem bestimmten Gebiet vorkommen, in ihrem Zahlenverhältnis und in ihren Beziehungen untereinander nichts Zufälliges sind und in ihrem Artenbestand und den quantitativen Werten nicht beliebig wechseln. Man weiß heute, daß alle natürlichen Landschaften in ihrer Organismenwelt sich in einem biologischen Gleichgewicht befinden. Wir sagen, die Organismen, Pflanzen und Tiere, bilden eine „Lebensgemeinschaft", eine Biozönose. Betrachten wir die in ihren Einzelgliedern aufeinander bezogene Organismengemeinschaft auch in ihrer Beziehung zu Boden, Klima und allen anorganischen Gegebenheiten und den Rückwirkungen zwischen Organismen und toter Umwelt, so sprechen wir von einem ökologischen System oder kurz: Ökosystem.

Solche Ökosysteme sind in allen Klimazonen der Erde und auch im Meer im Prinzip gleich aufgebaut, und es spielen sich im Grunde immer die gleichen Großvorgänge ab: Grüne Pflanzen, ob kleine Algen oder große Bäume, bilden mit Hilfe der Sonnenenergie in ihrem Blattgrün organische Substanz. Sie sind daher die eigentlichen „Produzenten", von denen alles weitere Leben in einem bestimmten Areal abhängt. Wo sie fehlen, fehlt auch die Tierwelt; denn diese Tiere zehren letzten Endes alle von den grünen Pflanzen, und wir nennen sie daher die „Konsumenten". Wir unterscheiden Konsumenten 1., 2., 3., 4. usw. Stufe. Die Konsumenten 1. Stufe sind reine Pflanzenfresser; die nächsten Stufen leben von Tieren, also räuberisch oder auch parasitisch.

Wo aber Pflanzen oder Tiere sterben und der Verwesung anheimfallen, sind sogenannte „Destruenten" am Werk, Bakterien und Pilze, welche von den Leichen leben und sie schließlich zurückführen in anorganische Substanz. Diese aber wird wieder der Ausgangsstoff für den Aufbau grüner Pflanzen.

So stehen wir also vor einem Kreislaufgeschehen, das in allen Klimazonen der Erde, zwar mit Hilfe verschiedener Tier- und Pflanzenarten, aber immer nach dem gleichen Prinzip wirksam ist.

Wer einmal dieses Geschehen in seinen Grundzügen verstanden hat, der versteht auch, mit welcher Vorsicht der Mensch vorgehen muß, will er nicht zu seinem eigenen Schaden diese ökologischen Systeme zerstören. Denn auch er lebt von ihnen. Im Grunde ist schon aller Ackerbau Störung des ursprünglichen biologischen Gleichgewichts. Im Laufe der Jahrtausende hat der Mensch aber gelernt, den Lebensgemeinschaften das, was er ihnen eben genommen hat, in Form natürlichen Düngens wieder zurückzugeben. Erst als er begonnen hat, durch künstliche Mittel, durch Insektizide und Herbizide, durch Kunstdünger, durch Verseuchung des Wassers, durch Absenken der Grundwasserspiegel, durch Luftverunreinigungen massiv und ohne Rücksicht in die Ökosysteme einzugreifen, hat er diese in großen Teilen der Erde total vernichtet oder doch aus dem Gleichgewicht gebracht.

Alle unsere zukünftigen Maßnahmen des Umweltschutzes sind im Grunde Maßnahmen der Pflege noch vorhandener Ökosysteme oder zum Aufbau neuer intakter Ökosysteme. Auch der Pflanzenschutz muß daher in Zukunft die Gesetze der Ökosysteme immer im Auge haben. Dummheit, Rücksichtslosigkeit und Profitgier rächen sich auf Dauer fürchterlich.

Hier seien an einigen Beispielen die Vorgänge der Regulation in der Lebensgemeinschaft aufgezeigt, wie sie sich unter natürlichen Bedingungen aufgrund der besonderen Eigenschaften der einzelnen Pflanzen- und Tierarten abspielen. Selbsttätige Regulation führt – natürliche Bedingungen vorausgesetzt – zur Wiederherstellung des Gleichgewichts in der Lebensgemeinschaft. Falsche Maßnahmen aber machen die Ökosysteme krank, sie kommen nicht mehr ins Gleichgewicht.

Natürliche Regulation eines Tierbestandes durch das Nahrungsangebot

Im Jahre 1905 stellte man den amerikanischen Maultierhirsch *(Odocoileus hemionus)* im Gebiet des Kaibab-Plateaus in Arizona unter Jagdschutz, um ihn vor dem Aussterben zu retten. In den folgenden Jahren führten das Fehlen von Feinden und das reichliche Angebot von Pflanzennahrung zu extrem starker Vermehrung dieser Art. Nach etwa zwanzig Jahren hatte sich die Population um das 25fache vermehrt, fiel in weiteren fünfzehn Jahren jedoch plötzlich auf das 2½fache der ursprünglichen Bestandsdichte zurück. Welches waren die Ursachen?

Mit dem erheblichen Bevölkerungszuwachs bei den Hirschen konnte sich nach zunehmender Beweidung die natürliche Vegetation nicht rasch genug regenerieren; es kam (A) zu Flurschäden. Mit abnehmender Nahrung verhunger-

Natürliche Schwankungen in der Bestandsstärke einer Population des amerikanischen Maultierhirsches (Odocoileus hemionus) im Verlauf von 35 Jahren (1905–1940). Bedeutung der Punkte A, B und C vgl. Text. (Nach Lack 1954.)

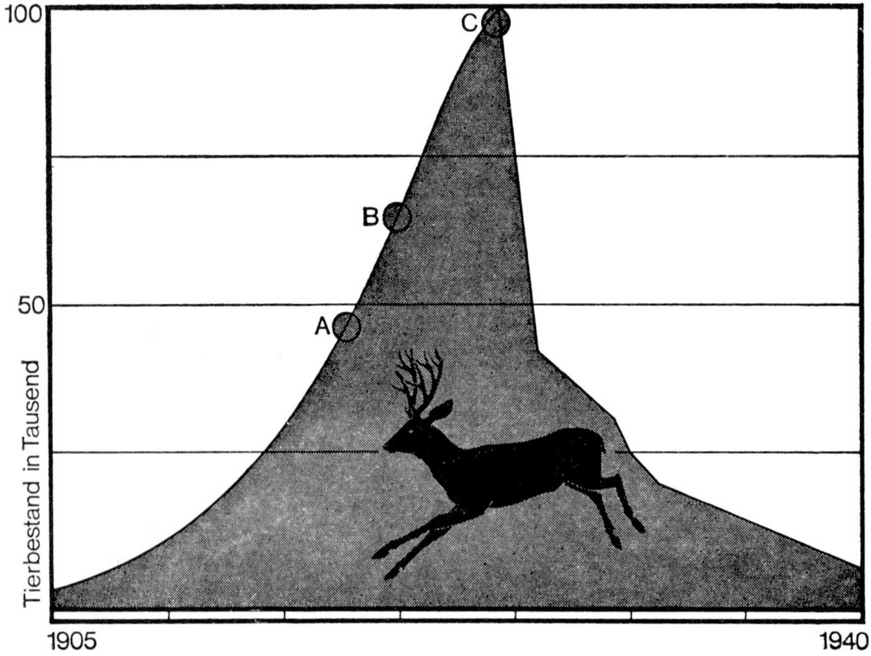

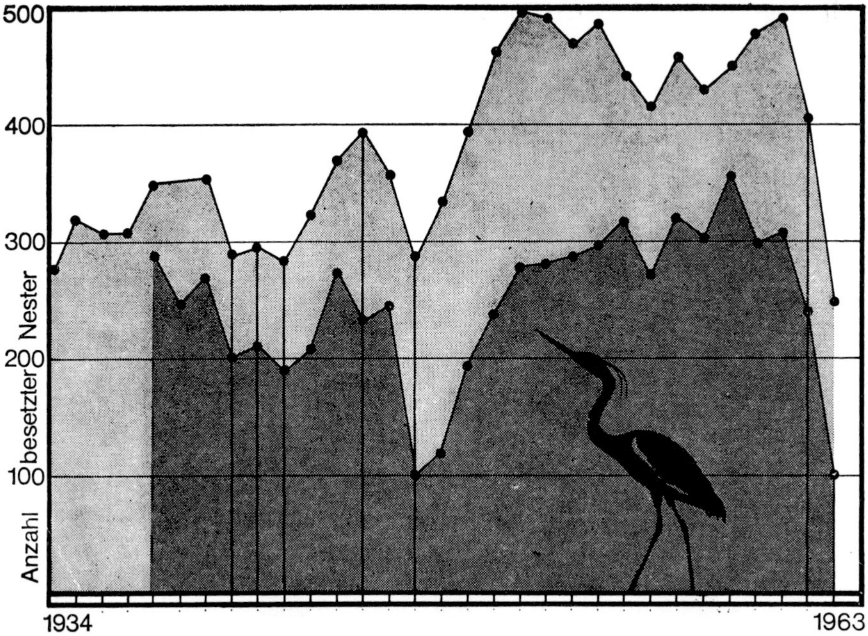

Natürliche Populationsschwankungen beim Fischreiher (Ardea cinerea) während einer 30jährigen Beobachtungszeit in England. Sehr kalte Winter (senkrechte Linien) bewirken stets einen merklichen Rückgang in der Anzahl besetzter Nester (Minima der Kurven). Der Vergleich von zwei lokal weit getrennten englischen Fischreiher-Populationen zeigt die allgemeine Übereinstimmung der Schwankungen in der Besatzdichte. (Nach Lack 1967.)

ten die ersten Hirschkälber (B). Die eingetretene Nahrungskalamität erhöhte (C) die Sterblichkeitsquote um ein Vielfaches der normalen Ausfälle. Erst die krasse Reduktion der Individuenzahl führte zum Gleichgewicht zwischen der Bestandsstärke der Tierart und einer ausreichenden Ernährungsgrundlage.

Natürliche Regulation eines Tierbestandes durch Wetterbedingungen

Eine in England über den Zeitraum von 30 Jahren durchgeführte Registrierung der Besatzdichte des Fischreihers *(Ardea cinerea)* an verschiedenen Flüssen zeigt deutlich den negativen Einfluß strenger Winter. Das zahlenmäßige Gleichgewicht pendelte sich jedoch in wärmeren Jahren stets wieder ein.

Nahrungsspezialisten und Futterquellen

Viele Tiere sind in ihren Nahrungsansprüchen auf ganz bestimmte Nahrungsquellen angewiesen. Solche Spezialisten mit scharf umgrenzten Nahrungsbereichen nennen wir Monophage. Nahrungsspezialisten finden sich besonders bei den Insekten (z. B. Horn- und Wachsfressern), daneben aber auch bei Wirbeltieren. Unter den Vögeln zeigt der Fichtenkreuzschnabel *(Loxia curvirostra)* eine

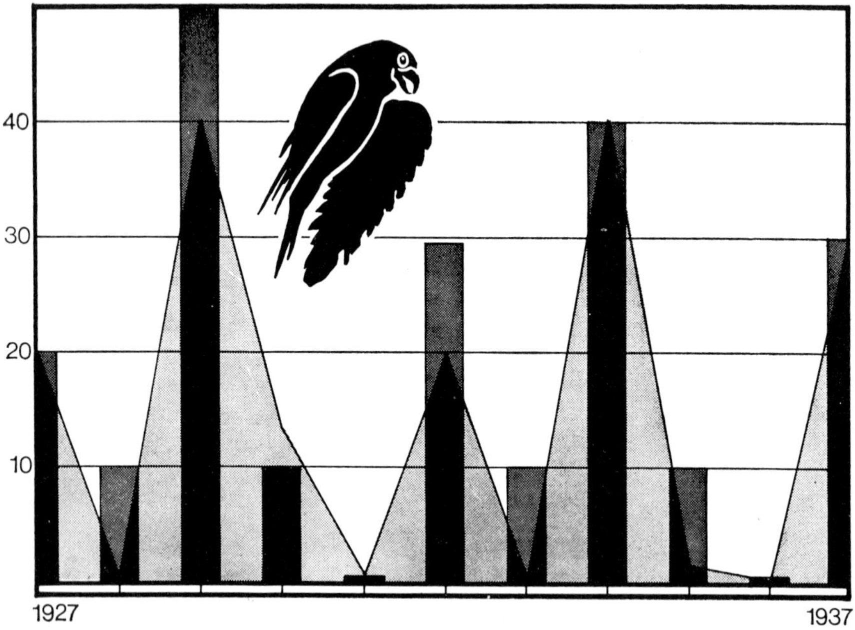

Häufigkeitsschwankungen im Populationsbestand des Fichtenkreuzschnabels (Loxia curvirostra) in Abhängigkeit vom speziellen Nahrungsangebot. Die senkrechten Balken geben die relative Zapfengröße an, die Kurve zeigt das dadurch bedingte Auftreten brütender Kreuzschnäbel. Senkrechte Achse: Anzahl brütender Paare. (Nach Lack 1967.)

besondere Vorliebe für den Samen von Nadelbäumen. Jahrelange Beobachtungen in einem Waldgebiet Finnlands haben ergeben, daß der Vogel immer dann gehäuft anzutreffen war, wenn die Fichten stark fruchteten und besonders große Zapfen ausgebildet hatten. Die Anzahl brütender Paare war korreliert mit der Größe der Fruchtstände.

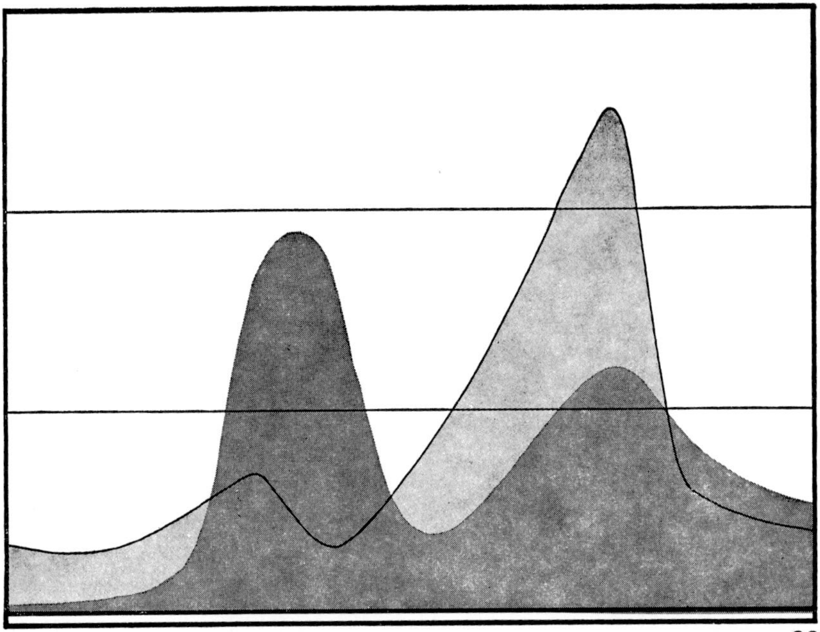

Allmähliche Einstellung eines natürlichen Gleichgewichts zwischen einer räuberisch lebenden Milben-Art (dunkelgraue Zone) und ihrem Beutetier, ebenfalls einer Milbe (hellgraue Zone der Kurve). Waagrechte Achse: Beobachtungszeit in Tagen, senkrechte Achse: Anzahl der Tiere.

Räuber-Beute-Verhältnis

Der Räuber ernährt sich von anderen lebenden Organismen, die er auf verschiedenste Weise verfolgt, erbeutet und tötet. Mit der dadurch herbeigeführten Bestandsminderung der Beuteart steigt gewöhnlich die Individuendichte bei der Verfolgerart verhältnismäßig stärker an; es kommt zu Bevölkerungsschwankungen, die sich jedoch im gesunden Ökosystem auf einen Mittelwert der Populationsdichte beider Arten einregulieren.

Bei Milben konnten diese Räuber-Beute-Beziehungen auch experimentell nachgeprüft werden. Die Beuteart, eine Milbe *(Aleuroglyphus agilis),* und ihr Jäger, die sehr bewegliche Raubmilbe *Cheyletus* stehen anfangs in einem ausgewogenen Verhältnis ihrer Individuenzahl zueinander. Nach etwa drei Wochen sinkt die Zahl der Beutetiere zunächst stark ab, während sich die räuberische Art erheblich vermehrt. Die Minderung im Nahrungsangebot des Räubers führt jedoch bald darauf auch bei ihm zu einem Rückgang seiner Bestandsdichte, wobei sich die Beuteart ihrerseits nun wieder rasch vermehrt.

Der oben geschilderte natürliche Ausgleich zwischen Verfolger und Verfolgtem führt in keinem Fall, auch nicht bei Wiederholung dieses Vorgangs, zur Ausrottung des Beutetiers.

Ein Beispiel für eine durch den Menschen beeinflußte Räuber-Beute-Regulation bildet die Beziehung zwischen dem amerikanischen Schwarzfußiltis *Mustela nigripes* und dem Präriehund *Cynomys ludovicianus,* einem zu den Erdhörnchen zählenden Nagetier. Der Marder ist als Räuber auf den Präriehund spezialisiert, der einst mit etwa fünf Millionen Tieren im Gebiet zwischen Alberta in Kanada im Norden bis Texas in den USA im Süden vorkam. Der Schwarzfußiltis lebt von diesen Erdhörnchen und haust auch in ihren Bauten. Nachdem die Präriehunde als Pflanzenfresser und Weide-Schädlinge vom Menschen zu 99% ausgerottet worden waren, verschwand auch der Schwarzfußiltis und galt als ausgestorben.

Entwicklung eines Balance-Zustandes zwischen der Schmarotzerfliege Ernestia rudis (heller Kurvenbereich) und der Wirtsart, dem Schmetterling Panolis flammea. (Nach Göpfert.)

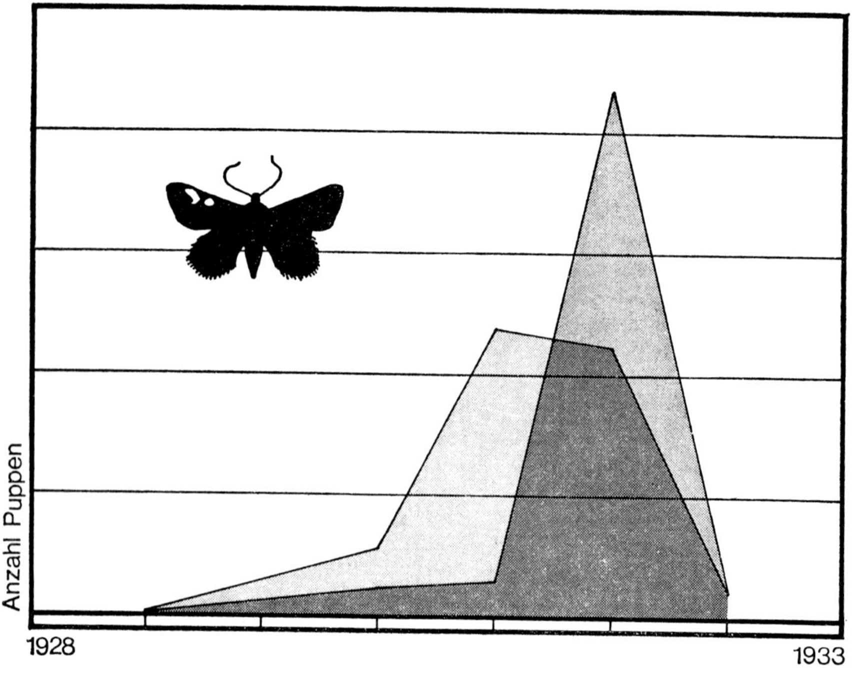

Kürzlich wurde dieser Marder mit etwa 100 Tieren im nordwestlichen Wyoming im Bereich einer geschützten Präriehund-Kolonie mit 110000 Bauten wiederentdeckt. Bei dieser Koloniegröße dürfte sich auch der Iltisbestand bald noch deutlich vergrößern, bis das Räuber-Beute-Gleichgewicht wieder hergestellt ist.

Schmarotzer-Wirt-Beziehung

Im Gegensatz zum Räuber, dem gewöhnlich mehrere Beutearten zur Verfügung stehen, ist der Schmarotzer (Parasit) in den meisten Fällen auf einen lebenden Wirt angewiesen (obligatorischer Parasitismus). Aufgrund dieser direkten Abhängigkeit ist der Wirt vor einem unmittelbaren Abtöten zunächst geschützt, wird aber auf die Dauer durch den Schmarotzer mehr oder weniger stark geschädigt und in seiner Fortpflanzung behindert. Möglichen Massenvermehrungen der Parasiten auf Kosten ihrer Wirte können diese jedoch vielfach mit speziellen Abwehrreaktionen entgegenwirken und somit ein Gleichgewicht der Beziehungen herstellen. Im umgekehrten Fall kann die natürliche Regelung der Schmarotzer-Wirt-Beziehung für den Menschen bei der Bekämpfung wirtschaftlich wichtiger, tierischer Schädlinge große Bedeutung erlangen und ist heute Bestandteil der sogenannten biologischen Schädlingsbekämpfung.

Am Beispiel der Forleule *(Panolis flammea)* läßt sich verfolgen, wie einer Massenvermehrung dieser an Waldbäumen sehr schädlichen Schmetterlingsart durch ihren Parasiten, der Schmarotzerfliege *(Ernestia rudis)*, in wenigen Jahren Einhalt geboten wird.

Landwirtschaft und Produktionslandschaften

Da der Agrarmarkt der Europäischen Gemeinschaft (EG) sich nicht nach dem Prinzip von Angebot und Nachfrage orientiert, sondern auf der Gewährleistung von Garantiepreisen für gelieferte Nahrungsmittel beruht, besteht bei der Landwirtschaft die Tendenz zur Betriebsvergrößerung, zur Intensivierung der Bodennutzung und zur Anlage von Monokulturen. Somit werden die Agrargebiete zu intensiv bewirtschafteten bis ausgebeuteten Produktionslandschaften. Ökologisch wertvolle Randgebiete wie Feldraine, Hecken, Gebüsche, Tümpel, Feuchtgebiete, einzelne Bäume usw. werden aus Gründen ökonomisch rationeller Ackerstruktur vernichtet. Damit werden die landwirtschaftlich genutzten Gebiete ökologisch äußerst arm, natürliche Feinde von Schädlingen verlieren jegliche Lebensmöglichkeit, Schädlingsbekämpfung kann nur auf chemischem Wege geschehen.

Um eine möglichst große Menge an Getreide, Milch und Fleisch zu liefern und den Boden intensiv zu nutzen, wird er mit Kunstdüngern angereichert sowie mit Unkrautvertilgern und „Ungräser"-Vernichtern (gegen Wiesenblumen usw.) behandelt und werden die landwirtschaftlichen Produkte mit chemischen Insektenvernichtern und anderen Schädlingsbekämpfungsmitteln besprüht.

Durch die Folgen der EG-Landwirtschaftspolitik werden nicht nur große Mengen unökonomischer landwirtschaftlicher Überschüsse (Butterberg, Magermilchpulverberg, Zuckerberg, Getreideüberschüsse, Überschüsse an Obst und Gemüse) gebildet, es verlieren auch die Nutzpflanzen an natürlicher Abwehrkraft gegen verschiedene Schädlinge sowie an Aroma, Geschmack und Vitamingehalt durch die allein auf Ertragssteigerung orientierten Zucht- und Anbaumethoden. Außerdem wird der Boden langsam chronisch vergiftet; es entstehen bei Monokulturen großräumige Formen von Schädlingskalamitäten, wie sie früher völlig unbekannt waren.

Durch die EG-Agrarmarktpolitik hat der Landwirt aber auch seine Unabhängigkeit verloren. Nach dem Prinzip der industriellen Produktion sind sie Agrarspezialisten mit einseitiger Einstellung auf ein oder wenige landwirtschaftliche Produkte geworden. Damit fällt aber auch das landwirtschaftsökologisch so wichtige und früher regelmäßig betriebene Prinzip des Fruchtwechsels fort, durch das sich der Boden regenerieren konnte und die Produkte ihre natürliche Resistenz behielten. Durch die moderne Agrarpolitik, deren Widersinn die meisten Bauern immer noch nicht erkannt haben, wird heute die Landwirtschaft mit ökologischen Problemen konfrontiert, die früher weitgehend unbekannt waren. Mehr noch: Durch die von der EG diktierte Agrarpolitik mit ihren Intensivierungszwängen und modernen Produktionsmethoden ist die Landwirtschaft in vielen Regionen vom Umwelterhalter zum Umweltbelaster und sogar zum Umweltvernichter geworden. „Die Landwirte sind letztendlich genauso Opfer einer unökologischen Wirtschafts- und Agrarpolitik wie der vom Aussterben bedrohte Brachvogel oder der Ackerrittersporn" (H. Weiger).

Zwar sind die für rationalisierte, mechanisierte und intensivierte Produktion durch Abnahmegarantien und Mindestpreise finanziell geförderten Bauern derzeit wirtschaftlich gesichert, trotzdem wird in zunehmendem Maße erkannt, daß diese nach den Prinzipien der Subventionswirtschaft aufgezogene Agrarpolitik einem Fiasko entgegengeht. Doch wird offiziell keine „Alternative" gesucht. Die noch bestehenden naturnahen landwirtschaftlichen Biotope werden weiterhin „rationalisiert" und „flurbereinigt". Der durch die landwirtschaftliche Intensivproduktion bedingte drastische Rückgang der einstigen Tier- und Pflanzenarten dieses Lebensraumes setzt sich unaufhaltsam fort.

Monokulturen und Schädlinge

Den ständigen Anbau von jeweils nur einer Nutzpflanze auf großer Fläche bezeichnet man als Monokultur. Die für die einzelnen Klimagebiete unterschiedlichen Methoden des Anbaues pflanzlicher Nahrung in großen Mengen sind die

Voraussetzung für die Seßhaftigkeit und das Anwachsen der Menschheitsbevölkerung.

Die ständige landwirtschaftliche Nutzung urbar gemachten Ödlandes hing neben der Vervollkommnung der Bodenbearbeitungs- und Düngungsmethoden weitgehend von der Herauszüchtung ertragreicher Nutzpflanzenarten aus deren Wildformen ab. Beispiele dafür liefern die heutigen Getreide- und Obstsorten, Hackfrüchte, Öl- und Gemüsepflanzen, aber auch weitere, anderen Zwecken als der Ernährung dienende Kulturpflanzen, wie Hölzer, Gummi-, Arznei-, Drogen- und Genußmittelpflanzen sowie Blumen.

Die Spezialisierung auf Monokulturen zog eine lange Kette tierischer Konsumenten und pflanzlicher Parasiten nach sich, denen sich damit vorher nie vorhandene Nahrungsmengen geradezu paradiesisch darboten. Waren diese Konsumenten ursprünglich nur für vereinzelte Wildpflanzen schädlich, so konnten sie nun in Kulturpflanzungen durch gewaltige Steigerung ihres Vermehrungspotentials verheerende Zerstörungen anrichten und bisweilen die Ernte völlig vernichten.

Es sind zahlreiche Insektenarten bekannt, die sich in historischer Zeit von zunächst harmlosen Wildpflanzenfressern zu gefürchteten Massenvertilgern im Kulturpflanzen-Anbau entwickelt haben. Zu ihnen gehört der Kartoffelkäfer *(Leptinotarsa decemlineata)*. Aus seiner mexikanischen Urheimat, wo er auf wilden Nachtschattengewächsen (z. B. *Solanum rostratum*) lebte, gelangte er mit dem Vordringen des Kartoffel-Anbaus (die Kartoffel, *Solanum tuberosum*, gehört zu den Nachtschatten-Arten) rasch nach Europa und ist heute bereits in der Türkei zu finden.

Der Siegeszug des Kartoffel- oder Colorado-Käfers *(Leptinotarsa decemlineata)*:

Urheimat:	US-Staat Colorado und Neu-Mexiko
1859:	Im US-Staat Nebraska
1865	am Mississippi
1874:	an der amerikanischen Atlantikküste
1875:	in Deutschland und anderen europäischen Ländern werden Einfuhrverbote für Kartoffeln aus den USA erlassen
1876:	Kartoffelkäfer auf Schiffen, die aus den USA kamen, in Deutschland, England und Holland beobachtet
1877:	erstmals Funde auf deutschen Kartoffelfeldern, z. B. in Mühlheim am Rhein, Schildau bei Torgau, Probsthain und Reichenbach in Sachsen
1887:	in Mahlitzsch bei Dommitzsch (Torgau) und Lohe bei Meppen/Hann.
1901:	in Tilbury bei London
1914:	in Stade an der Unterelbe
1936:	Gründung eines internationalen Komitees zur Bekämpfung des Kartoffelkäfers
1939:	Funde in Lüneburg, Belgien, Luxemburg, Niederlande, Schweiz und Spanien

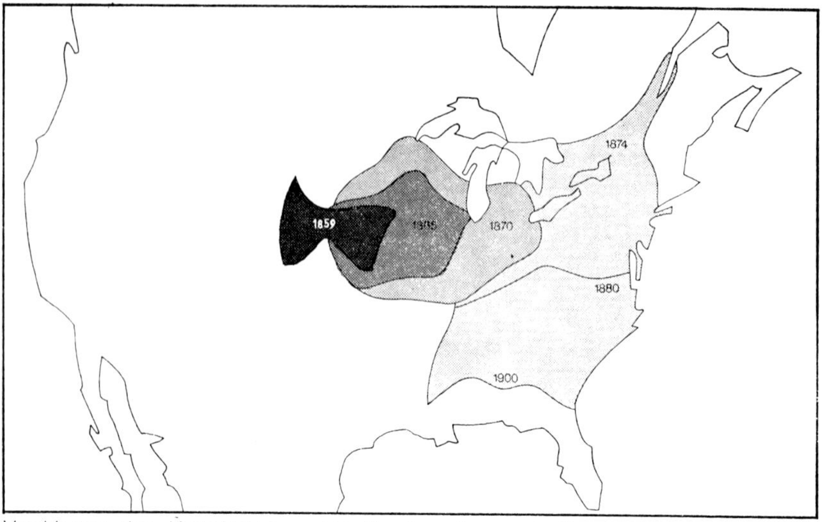

Vordringen des Kartoffelkäfers von Nordamerika nach Europa.

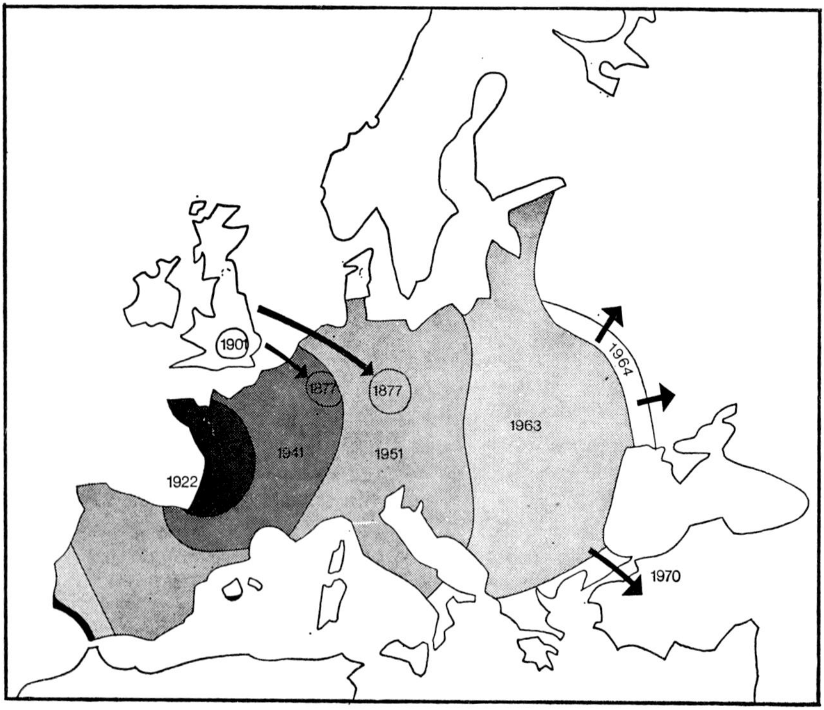

1944:	in Brandenburg
1946:	in Polen
1947:	in Ungarn, Tschechoslowakei, Jugoslawien
1948:	Oder-Neiße-Linie in Deutschland
1963:	in der UdSSR bis zum Dnepr
1971:	Türkei, Schwarzes Meer

Bei Massenauftreten des Kartoffelkäfers kommt es zu völligem Kahlfraß der Äcker und Ausfall der Ernte.

Weitere Beispiele für Monokulturen und ihre pflanzlichen und tierischen Schädlinge bzw. Krankheiten:

Weizen:	Weizensteinbrand, Weizenflugbrand, Weizengallmücken
Hafer:	Haferflugbrand, Braunfleckigkeit
Gerste:	Gerstenhartbrand, Gerstenflugbrand, Streifenkrankheit
Roggen:	Schneeschimmel
Reis:	Reiswanzen, Reisstengelbohrer, Reisblasenfuß, Reis-Zikade, Reisköcherraupe, Reisminierfliege, Brusone-Krankheit
Mais:	Maiszünsler, Maisbeulenbrand, Maisblattlaus
Kartoffel:	Kraut- und Knollenfäule, Virosen, Wurzeltöterkrankheit, Wurzelbrand, Kartoffelkäfer
Rüben:	Wurzelbrand, Blattfleckenkrankheit, Yellow-Krankheit, Rübenfliege, Rübenblattwespe, Rübenaaskäfer, Rüsselkäfer
Ölfrüchte:	Rapsglanzkäfer, Schotenrüßler
Oliven:	Olivenfliege, Olivenmotte, Ölbaumborkenkäfer
Gemüse:	Brennfleckenkrankheit, Braunfäule, Blattläuse, Kohlweißlinge, Zwiebelfliege, Erbsen- und Bohnenkäfer
Obst:	Schorf, Mehltau, Kräuselkrankheit, Spinnmilben, Sägewespen, Blattläuse, Schildläuse, Blütenstecher, Rüßler, Wickler, Spanner, Miniermotten, Fruchtfliegen
Bananen:	Bananenbohrer, Bananenfruchtfliege, Bananenfleckenkrankheit
Zitrusfrüchte:	Mittelmeer-Fruchtfliege, Orangenwickler, Zitronenschildlaus, Zitrus-Spinnmilben, Zitrusknospenmilbe
Wein:	Perenospora, Roter Brenner, Echter Mehltau, Grauschimmel (Botrytis), Wickler-Arten, Blattläuse, Milben, Reblaus, Sauerwurm
Hopfen:	Hopfenblattlaus, Hopfenerdfloh
Baumwolle:	Baumwollkapselkäfer, Ägyptischer Baumwollwurm, Graue Baumwollwanze, Baumwollbakteriose, Baumwollwelke
Kaffee:	Kaffeekirschkäfer, Kaffeezünsler, Kaffeemotte, Kaffeewanze, Kaffeerost
Tee:	Rote Teemilbe, Teewickler, Blasenkrankheit des Tees
Kakao:	Kakaothrips, Heliopeltis-Larven, Kakaorindenwanze, Kakaomotte, Kakaobraunfäule, Silberdrahtkrankheit
Tabak:	Tabakerdfloh, Tabakblasenfuß, Tabak-Bakterienbrand, Tabakfußfäule

„Im modernen Erzeugungsprozeß müßte vor allem eine viel sorgfältigere Standortwahl erfolgen, der Trend zur Monokultur gebremst und durch krankheits- oder schädlingsverhütende Fruchtfolgen ersetzt werden. Eine angemessene Humuszufuhr, z. B. durch einen guten Müllkompost, wäre dabei ebenso wichtig wie eine Beschränkung in der Stickstoffdüngung, vor allem in leicht aufnehmbarer Form.

Damit würde zwar der chemische Pflanzenschutz keineswegs überflüssig, aber in bescheidene Grenzen verwiesen werden. Auf persistente toxische Mittel wie DDT, Aldrin, Dieldrin, Endrin, Heptachlor und Chlordan sollte gänzlich verzichtet werden. Die Gesunderhaltung von Mensch und Tier, vor allem unserer Kinder, dürfte diese Maßnahmen rechtfertigen.“ (W. Schuphan)

Probleme der Schädlingsbekämpfung

Pestizide und Ökosystem

Die Anwendung der meisten chemischen Stoffe zur Vernichtung der Schädlinge hat eine tiefgreifende Veränderung des biologischen Gleichgewichts der behandelten Gebiete zur Folge. Es werden nicht nur die Schadinsekten selbst, sondern auch Nutzinsekten ausgemerzt. Außerdem fallen viele insektenfressende Vögel und sogar Säugetiere dieser Aktion zum Opfer.

Folgeerscheinungen: Anfangs großer Erfolg im Kurzhalten der Schädlinge, deutliche Ertragssteigerung. Bald aber Aufkommen der gleichen Schädlinge trotz weiterer Anwendung der Bekämpfungsmittel: Es haben sich giftfeste Stämme gebildet. Die Anzahl der Schädlinge wird größer als zuvor. Auch die Anwendung neuer Gifte wirkt nur kurzzeitig. Die Schadenskatastrophe ist schließlich ärger als am Anfang. Die Kosten für die Pestizide erhöhen sich, gleichzeitig verringert sich der Verdienst durch die verminderte Ernte.

Bekämpfung von Baumwollschädlingen im Canete-Tal in Peru:

1949	Erste Anwendung von DDT, HCH und Toxaphen.
1950-1954:	Großer Erfolg. Ertragssteigerung an Baumwolle von 494 kg/ha auf 728 kg/ha. Erhöhte Anwendung von Schädlingsbekämpfungsmitteln.
1952:	HCH verliert seine Wirksamkeit gegen Blattläuse (*Aphis*-Arten).
1954:	Toxaphen verliert seine Wirksamkeit gegen den Cotton-Worm.
1955:	Massenauftreten des Baumwollkapselkäfers *(Anthomus grandis)*.
1956:	Baumwollkapselwurm *(Heliothis virescens)* zeigt DDT-Resistenz und vermehrt sich stark. Sechs neue Schädlinge treten auf.

1955–1956: Trotz intensiver Anwendung von chemischen Bekämpfungsmitteln Ertragsrückgang an Baumwolle auf 332 kg/ha, also bedeutend weniger als zu Beginn der Bekämpfungsaktion.

1956: Zusätzliche Schädlingsbekämpfung mit Phosphorverbindungen.

1957: Umstellung auf ein integriertes Verfahren: Begrenzte und rein lokale Pestizid-Anwendung nach ökologischen Gesichtspunkten und Anwendung der biologischen Bekämpfung mit Hilfe der natürlichen Feinde der Baumwollschädlinge; sie werden zwar auch durch dieses Verfahren nicht völlig ausgemerzt, doch sind seitdem die Ergebnisse erheblich günstiger als zur Zeit der ausschließlichen Insektizid-Anwendung.

Ein weiteres Beispiel chemischer und biologischer Schädlingsbekämpfung: Kakao-Plantagen in Nord-Borneo.

1956: wurden im Staate Sabah auf Nord-Borneo Kakao-Plantagen angelegt.
Der Boden wurde durch Rodung des Urwalds gewonnen.

1957–1958: Erstes Massenauftreten von Schadinsekten: Der Ringborkenbohrer *Endoclita hosei* (Hepialidae) und zwei Zweigbohrer-Arten der Gattung *Zeuzera* (Cossidae). 20% der jungen Kakao-Pflanzen starben ab.

1959: Beginn der Schädlingsbekämpfung mit hohen Konzentrationen von DDT und Dieldrin.
Gleichzeitig erstes Auftreten weiterer Schadinsekten: blattfressende Käfer, Blattläuse und Blattwanzen.

1960: erfolgte eine starke und häufige Anwendung der chemischen Bekämpfungsmittel Dieldrin, Endrin, DDT, HCH, Bleiarsenat und Weißöl.

1961: Massenauftreten der Zweigbohrer, blattfressender Käfer, Schmetterlinge wie *Hyposidra talaca* und *Setora nitens* sowie des „plant hoppers“ *Colobesthes falcata,* außerdem von Gespinstmotten der Gattungen *Clania* und *Mahasena* als neuen Schädlingen.
Alle Schadinsekten traten in riesigen Mengen auf und bewirkten beträchtliche Schäden an den Kakao-Plantagen. Zahlreiche Kakao-Bäume starben ab. Die chemische Bekämpfung wurde fortgesetzt, brachte aber keine bemerkenswerte Besserung der Situation. Nur der Schmetterling *Setora nitens* verschwand.

1962: Chemische Insektenbekämpfungsmittel wurden nicht mehr angewendet.
Gründe:
a) Das Massenauftreten von Schadinsekten erfolgte nach Einführung einer intensiven chemischen Schädlingsbekämpfung.
b) Die zahlreichen, weniger geschützten Nutzinsekten wurden vernichtet und konnten die Schadinsekten nicht bekämpfen.

Folgen:
Nach wenigen Wochen trat eine Schlupfwespe der Gattung *Apanteles* auf, ein Feind des Schmetterlings *Hyposidra talaca.* Im Mai kamen nur noch wenige Exemplare dieses blattfressenden Schädlings vor. Der „plant hopper" *Colobesthes falcata,* der zuvor zu Milliarden auftrat, nahm ab April rasch ab und war im August nahezu verschwunden. Parasitische Pilze hatten diese Schadinsekten befallen und zum Absterben gebracht. Die Zweigbohrer kamen im ersten halben Jahr noch häufig vor und verursachten beträchtliche Schäden. Ab August 1962 nahm ihre Zahl ab. Sie wurden von den Larven der Schlupfwespen dezimiert; bis zum Ende des Jahres waren die Zweigbohrer nahezu verschwunden. Der Ringborkenbohrer wurde durch selektive Injektionen mit Dieldrin sowie durch Fällen der Wirtsbäume *(Trema cannabina)* bekämpft.
Die Gespinstmotten wurden ebenfalls selektiv mit Trichlorfon (Dipterex) und mit Präparaten des Bakteriums Bacillus thuringiensis behandelt.

1963: Keinerlei chemische oder anderweitige künstliche Schädlingsbekämpfung war notwendig. Gespinstmotten wurden auf natürlichem Wege durch Schmarotzerfliegen bekämpft.

Ab 1963: Chemische Bekämpfung entfiel völlig: Es gab kein Massenauftreten von Schädlingen; sie kamen zwar in geringer Menge vor, der Schaden aber war unbedeutend: Sie wurden durch ihre natürlichen Feinde bekämpft.

Erbliche Giftfestigkeit

Ursprünglich glaubte man, mit chemischen Insektiziden bestimmte Schadinsekten völlig ausrotten zu können. Doch diese Ansicht hat sich als Fehlspekulation erwiesen.

Viele Insekten, aber auch Ratten und bestimmte Unkräuter entwickeln neue Populationen oder Stämme, die eine erbliche Giftfestigkeit besitzen.

Beispiel: 10000 Fliegen werden mit DDT besprüht. Es sterben 9998 Tiere, zwei bleiben am Leben.

Diese beiden Fliegen, ein Männchen und ein Weibchen, überstehen die Sprühaktion, weil sie giftfest sind. Diese Eigenschaft ist erblich.

Die beiden Fliegen pflanzen sich fort; nach einigen Generationen sind es wieder 10000 Tiere. Sie sind alle giftfest, denn diese Eigenschaft haben sie von ihren Stammeltern übernommen. Eine Sprühaktion mit DDT bei gleicher Menge und Konzentration erweist sich als völlig wirkungslos.

Bisher sind 180 Insektenarten gegen die verschiedensten Vertilgungsmittel erblich giftresistent geworden, davon vor allem die gefährlichen Schadinsekten.

Als ein Irrtum hat sich auch die Annahme erwiesen, daß man die Malaria durch DDT (oder ein ähnliches Insektizid) ausrotten könne. 1947 gab es in Italien noch 400000 Malariatote, 1952 galt die Krankheit nach einer intensiven DDT-Kampagne als ausgerottet. Ähnliches wurde aus Ceylon (Sri Lanka), Indien, Afrika und anderen tropischen Ländern vermeldet. Doch der Siegeszug mit Hilfe von DDT ist gestoppt. So wird aus Afrika, besonders südlich der Sahara, wieder über eine erneute Zunahme und verstärkte Ausbreitung berichtet. Denn weltweit entsteht eine Resistenz der *Anopheles*-Mücke, der Hauptüberträgerin der Malaria, gegen das DDT. Aber auch die Malariaerreger weisen eine zunehmende Widerstandskraft gegenüber den pharmazeutischen Malariamitteln auf. So hat sich der bereits gefeierte Sieg über die Geißel Malaria mit Hilfe der Chemie als ein Pyrrhussieg erwiesen.

Biologische Schädlingsbekämpfung

Biologische Bekämpfung von Schädlingen bedeutet „eine Verwendung von Lebewesen zur aktiven Begrenzung der Populationsdichte schädlicher Tiere oder Pflanzen". (J.M. Franz)

In der modernen Schädlingsbekämpfung gewinnen rein biologische Verfahren ohne Anwendung von Giften zunehmend an Bedeutung, insbesondere, weil sie einerseits die Nutztiere und Kulturpflanzen sowie die Umwelt, andererseits aber auch den Menschen schonen. Hierbei steht die Verwendung von Nutzinsekten und Insektenpathogenen im Vordergrund, doch werden auch andere Verfahren angewandt oder weiterentwickelt.

In der Praxis haben sich drei Bekämpfungsmethoden bewährt:

1. Einsatz räuberischer Feinde oder Parasiten der Schädlinge.
   Die San-José-Schildlaus *(Aspidiotus perniciosus)* ist ein gefürchteter Obstschädling. In Baden-Württemberg konnte durch die Einbürgerung eines Schildlausparasiten, der Schlupfwespe *Prospaltella perniciosi*, ein merklicher Rückgang im Auftreten des Obstschädlings erzielt werden.

2. Behandlung gefährdeter Pflanzenkulturen mit insektenfeindlichen Bakterien und Viren.
   Seit längerer Zeit wird versucht, Schadinsekten mit ganz spezifisch auf sie einwirkenden Krankheitserregern zu bekämpfen. Außer Bakterien *(Bacillus thuringiensis)* werden besonders Viren eingesetzt.

3. Die Selbstvernichtungsmethode.
   Eine vielversprechende Möglichkeit, Schadinsekten von Pflanzen sowie Schädlinge oder Lästlinge von Haustier und Mensch wirksam auszuschalten, ist ihre Selbstvernichtung (Autizid-Verfahren).

Generation	Natürliche Schädlings-Population		Sterile Population		Nachkommen
P	1000	+	2000	=	333
F_1	333	+	2000	=	48
F_2	48	+	2000	=	1
F_3	1	+	2000	=	0

Ausrottung einer Schädlingspopulation, wenn diese von ausgesetzten Tieren der gleichen Art um das Doppelte übertroffen wird. (Nach Knipling 1963.)

Durch künstliche Massenvermehrung erzeugte Schädlinge werden radioaktiv bestrahlt und dadurch unfruchtbar gemacht, ohne daß sich ihr natürliches Verhalten und der Geschlechtstrieb ändern; ähnlich wirken bestimmte chemische Substanzen (Chemosterilisantien).

Bringt man die sterilisierten Tiere mit der arteigenen Freiland-Population zusammen, so ergibt sich aus den Paarungen keine Nachkommenschaft: Die Weibchen legen unfruchtbare Eier ab.

Auf diese Weise wird bei wiederholtem Einsatz steriler Tiere die schädliche Art im Laufe ihrer Generationenfolge immer stärker dezimiert und schließlich ausgerottet.

Beispiel Schraubenwurmfliege:

Ein voller Erfolg war die Bekämpfung der als Vieh- und Wildschädling in den USA, Mittel- und Südamerika auftretenden Schraubenwurmfliege *(Cochliomyia hominivorax)* mit Hilfe der Selbstvernichtungsmethode.

Die Larven dieser Fliege erzeugen große Hautwunden und zerstören bei starkem Befall so viel Gewebe, daß die Wirtstiere unter großen Qualen zugrunde gehen.

Für die Viehwirtschaft im Südosten der USA bedeutete dies einen jährlichen Verlust von 20 Millionen Dollar (= 60 Millionen DM).

Nachdem man die Schraubenwurmfliege in einer Großaktion auf der Antillen-Insel Curaçao völlig ausgerottet hatte, konnte sie auch im Südosten der Vereinigten Staaten in nur 1½ Jahren bei wöchentlicher Freilassung von 50 Millionen sterilisierter Tiere beider Geschlechter total ausgemerzt werden.

Beispiel Nasenbremsen:

Nasenbremsen *(Oestrus ovis)* legen ihre Eier in den Nasenraum von Schafen und anderen Huftieren. Die Larven dieser Schmarotzerfliegen zerfressen den Nasen-Rachenraum der befallenen Säugetiere, die unter großen Qualen zugrunde gehen.

In manchen tropischen Gebieten kommt es durch die Nasenbremsen zu großen Ausfällen unter den Weidetieren und entsprechend hohen finanziellen Einbußen für den Viehzüchter.

In den USA verursachten die Nasenbremsen unter den Viehbeständen, besonders den Schafen, einen jährlichen Verlust von 40 Millionen Dollar (= 120 Millionen DM).

Dem Insektenspezialisten E.F. Knipling vom US-Landwirtschaftsministerium gelang es, durch Großeinsatz künstlich sterilisierter männlicher Nasenbremsen dieser Plage Herr zu werden. Nach wenigen Jahren war die Schmarotzerfliege im ganzen Süden der Vereinigten Staaten praktisch ausgerottet.

Integrierter Pflanzenschutz

Das Verfahren der Zukunft ist die „integrierte Schädlingsbekämpfung". Chemische Insektizide werden nur dort und sehr begrenzt eingesetzt, wo es zur Verhütung wirtschaftlicher Schäden unbedingt erforderlich ist. Diese Insektizide sollten selektiv wirken, also nur die betreffenden Schadinsekten töten und rasch wieder abgebaut werden.

Hinzu kommen:

Abschaffung eines Termin-Spritzplanes,

Fruchtwechsel beim Pflanzenanbau,

Beachtung des Warndienstes der zuständigen Pflanzenschutzämter,

Zucht schädlingsresistenter Pflanzensorten,

Einsatz natürlicher Feinde von Schadinsekten, einschließlich der Krankheitserreger,

Anwendung von Hormonpräparaten, die die Entwicklung der Schädlinge unterbinden,

Anwendung spezifischer Lockstoffe (Pheromone),

Großeinsatz sterilisierter Männchen oder Weibchen einer Schadinsekten-Population zum Zwecke ihrer Selbstvernichtung.

Durch das integrierte Verfahren werden die Schadinsekten kurzgehalten und höhere Reinerträge bei der Ernte erzielt, ohne daß sich in der Umwelt Gifte anreichern, andere Tiere und der Mensch gefährdet werden und das biologische Gleichgewicht zerstört wird. Somit stellt dieses Verfahren gegenüber der ausschließlichen Giftanwendung ökologisch einen wesentlichen Fortschritt dar und ist ein wichtiges integriertes Konzept im Pflanzen- und Gesundheitsschutz.

Pestizide – Pflanzenschutzmittel

Pestizide sind chemische Kampfstoffe zur Vertilgung von Schädlingen; der allgemeine Name „Biozide“ bedeutet Lebenstöter.

Man unterscheidet:
Insektizide = Insektenvernichtungsmittel,
Herbizide = Unkrautvertilger,
Fungizide = Pilztöter,
ferner andere Präparate, die Nagetiere, Vögel, Fische, Milben, Schnecken und Fadenwürmer (Nematoden) vernichten.

Die jährliche Weltproduktion an Pestiziden beträgt etwa 1 200 000 t, die Produktion in der Bundesrepublik 142 000 t, in den USA über 400 000 t. Der jährliche Gesamtverbrauch an Pestiziden beträgt in der Bundesrepublik über 50 000 t.

Die wichtigsten Insektenvertilgungsmittel sind:
Chlorierte Kohlenwasserstoffe (u. a. DDD, DDE, DDT, Aldrin, Dieldrin, Lindan, Endrin, Chlordan, HCH usw.)
und
Organische Phosphorverbindungen (u. a. DDVP, Azodrin, Chlorthion, Diazinon, Malathion, TEPP usw.).

Neue Maßeinheiten

Bei umweltbezogenen Untersuchungen war bis vor kurzem im allgemeinen ein Tausendstel Gramm (1 Promille) die kleinste Maßeinheit. Doch sind viele giftige Stoffe in bedeutend geringerer Menge nicht nur vorhanden, sondern auch wirksam. Daher wurden in jüngerer Zeit eine Reihe neuer, bisher ungebräuchlicher Meßgrößen in die Umweltforschung eingeführt. Zugleich wurden hochkomplizierte Meßapparate und chemische Analysegeräte entwickelt, die nun auch in der Lage sind, jene geringsten Mengen und nicht mehr vorstellbaren Konzentrationen zu ermitteln. Heute sind solche Messungen unerläßlich für das Auffinden von Schadstoffen in der Luft, im Wasser, im Boden, aber auch in den Lebensmitteln. Zur Verständlichmachung werden in der folgenden Tabelle die alten und neuen Maßeinheiten zusammengestellt:

1 %	= 1 Teil von 100 Teilen	= 10 g/1 kg	= 10 g/kg
1 ‰	= 1 Teil von 1000 Teilen	= 1 g/1 kg	= 1 g/kg
1 ppm	= 1 Teil von 1 Mio. Teilen	= 1 Milligramm/kg	= 0,001 g/kg
1 ppb	= 1 Teil von 1 Mrd. Teilen	= 1 Mikrogramm/kg	= 0,000 001 g/kg
1 ppt	= 1 Teil von 1 Bio. Teilen	= 1 Nanogramm/kg	= 0,000 000 001 g/kg
1 ppq	= 1 Teil von 1 Brd. Teilen	= 1 Picogramm/kg	= 0,000 000 000 001 g/kg

Chlorierte Kohlenwasserstoffe

Kohlenwasserstoffe, die durch Fluor, Chlor, Brom oder Jod, d. h. durch sogenannte Halogene angereichert sind, werden als halogenierte Kohlenwasserstoffe (HKW) bezeichnet. Zu ihnen gehören auch die chlorierten Kohlenwasserstoffe. Diese Stoffgruppe umfaßt eine große Zahl von chemischen Verbindungen unterschiedlicher Struktur, bei denen ein oder mehrere Wasserstoff-Atome durch Chlor-Atome ersetzt sind. Fast allen Verbindungen gemeinsam ist die Unlöslichkeit in Wasser und die gute Löslichkeit in Fetten, Ölen und organischen Lösungsmitteln. Ihre praktische Verwendung finden HKW bei der Bekämpfung von Fadenwürmern, Insekten, Milben, Nagetieren und Pilzen, indem sie als starke Nervengifte wirken. Die jährliche Produktion von chlororganischen Bioziden wird auf über 1 Million Tonnen geschätzt.

Die wichtigsten chlorierten Kohlenwasserstoffe, von denen es etwa 5000 verschiedene Verbindungen gibt, sind:

Aldrin	=	1,2,3,4,10,10-Hexachlor-1,4,4a,5,8,8a-hexahydro [1,4,5,8-bis-(endo-exo)-methylen]-naphthalin
Chlordan	=	1,2,4,5,6,7,8,8-Octachlor-4,7-endo-methylen-3a,4,7,7a-tetrahydroinden
DDD	=	2,2-Bis-(p-chlorphenyl)-1,1-dichloräthan
DDE	=	1,1-Di-(p-chlorphenyl)-2,2-dichloräthan
DDT	=	1,1,1-Trichlor-2,2-bis-(4-chlorphenyl)-äthan = Dichlordiphenyltrichloräthan
Dieldrin	=	1,2,3,4,10,10-Hexachlor-6,7-epoxy-1,4,4a,5,6,7,8,8a-octahydro-[1,4,5,8-bis-(endo-exo)-methylen]-naphthalin
Endrin	=	1,2,3,4,10,10-Hexachlor-6,7-epoxy-1,4,4a,5,6,7,8,8a-octahydro-exo-1,4-exo-5,8-dimethannaphthalin
HCB	=	Hexachlorbenzol (Fungizid)
HCH	=	1,2,3,4,5,6-Hexachlorcyclohexan-Isomerengemisch = BHC
Heptachlor	=	1,4,5,6,7,8,8-Heptachlor-3a,4,7,7a-tetrahydro-4,7-endo-methaninden
Lindan	=	Gamma-Hexachlorcyclohexan = Gamma-HCH
Thiodan	=	6,7,8,9,10,10-Hexachlor-1,5,5a,6,9a-hexahydro-6,9-methan-2,4,3-benzoidoxathiepin-3-oxyd = Endosulfan
TCDD	=	2,3,7,8-Tetrachlordibenzoparadioxin = Dioxin

Die Pestizide aus chlorierten Kohlenwasserstoffen gelangen als Stäube-, Spritz- und Nebelmittel zur Anwendung. In ihrer Wirkung sind sie unspezifisch, d. h. sie töten nicht nur die Schadinsekten, sondern zugleich die für die Land- und Forstwirtschaft sehr wichtigen Nutzinsekten (z. B. Bienen, Ameisen, Florfliegen, Marienkäfer und Schlupfwespen). Die Chlorkohlenwasserstoffe sind auch für Warmblüter akut gefährlich und rufen chronische Vergiftungen hervor.

Die meisten Kohlenwasserstoffe haben eine lange Lebensdauer und werden nur langsam abgebaut: DDT verbleibt bis zu 30 Jahre, Dieldrin bis zu 25 und Lindan bis zu 10 Jahre im Boden.

DDT und einige verwandte Pestizide sind heute weltweit verbreitet: Auch in der Antarktis findet man diese Gifte, Tausende von Kilometern vom Ort der Anwendung entfernt. Amerikanische Wissenschaftler fanden in antarktischen Fischen, Adèlie-Pinguinen, Weddel-Robben und Raubmöwen bis zu 2,8 ppm (Teile pro Million) DDE bzw. DDT.

Auch die Muscheln, Fische, Vögel und Seehunde der Nord- und Ostsee weisen deutliche DDT- und PCB-Anreicherungen in ihrem Körper auf.

Zu den Chlorkohlenwasserstoffen gehören ferner die polychlorierten Dibenzodioxine (PCDD) und die diesen nahe verwandten polychlorierten Dibenzofurane (PCDF), von denen es etwa 210 Verbindungen gibt. Die Dioxine und Furane

DDT- und PCB-Gehalt verschiedener Tiere der Nord- und Ostsee. Zahl im Kreis: DDT-Gehalt, freistehende Zahl: PCB-Gehalt, jeweils in ppm-Werten angegeben. Tiere der Nordsee (von oben nach unten): Dornhai, Scholle, Seehund, Auster. Tiere der Ostsee (von oben nach unten): Lachs, Dorsch, Hering, Auster, Seehund. (Nach Angaben des Naturhistorischen Reichsmuseums, Stockholm.)

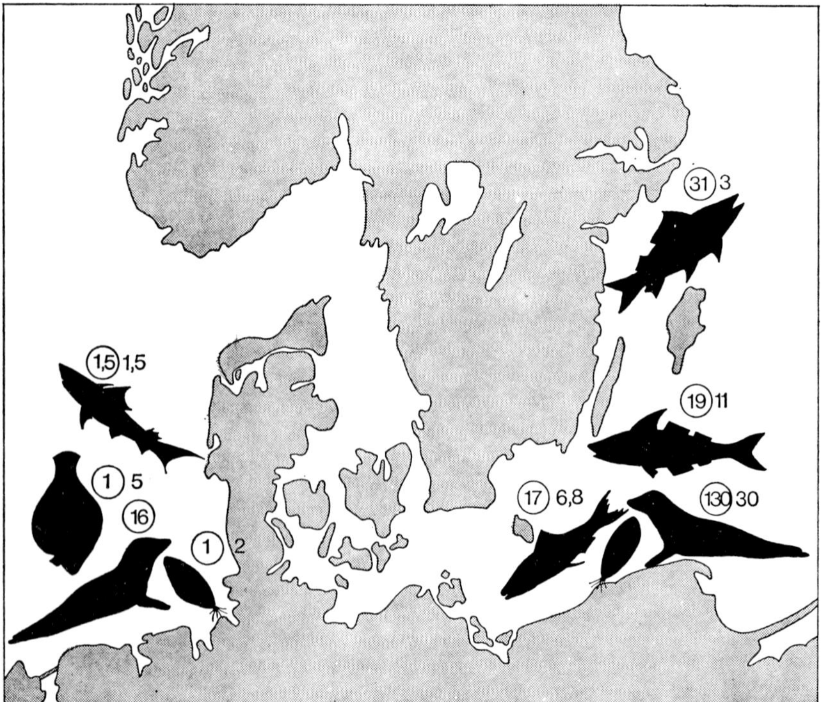

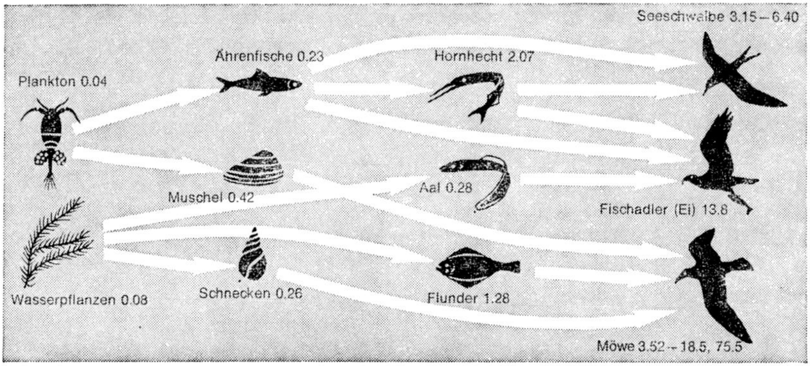

Anreicherung des DDT in einer Nahrungskette vom Plankton zum Wasservogel, in ppm-Werten angegeben. (Nach Woodwell, stark vereinfacht.)

erhalten nach der jeweiligen Anordnung der Chloratome ihre spezielle Bezeichnung. Unter den 210 Dioxin- und Furan-Varianten gibt es eine Reihe von Verbindungen, die relativ harmlos sind. Diese Feststellung gilt aber nicht für das 2,3,7,8-Tetrachlordibenzo-p-dioxin (TCDD=Dioxin).

Das TCDD findet in der Land- und Forstwirtschaft Anwendung als Bestandteil von Herbiziden, Fungiziden und allgemeinen Pestiziden. Außerdem fällt es als Abfallprodukt bei der Herstellung von Pflanzenschutzmitteln, z. B. bei der HCH-Herstellung (Lindan) an. TCDD besitzt eine enorme Toxizität und gilt als die giftigste synthetisch hergestellte, chemische Substanz. Über Abwasser, Abluft und Trinkwasser gelangt es leicht in den ökologischen Kreislauf und die Nahrungsketten und erreicht auch den menschlichen Organismus. Es lagert sich besonders in der Leber und im Fettgewebe ab. TCDD erzeugt die bekannte Chlorakne und andere schwerste Hautkrankheiten. Ferner vermag es Krebs und Erbschäden auszulösen (siehe auch das Kapitel „Dioxin„).

Anwendungsfolgen von Kohlenwasserstoffen

Nahrungskette

DDT und die anderen Chlorkohlenwasserstoffe gelangen beim Versprühen in die Luft und durch den Regen leicht ins Wasser. Dort werden diese Gifte vom pflanzlichen und tierischen Plankton aufgenommen und gespeichert, ohne daß diese daran sterben. Mit der Nahrungskette wird das Gift von Lebewesen zu Lebewesen weitergegeben; innerhalb der Kette kommt es dabei zu einer „Akkumulation" (d. h. Anreicherung) des Giftes.

Beispiel:

Kleinkrebs	0,04 ppm (Milligramm pro Kilogramm Körpergewicht)
Kleinfisch	0,23 ppm
Raubfisch	2,07 ppm
Seeschwalbe	3,15 – 6,40 ppm
Möwe	3,50 – 18,50 ppm (gelegentlich noch höher)
Fischadler	13,80 ppm
Kormoran	26,40 ppm

Vergiftung eines Sees

Der See Clear Lake liegt in Kalifornien (USA). Er ist berühmt für seine Fische und beliebt als Ausflugsziel, doch bevölkern kleine Mücken (Gnitzen) den See und stören die menschlichen Besucher.

Welches waren die Folgen der Bekämpfung der Gnitzen durch Chlorkohlenwasserstoffe?

Vor 1949	brüteten über 1000 Zwergtaucher an diesem See.
1949	erstes Besprühen des Sees mit DDD, einem weniger giftigen Abkömmling des DDT.
1954 und 1957	waren ebenfalls Sprühaktionen.
1949, 1954 u. 1957	starben zahlreiche Zwergtaucher, eine direkte Folge der Sprühaktionen.
Von 1950 bis 1961	wurden keinerlei Jungvögel aufgezogen: die Zwergtaucher waren unfruchtbar geworden.
1962	wurde ein einziger Jungvogel ausgebrütet und
1963 – 1969	gab es wiederum keine Jungen.

Zwar konnte zwei Wochen nach einer Sprühaktion keinerlei DDD im Wasser mehr nachgewiesen werden; dafür hatte sich aber dieses Gift im Körper der Pflanzen und Tiere angereichert:

Mikroskopisch kleines Plankton	250-fach
verschiedene Fischarten	2000-fach
Felchen und Welse	10000-fach
Sonnenbarsche	12000-fach
Zwergtaucher	80000-fach

Opfer der DDT-Anwendung

Brandseeschwalbe *(Sterna sandvicensis)*

An der holländischen Küste ist die Zahl der Brutpaare von 40000 im Jahre 1954 auf 1200 im Jahre 1965 und danach zurückgegangen. Während der Brutzeit fand man sterbende Elterntiere, Jungvögel und Küken. Sie hatten in der Leber einen hohen Gehalt an DDT und anderen chlorierten Kohlenwasserstoffen.

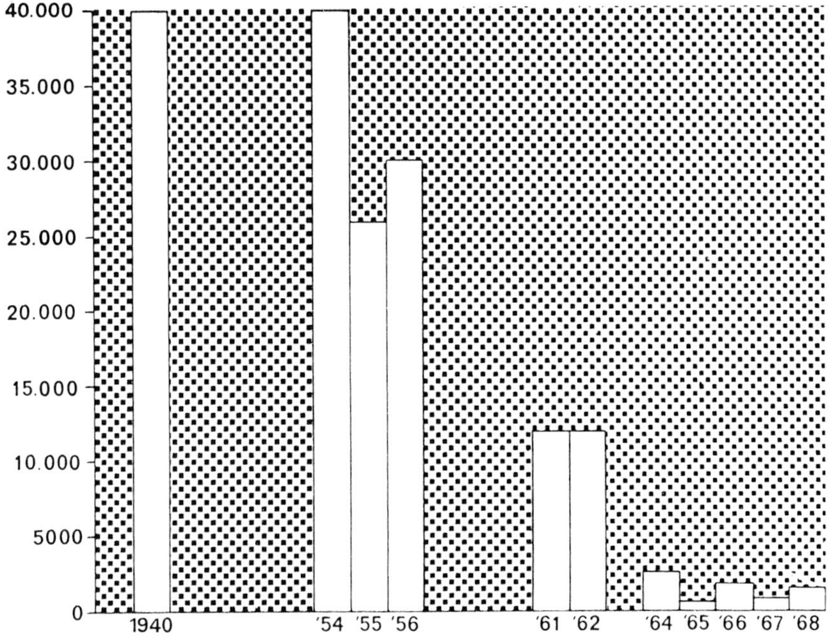

Durch die Anreicherung der Futterfische mit Chlorkohlenwasserstoffen bedingter Rückgang der Brutpaare der Brandseeschwalbe (Sterna sandvicensis) an der niederländischen Küste in der Zeit zwischen 1940 und 1968. (Aus Rivon 1968.)

Bermuda-Sturmvogel *(Pterodroma cahow)*

Gehört zu den seltensten Vögeln der Welt: Es gibt nur noch 100 Exemplare auf Felseilanden bei den Bermudas. Durch die Einwirkung von DDT geht die Geburtenrate ständig zurück.

Brauner Pelikan *(Pelecanus occidentalis)*

Seit einigen Jahren nimmt die Zahl dieser Vögel an der kalifornischen Küste rasch ab. Durch die Einwirkung des DDT legen diese Pelikane so dünnschalige Eier, daß sie beim Brüten zerdrückt werden. Im Jahre 1969 wies eine Brutkolonie auf der Insel Anacapa bei Santa Barbara von 300 Nestern nur 12 normale Eier auf, aus denen nur 3 Küken schlüpften. 1970 war in dieser Pelikan-Kolonie sogar nur ein einziger Jungvogel das Ergebnis von 552 Brutversuchen.

Der Mensch

Durch die Nahrung, das Trinkwasser und die Atemluft nimmt der Mensch täglich Rückstände der Bekämpfungsgifte auf:

Täglich	mit der Nahrung durchschnittlich	100 µg	= 0,0001 g
	mit dem Trinkwasser	1 µg	= 0,000001 g
	mit der Luft	0,5 µg	= 0,0000005 g

Je nach dem Grad der Anwendung chlorierter Kohlenwasserstoffe weisen die Menschen verschiedener Völker einen recht unterschiedlichen Gehalt an DDT in ihren Körpern auf.

Der erwachsene Bundesbürger in Deutschland weist heute einen mittleren DDT-Gehalt von 4 ppm (mg/kg Körperfett) auf: das ergaben Analysen von menschlichem Körperfett (Operationsabfällen). Für den Amerikaner liegt dieser Wert 2½mal höher.

Für den Menschen gefährlich?

Im menschlichen Körper reichern sich das DDT und die übrigen chlorierten Kohlenwasserstoffe hauptsächlich im Fettgewebe an. Da sie aber auch leicht in Organen mit fettähnlichen Substanzen (Lipoiden) gespeichert werden können, gelangen diese Gifte in Nervengewebe, Gehirn, Leber, Herzmuskulatur sowie in die Keimdrüsen.

Auch im Fettgehalt der Frauenmilch reichern sich das DDT und ähnliche Gifte an. In den USA und in Schweden wurden DDT-Höchstwerte in der Muttermilch festgestellt, die 70% über dem für Nahrungsmittel zugelassenen Höchstwert lagen (vgl. auch S. 122 u. 123). Sogar das ungeborene Kind im Mutterleib weist bereits ungewöhnlich hohe Werte an giftigen Pestiziden auf.

Manche krankhaften Erscheinungen des Zentralnervensystems, bestimmte Formen von Erregungszuständen und Schlaflosigkeit sollen auf subakute DDT-Vergiftungen zurückzuführen sein.

In den USA wiesen Menschen, die an Hirntumoren, Hirnblutung, Überdruck, Lebercirrhose und verschiedenen Krebsarten starben, einen deutlich höheren DDT-Gehalt im Fettgewebe auf, als andere Verstorbene. Trotzdem ist eine krebsauslösende Wirkung der Chlorkohlenwasserstoffe beim Säugetier und Menschen bisher noch nicht mit Sicherheit bewiesen.

Nach dem Pestizid-Bericht des amerikanischen Gesundheitsministeriums (1969) haben sich bisher folgende Schädlingsbekämpfungsmittel mit Sicherheit als krebserzeugend (karzinogen) erwiesen: Aldrin, Aramite, Chlorbenzilat, DDT, Dieldrin, Heptachlor (werden alle in Verbindung mit Nahrungsmitteln angewendet), ferner Amitrol, Avadex, PCNB usw. Für eine Reihe weiterer Pestizide ist eine karzinogene Wirkung zu befürchten, aber noch nicht mit Sicherheit erwiesen, während für zahlreiche andere Mittel die bisherigen Untersuchungen noch keine positiven oder negativen Aussagen über die krebserzeugende Wirkung gestatten.

Die Kommission schlug vor, daß die Anwendung von potentiell krebserzeugenden Pestiziden, die auf Nahrungsmitteln als Rückstände verbleiben, nur dann gestattet werden sollte, wenn

a) durch die Absetzung dieser Mittel wegen anderer Seuchen für die Öffentlichkeit noch größere Gefahren bestünden als zuvor, und

b) wenn kein nicht-karzinogenes Alternativmittel zur Verfügung steht.

Verbote und Einschränkungen im Gebrauch von Chlorkohlenwasserstoffen und anderen Verbindungen:

Zur Bekämpfung von Überträgerinsekten der Malaria und der Schlafkrankheit in den warmen Gebieten unserer Erde wird als billigstes und in großen Mengen verfügbares Mittel weiterhin DDT angewendet; 1969 verbrauchte die Weltgesundheitsorganisation (WHO) in Ostafrika allein 70000 Tonnen dieses Giftes. Versuche der kurzfristigen Einschränkung des DDT-Verbrauchs in malariaverseuchten Gegenden hatten sofort ein Emporschnellen der Krankheitsfälle zur Folge, so daß vorläufig für die Malaria-Abwehr ein Verbot dieses chlorierten Kohlenwasserstoffes durch die WHO nicht beabsichtigt ist.

Andererseits wurden aber wegen der möglichen Gefahren bestimmter Chlorkohlenwasserstoffe für das menschliche Leben bisher folgende Verbote ausgesprochen:

DDT in Schweden, Dänemark, Ungarn, Australien und in einigen Staaten der USA. In der Bundesrepublik ist die Anwendung von DDT in der Landwirtschaft ab 15. Mai 1971 verboten; Ausnahme-Genehmigungen für den Bereich der Hygiene und der Forstwirtschaft werden allerdings erteilt. Nach Maßnahmen des Bundesgesundheitsamtes und im Einvernehmen mit der Biologischen Bundesanstalt in Braunschweig sind bei uns folgende Pflanzenschutzmittel nur noch sehr begrenzt zugelassen: Heptachlor, Aldrin im Weinbau und Endrin für die breitflächige Behandlung gegen Feldmäuse; Dieldrin und Chlordan sind verboten.

Abstrahierte und generalisierte Darstellung des durchschnittlichen DDT-Gehalts (mg/kg Fettgehalt) im Körper der Menschen verschiedener Staaten.

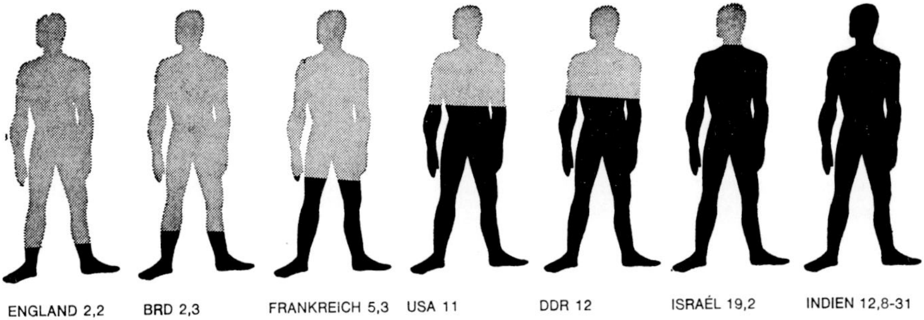

Trotz des Verbots der Anwendung von DDT und verwandter Pestizide werden diese Mittel noch in großen Mengen von der chemischen Industrie produziert, besonders für den Einsatz in den Tropen und in der „Dritten Welt". Von diesen Ländern gelangen die mit Giften wie DDT, Dieldrin usw. angereicherten Früchte und Gemüse wieder auf unsere Märkte. Der Einsatz chemischer Schädlingsbekämpfungsmittel, die z. T. bei uns verboten sind, erfolgt in der Dritten Welt ohne Rücksicht auf die dort lebende Bevölkerung. Nach den Ermittlungen der Weltgesundheitsorganisation (WHO) sollen in den Entwicklungsländern jährlich mindestens 5000 Menschen durch Pestizide, vorwiegend durch Chlorkohlenwasserstoffe, umkommen, etwa 500000 Menschen würden durch diese Gifte erkranken.

Die Industrie hat inzwischen wirksamere, aber auch giftigere Biozide entwikkelt. Hierzu gehört das Lindan (Gamma-HCH). Es ist 9mal giftiger als DDT und ist das am breitesten wirkende Insektizid. Es kommt als Atemgift, Kontaktgift und Fraßgift zur Anwendung und vernichtet sämtliche Insekten. Lindan wirkt aber auch, selbst bei sachgemäßer Anwendung, auf Fische, Vögel und Säugetiere. Lindan gehört zu den Giften, die sich im Organismus anreichern, in der Nahrungskette (Fisch – Vögel – Säugetiere – Menschen oder Pflanze – Säugetier – Mensch) potenzieren und somit immer stärker werden, es ist sehr langlebig und baut sich im Organismus nur langsam ab. Lindan wird nicht nur in der Land- und Forstwirtschaft angewendet, sondern findet sich auch in Insektenbekämpfungsmitteln des täglichen Bedarfs, z. B. in Insektensprays, Mottenvernichtungsmitteln, Ameisengiften und Holzschutzmitteln. Lindan gilt als potentiell krebserzeugend. Daher hat die US-Umweltbehörde die Anwendung von Lindan bis auf wenige Ausnahmen verboten.

Ein Abfallprodukt der Lindan-Herstellung ist u. a. das hochgiftige 2,4,5-T, das als „Agent Orange" in Vietnam und ab 1982 auch in Brasilien als Entlaubungsmittel eingesetzt wurde und bei Säugetieren und Menschen katastrophale Folgen hat. In einem deutschen Chemiewerk, das Lindan produzierte, hat man in den Zersetzer-Rückständen der HCH-Herstellung (Lindan) bis zu 250 Mikrogramm/kg des äußerst gefährlichen TCDD oder Dioxin („Seveso-Gift") festgestellt.

Dioxin – das Seveso-Gift

Durch einen Unfall in einer chemischen Fabrik in dem norditalienischen Ort Seveso gelangten 1976 etwa 150 Gramm des akut wirkenden und sehr gefährlichen Giftes Dioxin in die Umwelt, so daß die Zone um das Chemiewerk geräumt und für Jahre gesperrt werden mußte. Der Boden dieser Zone wies eine Giftanreicherung von mindestens 0.15 ppb auf. Mit dem Gift in Berührung gekommene Tiere starben, Menschen erkrankten schwer.

Dieses „Seveso-Gift" hat die chemische Bezeichnung 2,3,7,8 = -Tetrachlordibenzoparadioxin (TCDD). Es ist das giftigste von insgesamt 75 bekannten Dioxinen, die zur Gruppe der polychlorierten Dibenzodioxine gehören. Nach der

Feststellung des Bundesgesundheitsamtes und des US-Umweltschutzamtes EPA ist TCDD sogar die giftigste aller synthetisch hergestellten Substanzen.

Dioxin entsteht zwar in geringer Menge, aber als unvermeidliches Nebenprodukt und als Verunreinigung bei der Trichlorphenol-Produktion im Zusammenhang mit der Herstellung von Unkrautvernichtungsmitteln (Herbiziden), Entlaubungsmitteln, Holzimprägnierungsmitteln (als Schutz gegen holzfressende Insekten) und für Desinfektionsmittel. So wurden als Rückstand bei der HCH-Herstellung (Lindan) bis zu 250 Mikrogramm TCDD/Kilogramm festgestellt. Das Gift gelangt durch die genannten Substanzen in relativ kleiner Menge in die Umwelt. Aber auch bei der Anwendung von Unkrautvernichtungs- und insbesondere Entlaubungsmitteln, wie sie 1966 in Vietnam eingesetzt wurden und heute in Brasilien im Zusammenhang mit der Rodung des Urwaldes versprüht werden, belasten erhebliche Mengen dieses Giftes die gesamte Umwelt.

Außerdem werden zwar verhältnismäßig geringe, aber sich ständig potenzierende Mengen von Dioxin durch das Verbrennen von Müll, der PCB-haltig ist (Plastikbeutel, andere Kunststoffgegenstände, Isoliermaterial, Farbreste, imprägniertes Holz, Altöl usw.), mit der Flugasche weiträumig in die Umwelt abgegeben. In der Bundesrepublick sollen nach den Ermittlungen des Bundesumweltamtes jährlich insgesamt maximal nur 5 Gramm Dioxin aus kommunalen Müllverbrennungsanlagen stammen. Da aber bereits 0,15 Milliardstel (ppb) Dioxin-Anteil im Boden als hochgradig giftig und lebensgefährlich angesehen werden muß, darf dieser Immissionswert nicht verniedlicht werden.

Außerdem wird Dioxin auch in konventionellen Müllablagerungen freigesetzt. Hier kann das Gift durch Versickern bis ins Grundwasser vordringen. In der Umwelt ist das Dioxin sehr beständig. Nur sehr langsam wird es durch das Sonnenlicht und durch Mikroorganismen abgebaut. Hingegen akkumuliert es sehr leicht in bestimmten Lebewesen. So kann sich Dioxin, das ins Wasser gelangt, über die Nahrungskette rasch in Fischen zu bedenklichen Konzentrationen anreichern. Da es sich aber als Nebenprodukt auch in Herbiziden, Fungiziden und Pestiziden befindet, die in der Land- und Forstwirtschaft häufig versprüht werden, können sich diese polychlorierten Phenolderivate auf oder in Früchten, Gemüse, Getreide, Gras und Waldbeeren befinden. Dioxin reichert sich ebenso im tierischen Fleisch und Fett an. Es befindet sich auch im Flugstaub oder wird durch den Regen ausgewaschen, wenn man Schlacken aus Müllverbrennungsanlagen für den Straßen- und Wegebau oder für ähnliche öffentliche Zwecke verwendet.

Darüber hinaus befindet sich Dioxin im Öl und wird beim Verbrennen von Altöl freigesetzt. Wie gefährlich es sein kann, beweist der folgende Fall:

In Ohio/USA waren von 100 Rennpferden 48 unter schweren Vergiftungserscheinungen eingegangen, nachdem man die Rennbahn zur Verhinderung des Staubaufwirbelns mit Altöl besprüht hatte, das, wie sich erst später herausstellte, dioxinhaltig war.

Die Folgen einer akuten Dioxin-Vergiftung beim Menschen sind eine sehr schwer heilbare, das Gesicht völlig entstellende Chlorakne sowie die Schädigung von Leber, Nieren und anderen Organen. Darüber hinaus ist Dioxin ein schleichendes Langzeitgift, das nach den Erkenntnissen der amerikanischen Umweltschutzbehörde EPA schon in äußerst kleinen Dosen krebserregend sein soll. Dioxin soll u. a. das normalerweise seltene Bindegewebssarkom hervorrufen.

Dioxin wird in Verbrennungsanlagen durch Temperaturen zwischen 1000 und 1400 °C vernichtet. Doch erreichen die kommunalen Müllverbrennungsanlagen diese Temperaturen nicht. In der Bundesrepublik sind, außer einer Reihe industrieller Verbrennungseinrichtungen, nur drei Großanlagen vorhanden, die Dioxin durch Verbrennen vernichten können. Bei den hohen Temperaturen über 1000 °C wird das Dioxin zu Kohlendioxyd, Wasser und Salzsäure nahezu vollständig zersetzt. Außerdem entstehen Stickoxyde. Allerdings gehören auch diese Rückstände zu den großen Umweltverschmutzern: Salzsäure und Stickoxyde bewirken eine Übersäuerung der Atmosphäre und gehören zweifelsohne mit zu den Verursachern des Waldsterbens sowie zur allmählichen Zerstörung unserer kostbaren historischen Bausubstanz.

Neuerdings werden auch erfolgreich Versuche angestellt, TCDD durch Strahleneinwirkung zu dechlorieren und somit eine Entsorgung von Dioxin zu erreichen. Erste Berichte über den Abbau von Dioxin durch Strahlen wurden in der Fachpresse schon 1971 und 1973 bekannt. 1983 vermeldete die Firma Syntex eine erfolgreiche Dioxin-Sanierung durch UV-Bestrahlung von TCDD und dessen Vernichtung bis zu 99,94%. Auch über den Abbau des Dioxins durch γ-Strahlen mit Hilfe von Kobalt 60 laufen derzeit an verschiedenen Instituten entsprechende Versuche.

Gefährliche Herbizide

Herbizide sind pflanzentötende chemische Substanzen, die entweder Unkräuter oder andere bestimmte Pflanzen selektiv vernichten, Nutzpflanzen aber schonen, oder sämtliche Pflanzen eines Gebietes abtöten. Sie werden eingesetzt zum Niederhalten von Unkräutern, z.B. von Gräsern in der technisierten und auf Monokulturen spezialisierten Landwirtschaft, zum Vernichten jeglichen niedrigen Pflanzenwuchses an Straßenrändern, Bahnrändern, Bachrändern (!), Campingplätzen usw., in der Forstwirtschaft zum Abtöten von Laubbäumen und Sträuchern in Nadelwäldern und zur Ausrottung von Birken in der Heide. Von 1962-69 ist in der Bundesrepublik Deutschland der Verbrauch von Herbiziden um das Vierfache gestiegen, im Weltverbrauch an Bioziden machen Herbizide mehr als 50% aus, in der BRD sogar über 60%.

Herbizide sind aber nicht nur für die betreffenden Pflanzen gefährlich, sondern weisen für die Gesamtökologie zahlreiche unerwünschte Nebenwirkungen und nicht zuletzt auch eine gefährliche Toxizität für Tiere und Menschen auf. So kann bei Fischen 1 mg/l eine tödliche Konzentration darstellen. Bei zu hoher Dosis können auch die Kulturpflanzen erheblich geschädigt werden.

Andererseits werden Unkräuter allmählich resistent gegenüber bestimmten Herbiziden. Durch das Herbizid 2,4-D wird das Wachstum von Kornkäfern und anderen Schadinsekten gefördert. Außerdem kommt es durch den Herbizideinsatz in der offenen Landschaft zu einer deutlichen Verarmung an Blütenpflanzen, was auch zu einem entsprechenden Rückgang der Honigernte führt, da die Bienen nicht mehr genügend Feldblumen finden.

Über diese Nebenwirkungen hinaus besteht aber eine hohe toxische Bedenklichkeit für eine Reihe herbizider Verbindungen. So kam es im Frühjahr 1982 im Bodenseegebiet zu einem ausgedehnten Vogelsterben nach dem Einsatz zyklischer Chlorkohlenwasserstoffe als Herbizid zur Produktionssteigerung in der Landwirtschaft. Besonders gefährlich ist 2,4,5-Trichlorphenoxyessigsäure. In Nordschweden kam es 1970 zu einem Massensterben von Rentieren nach der Anwendung von 2,4,5-T-Präparaten zur großräumigen Birkenvernichtung in der Tundra, 1971 starben im Karlsruher Zoo wertvolle Davidshirsche nach der Futteraufnahme von Pflanzen, die in der freien Natur mit einem Wuchsstoff-Herbizid in Berührung gekommen waren. Beim Menschen können durch Herbizide Schleimhautentzündungen, Leukämie usw. hervorgerufen werden. In den USA kam es bei Schwangeren nach Herbizid-Einsätzen zu erhöhten Raten an Fehlgeburten.

Im Vietnam-Krieg wiesen die Entlaubungsmittel einen hohen Dioxin-Gehalt mit furchtbaren Folgen für Pflanzen, Tiere (Massensterben an Säugetieren) und die dortigen Menschen (zahlreiche Totgeburten und Mißbildungen Neugeborener, starkes Anwachsen von Leberkrebs in Südvietnam) auf. Wiewohl es inzwischen der Industrie gelungen ist, den Gehalt dieses Giftstoffes deutlich herabzusetzen, können die Folgen immer noch verheerend sein. So starben im Herbst 1983 im nordbrasilianischen Bundesstaat Para sechs Menschen, zahlreiche Nutztiere und eine unbekannte Zahl an Wildtieren, nachdem die staatliche brasilianische Elektrizitätsfirma im Amazonas-Gebiet Wälder mit einem aus den USA stammenden Entlaubungsmittel für die Verlegung einer Hochspannungsleitung versprühte. Zahlreiche weitere Menschen litten an akuten Vergiftungserscheinungen.

Der Herbizid-Einsatz ist bei uns besonders in der Land- und Forstwirtschaft immer noch so hoch, daß sich im Getreide, Futtergras, Blatt- und Wurzelgemüse und in Waldbeeren Rückstände befinden, die deutlich über den festgesetzten Höchstmengen liegen. Sie bewirken zwar normalerweise keine eindeutigen akuten Vergiftungserscheinungen, doch sind die chronischen teratogenen, mutagenen und kanzerogenen Folgen durch Dauerintoxikation noch nicht übersehbar, zumal immer neue, durchweg ungenügend getestete Präparate auf den Markt gelangen. In jedem Falle sind Angaben über Unschädlichkeit anzuzweifeln, da weder die Dauerwirkung in der regelmäßigen Aufnahme geringer Mengen, noch die synergistische Wirkung durch die ständige Aufnahme verschiedener Stoffe geklärt ist. Ein jeder Mensch nimmt diese gefährlichen Substanzen auf, da die Herbizide, die häufig aus chlororganischen Verbindungen bestehen, weltweit verbreitet sind, im Boden sich anreichern, dort nur sehr langsam, d. h.

nach Jahren oder gar erst nach Jahrzehnten abgebaut werden und sich in den Pflanzen und Tieren, die uns zur Nahrung dienen, sowie im menschlichen Organismus bis zu gefährlichen Konzentrationen ansammeln können.

Das in den USA am weitesten verbreitete Herbizid Alachlor ist in jüngster Zeit in den Verdacht geraten, beim Menschen Krebs und andere Erkrankungen hervorzurufen. Mit Sicherheit erzeugt es bei Mäusen Krebs an Nase, Schilddrüse, Magen und Lunge. In den USA kommen jährlich 45000 t Alachlor zur Anwendung, weitere 5000 t werden nach Kanada und Europa exportiert. Es wird einerseits als Wirkstoff gegen unerwünschte Pflanzen vor der Aussaat von Futterpflanzen auf die Felder gesprüht, andererseits werden auch Kartoffeln damit behandelt. Da Alachlor nicht nur im Boden, sondern auch in Fließgewässern festgestellt wurde, ist 1984 in den USA zunächst das Versprühen von Flugzeugen aus verboten worden. Außerdem wurde bei der Anwendung das Tragen von Schutzkleidung empfohlen. Das Herbizid Alachlor ist auch in der Bundesrepublik zugelassen. Es wird als Unkrautvertilger vorwiegend auf Winterraps- und Maisfelder gesprüht.

Darüber hinaus ist die Herbizid-Anwendung weder mit der ökologischen Landschaftspflege, noch mit einem gesunden Mischwald-Anbau und der für viele Menschen als Erholungswert dringend erforderlichen Forstästhetik vereinbar. Die vielfältigen Lebensgemeinschaften der Wälder, Waldwiesen, Feuchtwiesen und Wegränder werden empfindlich gestört und zu einer erschreckenden Arten-Monotonie der Flora und Fauna degradiert. Aus Gewinnsucht der Industrie sowie reinem Wirtschaftsdenken in der Land- und Forstwirtschaft (gerade letztere hat ihren ökologischen Bezug weitgehend vergessen) verarmen unsere Ökosysteme, es sind Mensch und Tier immer mehr gefährdet.

Als Entlaubungsmittel wurden schon im Zweiten Weltkrieg von den Amerikanern die Pflanzengifte LN 8 und LN 14 entwickelt, um die Reisernte der Japaner zu vernichten. Sie kamen aber nicht mehr zum Einsatz. Diese Pflanzengifte enthielten halogenierte Kohlenwasserstoffe (2,4-D und 2,4,5-T), mit Polychlorierten Dibenzodioxinen (PCDD) und Dibenzofuranen (PCDF). Zum ersten Mal haben die Briten in Malaysia und die Amerikaner in Vietnam Entlaubungsmittel zur Bekämpfung der Feinde eingesetzt, insbesondere zur Entlaubung des Urwaldes, um die Schlupfwinkel der feindlichen Soldaten ausfindig zu machen, aber auch zur Vernichtung der Ernte.

Die Amerikaner verwendeten das chemische, hochgiftige Entlaubungsmittel Agent Orange, das als Hauptkomponenten 2,4-D und 2,4,5-T mit einer hohen Konzentration an Dioxin enthielt. Es brachte nicht nur die Pflanzenwelt zum Absterben, sondern hat auch bei Tier und Mensch gravierende Geburtsschäden und nicht selten den Tod hervorgerufen. Heute kommen diese Entlaubungsmittel in Brasilien „friedlich" zur Anwendung, zur Vernichtung des Urwalds vor der Fertigstellung von riesigen Stauseen. Auch hier kam es als Folge der Vergiftungsaktionen zu Todesfällen unter den Menschen der anliegenden Gebiete, ganz zu schweigen von den verheerenden ökologischen Folgen für die Naturlandschaft und die natürlichen Gewässer. Dem wirtschaftlichen Fortschritt der

Energieerzeugung werden nicht nur riesige Waldgebiete geopfert, es wird auch durch die Entlaubungsmaßnahmen in den Gebieten, die später Wirtschaftszentren werden sollen, bedenkenlos ein Gift von enormer Toxizität, mit hoher Langzeitwirkung und mit beträchtlichen gesundheitlichen Folgen für die Bevölkerung verbreitet.

Organische Phosphorverbindungen

Diese synthetischen Insektizide sind Abkömmlinge des Nervengases Takun (Diisopropylfluorophosphat), das während des letzten Krieges in Deutschland entwickelt wurde.

Zu den organischen Phosphorverbindungen gehören u. a.:

Azodrin	= 3-Hydroxy-N-methyl-cis-crotonamino-dimethylphosphat
Chlorthion	= 0,0-Dimethyl-0-(3-chlor-4-nitrophenyl)-thiophosphat
DDVP	= Dimethyl-2,2-dichlorvinylphosphat = Dichlorvos
Diazinon	= 0,0-Diäthyl-0-(2-isopropyl-4-methyl-6-pyrimidinyl)-thiophosphat
Malathion	= S-(1,2-Dicarbäthoxyäthyl)-0,0-dimethyldithiophosphat
Mevinphos	= Dimethyl-1-carbomethoxy-1-propen-2-ylphosphat
Parathion	= 0,0-Diäthyl-0-p-nitrophenylthiophosphat
TEPP	= Tetraäthylpyrophosphat

Sie sind Kontakt-, Fraß- und Inhalationsgifte und werden vorwiegend zur Bekämpfung von Fadenwürmern (Nematoden), Spinnmilben und Insekten eingesetzt. Sie hemmen im Körper des zu vergiftenden Tieres die Cholinesterasen, lebenswichtige Enzyme, und verhindern dadurch die Spaltung des körpereigenen Gewebehormons Acetylcholin, das eine Nerven-Überträgersubstanz ist. Es kommt in den Nerven zu einer Anreicherung dieses Stoffes, also zu einer körpereigenen „Acetylcholin-Vergiftung". Die Folge ist eine Überaktivität des Nervensystems mit anschließendem Tod.

Da Insekten gegenüber chlorhaltigen Bioziden resistent werden können, wurden phosphorhaltige Insektizide entwickelt, die in die Pflanze eindringen. Dadurch werden die Pflanzensäfte für die Insekten ungenießbar. Die Stoffe sollen nach verhältnismäßig kurzer Zeit, d. h. spätestens nach mehreren Wochen, wieder abgebaut werden.

Die Vorteile der organischen Phosphorverbindungen als Pflanzenschutzmittel sind ihre kurze Lebensdauer und die geringe Bindung an tierisches Körpergewebe; es gelangen diese Gifte auch nicht in den Nahrungskreislauf. Ursprünglich hatte man eine nur geringe Giftigkeit der organischen Phosphorverbindungen gegenüber Warmblütern angenommen. Demgegenüber wurde aber inzwischen eine hohe Giftigkeit von phosphorhaltigen Insektiziden für Warmblüter und somit auch für den Menschen festgestellt. Bereits geringe Dosen können für Kinder und empfindliche Menschen gefährlich sein. Außerdem hat die amerikanische Food und Drug Administration herausgefunden, daß Gemische verschiedener

Phosphorsäureester bei Warmblütern erheblich giftiger sind als aus den Einzelwerten angenommen werden konnte.

Ein großer Nachteil dieser Pestizide ist auch das breite Wirkungsspektrum gegenüber allen Insekten, so daß stets auch die Nutzinsekten den organischen Phosphorverbindungen zum Opfer fallen.

Die Azodrin-Story

Azodrin (3-Hydroxy-N-methyl-cis-crotonamino-dimethylphosphat) ist eine organische Phosphorverbindung mit insektizider, also insektentötender Wirkung.

Wird der Baumwollkäfer *Anthomus grandis*, einer der bedeutendsten Schädlinge in den Baumwoll-Anbaugebieten Mittel- und Nordamerikas, mit Azodrin bekämpft, werden nicht nur dieser Schädling vernichtet, sondern auch seine Feinde unter den Nutzinsekten.

Da Schadinsekten sich normalerweise bedeutend rascher vermehren als Nutzinsekten, kommt es bald nach einer Vergiftungsaktion zu einer neuen Invasion von Baumwollkäfern, jedoch fehlen weitgehend deren natürliche Feinde. Untersuchungen von Entomologen der Universität von Kalifornien ergaben, daß trotz regelmäßiger Anwendung von Azodrin und damit erhöhter Betriebskosten für die Baumwollfarmer, die Befallsdichte des Baumwollkäfers ständig ansteigt und die Baumwollpflanzen stärker geschädigt werden als vor jeglicher Behandlung.

Fehlerhafte Pestizidanwendung in der Landwirtschaft

Nach der Ansicht von Professor Dr. W. Forth, dem Vorstand des Instituts für Pharmakologie und Toxikologie der Universität München, ist in der Landwirtschaft an dem sachgerechten Umgang mit gefährlichen Stoffen vielfach zu zweifeln, da aufgrund mangelhaften Wissens nicht die Konsequenzen bestimmter Maßnahmen für Umwelt, Mensch, Tier und Pflanzen abgeschätzt und somit akute oder chronische Schäden nicht vermieden werden können.

Immer wieder muß in der Landwirtschaft bei der Anwendung chemischer Schädlingsbekämpfungsmittel (wie auch von Medikamenten) die Feststellung gemacht werden, daß nach dem Motto „viel hilft viel" vorgegangen wird und Chemikalien in unvertretbarem Übermaß verwendet werden. So wird nicht nur der Boden mit Gift angereichert und sogar das Grund- und Trinkwasser in bedenklicher Weise belastet, es gehen auch oft andere Tiere wie Vögel und Nutzinsekten und sogar Fische benachbarter Gewässer infolge überhöhter Giftanwendung zugrunde.

Bemerkung: Die „alternative" Landwirtschaft ohne Anwendung von Kunstdüngern sowie Herbiziden und Insektiziden schreitet ständig fort. Naturdünger, rein natürliche Bodenzusätze und Fruchtwechsel mit einer ökologischen Regeneration und Wiedergesundung des Bodens und Stärkung der Pflanzen sind hier die entscheidenden Maßnahmen.

Doch findet ein integrierter oder gar biologischer Pflanzenschutz bisher in nur verhältnismäßig geringem Maße Anwendung. Noch immer hat das unüberlegte Spritzverfahren absolute Priorität. Allein die deutschen Landwirte spritzen jährlich 40000 t Biozide.

„Den Ertrag des Bodens kurzfristig zu steigern, haben wir gelernt. Können wir aber auch verhindern, daß der Boden auf diese Weise langfristig abstirbt? Werden wir angesichts unserer angewachsenen Macht, die Zukunft schon heute zu verbrauchen, auch in unseren Enkeln unsere Nächsten erkennen?"

Bundespräsident Richard von Weizsäcker in seiner Antrittsrede am 1. Juli 1984 vor dem Deutschen Bundestag.

Lebendiges Silber – tödliche Gefahr

Quecksilber (chem.: Hg) ist das einzige bei gewöhnlicher Temperatur flüssige Metall; der Name stammt von „quick" (lebhaft, lebendig) und „Silber" und verrät Eigenschaften und Aussehen dieses bereits im Altertum bekannten Stoffes. In der Natur findet es sich als rotes Erz, Zinnober, aus dem es technisch gewonnen wird (Welterzeugung etwa 8000 Tonnen/Jahr).

Hohes spezifisches Gewicht, gleichmäßige Wärmeausdehnung und elektrisches Leitvermögen machen es geeignet für die Herstellung von Temperatur-, Druckmessern und elektrischen Geräten. Quecksilberdampf sendet im elektrischen Lichtbogen ultraviolettes Licht aus: Quecksilberlampen aus Quarzglas finden als sog. „Höhensonnen" in der Medizin vielfache Anwendung. Quecksilber besitzt außerdem die Fähigkeit, andere Metalle aufzulösen und Legierungen (Amalgame) zu bilden. Silberamalgam-Plomben sind seit langem in der Zahnheilkunde von Bedeutung.

Die Nutzwirkung des Quecksilbers erstreckt sich darüber hinaus auf das Gebiet des Pflanzenschutzes. Schwere Pilzkrankheiten von Nutzpflanzen (Getreide, Hülsenfrüchte, Rüben, Kartoffeln, Obstsorten) lassen sich durch chemische Verbindungen dieses Metalls wirkungsvoll bekämpfen.

Für den tierischen und menschlichen Organismus sind metallisches Quecksilber, seine anorganischen Salze und organischen Kohlenstoff-Verbindungen besonders giftig. Schon sehr geringe Mengen dieser Stoffe, verschluckt, eingeatmet oder durch die Haut aufgenommen, können sich mit körpereigenen Substanzen in Blut-, Gewebe- und Zentralnervensystem verbinden und dann zu schweren gesundheitlichen Schäden oder zum Tode führen. Die große Gefahr besteht darin, daß Quecksilber – ähnlich wie Blei und DDT – vom Körper gespeichert wird: eine schleichende Vergiftung ist die Folge.

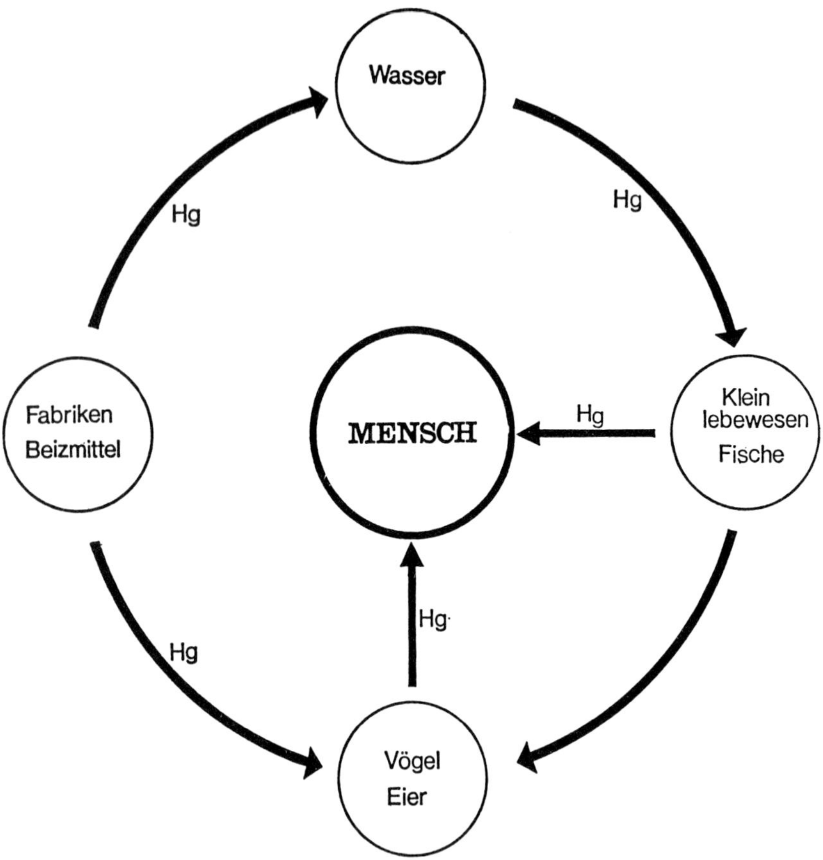

Transportwege giftiger Quecksilberverbindungen im Wasser und in der biologischen Nahrungskette, bis hin zum Menschen.

Die Minamata-Katastrophe

Bereits im Jahre 1953 trat in der Umgebung der japanischen Küstenstadt Minamata bei über 100 Menschen eine zunächst geheimnisvolle Krankheit des Zentralnervensystems auf.

1949 hatte dort ein riesiges Industrie-Unternehmen mit der Synthese chemischer Ausgangsprodukte zur Herstellung von Kunststoffen begonnen, wobei Quecksilbersalze als Katalysatoren (Kontaktstoffe) Verwendung fanden.

Fabrikabwässer beförderten die anfallenden anorganischen Hg-Rückstände, die sich z. T. in hochgiftiges organisches Methylquecksilber umgewandelt hatten, in benachbarte Meeresbuchten. Über die biologische Nahrungskette reicherte sich Quecksilber in dort vorkommenden Seefischen an, die vielen Bewohnern des Minamata-Distrikts als Nahrung dienten.

Für mehr als 40 ahnungslose Menschen war es eine Henkersmahlzeit: Sie starben – wie die Autopsie ergab – an Quecksilbervergiftung. Bei den übrigen Personen kam es zu schweren geistigen Schäden oder dauernder Invalidität. Das Rätsel um die unheimliche „Minamata-Krankheit“ war gelöst.

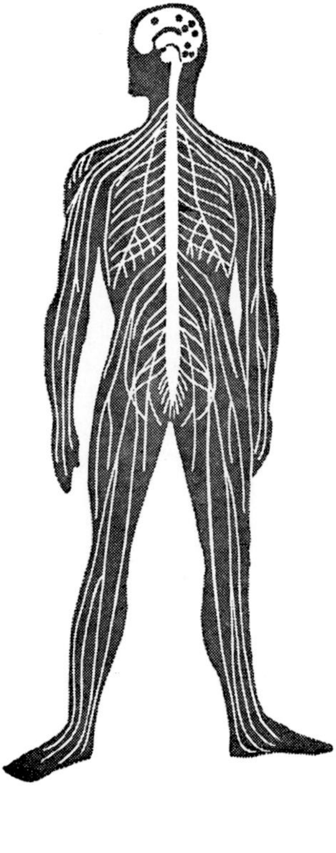

Organische Quecksilberverbindungen (Methyl-Hg) schädigen insbesondere das zentrale Nervensystem des Menschen. Wichtige Zentren des Gehirns werden ausgeschaltet. Die Folgen sind unheilbare Seh- und Gehörstörungen, Lähmungen von Zunge und Gliedmaßen, Bewegungsschwierigkeiten und Verblödung.

Auch in den Tieren der Hochsee reichert sich Quecksilber an. Thunfisch-Konserven wurden in den USA und in Deutschland überprüft: dabei stellten die Chemiker zum Teil doppelt so hohe Quecksilbergehalte im Thunfischfleisch fest, als behördlich erlaubt ist. Tausende von derart vergifteten Konserven mußten daraufhin aus dem Handel gezogen werden.

Beizmittel und Vogeltod

Getreide- und Rübensaat werden zur Vermeidung von Keimschäden durch pilzliche Schmarotzer mit quecksilberhaltigen Mitteln (Fungiziden) „gebeizt".

In Schweden führte man 1940 Beizmittel ein, die Methylquecksilber enthielten und mit zunehmender Rationalisierung und Mechanisierung der Landwirtschaft in weitem Umfang zur Anwendung kamen.

1963 wurde die schwedische Öffentlichkeit durch Berichte über ungewöhnlich hohe Sterberaten bei saatfressenden Vogelarten und ihren Feinden (Greifvögeln, Füchsen) alarmiert. Forscher fanden bald deutliche Hinweise dafür, daß Methylquecksilber die Ursache war. Leber- und Nierengewebe eingegangener Wildvögel wiesen teilweise erhebliche Hg-Gehalte auf.

Methylquecksilbergehalte in Vögeln, bezogen auf mg/kg Leber bzw. Niere:

Fasanen und Rebhühner:	28 – 140 mg/kg Leber, Niere
Tauben:	8 – 45
Rabenvögel:	29 – 110
Finken:	11 – 136
Adler, Bussarde, Habichte und Falken:	6 – 100
Eulen:	4 – 270

Die Zahl vergiftet aufgefundener Vögel erreichte jeweils 1 bis 2 Monate nach der Aussaat im Frühjahr und Herbst einen Höhepunkt.

In Fütterungsversuchen mit Methylquecksilber-gebeiztem Saatgut verendeten Fasanen nach 29 – 62 Tagen; Nieren und Leber enthielten bis zu 130 mg Hg/kg Gewebesubstanz.

Eine Untersuchung von Vogelfedern auf ihren Hg-Gehalt vor und nach der Einführung des Methylquecksilbers als Beizmittel zeigte krasse Unterschiede. Analysiert wurden Federn von Baigpräparaten des Naturhistorischen Museums in Stockholm aus der Zeit zwischen 1829 und 1940 sowie von konserviertem oder lebendem Material jüngerer Jahre. Während in der 100jährigen Periode von 1840 – 1940 die Hg-Mengen im Gefieder der Vögel nahezu gleich waren, stieg der Hg-Spiegel in den Jahren 1940 – 1950 um das 10- bis 20fache an, also zeitgleich mit der Einführung des Methylquecksilbers.

Alle Feststellungen bewiesen den ursächlichen Zusammenhang zwischen Vogelsterben und Saatbeizung.

Gesetzgeberische Maßnahmen

Aufgrund der erdrückenden Beweislast für die Giftigkeit von Quecksilber kam es in Schweden zu einer Reihe gesetzlicher Verordnungen:

1. I. 1966: Verbot von Phenylquecksilber als Bekämpfungsmittel von Mikroorganismen in Papierherstellungs-Maschinen.

1. II. 1966: Verbot von Methylquecksilber als Beizmittel, das durch weniger giftiges Metoxyäthylquecksilber ersetzt wurde.

1. X. 1967: Verbot von Phenylquecksilber als Pilzbekämpfungsmittel in der Papierindustrie.
1. XI. 1967: Verbot des Fischfangs in Gewässern, deren Fische einen Hg-Gehalt über 1,0 mg/kg Gewicht (natürlich sind 0,2) aufwiesen.

Durch diese und weitere Gesetze hat sich inzwischen die Quecksilberbelastung in Schweden merklich vermindert.

Schon 1963 setzte die Weltgesundheitsorganisation (WHO/FAO) im Codex Alimentarium die Toleranzgrenze für Quecksilber in Nahrungsmitteln (ohne Wasser und Fischfleisch!) mit 0,05 mg/kg, für Fischfleisch allerdings auf 1,0 mg/kg fest. Bei Fischen wird dieses Metall aus dem Wasser aufgenommen, um einen Faktor 2000 angereichert und besonders in der Rückenmuskulatur gespeichert. Auch durch Fischmehl kann über das Viehfutter ein hoher Hg-Gehalt in die menschliche Ernährung gelangen.

In Deutschland gibt es z. Z. etwa 50 amtlich anerkannte quecksilberhaltige Pflanzenschutzmittel, die ohne Ausnahme der Giftabteilung 1 (= giftigste Stoffe) der Länderverordnung über den Handel bzw. Verkehr von giftigen Pflanzenschutzmitteln angehören.

Uns geht die Luft aus

Die Atmosphäre

Die natürliche Lufthülle unserer Erde (Atmosphäre) besteht aus einem Gemenge gasförmiger Stoffe wie Stickstoff, Sauerstoff, Edelgase (Argon, Neon, Helium, Krypton, Xenon), Kohlendioxid, Schwefelverbindungen, Ammoniak und Ozon; diese sind in unterschiedlicher, im einzelnen jedoch praktisch feststehender Menge vorhanden:

z. B.	Sauerstoff	mit 20,95 Vol.%,
	Stickstoff	mit 78,08 Vol.%,
	Edelgase	mit 0,94 Vol.%,
	Kohlendioxid	mit 0,03 Vol.%.

Als Ursache für die relative Konstanz der Luftzusammensetzung ist der biologische Kreislauf anzusehen, in dem Sauerstoff, Kohlendioxid und Stickstoff zwar umgesetzt, aber nicht verbraucht werden, sondern im Zuge der tierischen Atmungs- und pflanzlichen Assimilationsvorgänge der Luft und dem Kreislaufgeschehen wieder zur Verfügung gestellt werden.

Wir leben von der Luft

Mit jedem Atemzug nimmt der erwachsene Mensch im Ruhezustand etwa 500 Kubikzentimeter Luft in seine Lungen auf, bei starker körperlicher Beanspruchung noch erheblich mehr. Von der eingeatmeten Luft wird fast nur der Sauerstoffanteil benötigt.

Die Sauerstoffaufnahme erfolgt in winzigen Hohlräumen, den Lungenbläschen, deren Wände mit einem Netz feinster Blutäderchen überzogen sind. Das Blut übernimmt schließlich den Gastransport zwischen Aufnahmeorganen und Verbrauchsstellen des Körpers. Dabei wird der Sauerstoff an den roten Blutfarbstoff, das Hämoglobin, abbaufähig gebunden und in sauerstoffverbrauchende Körperzellen abgegeben, umgekehrt wird aus Umsetzvorgängen in den Zellen Kohlendioxid (CO_2) über das Blut in die Lungen transportiert und ausgeatmet.

Gasförmige Fremdstoffe der Luft können unter Umständen als gefährliche Atemgifte wirken: Dazu gehört vor allem das Kohlenmonoxid (= Kohlenoxid CO). Wie der Sauerstoff wird es rasch an das Hämoglobin angelagert und blockiert damit den Transport dieses wichtigen Gases im Blut. Dadurch entstehen Seh- und Gleichgewichtsstörungen, Atemnot, Kopfschmerzen, Blutdruckanstieg, Kreislaufversagen; stärkere CO-Aufnahme führt zum Tod. Ein anderes gasförmiges Gift, das Kohlenoxichlorid (Phosgen), zersetzt sich in der Lunge zu Kohlendioxid und Salzsäure und zerstört das Lungengewebe.

„Hallo Schwefeldioxyd, hallo Kohlenmonoxyd,
Herein, herein, ich atme euch ein,
Tagaus, tagein, ich atme euch ein.
Hallo Teer und Ruß und Rauch,
Alle Auspuffgase auch,
O fein, o fein, wir atmen euch ein.
Cataclysmen, Ectoplasmen,
Atomare Weltorgasmen.
Und wenn die viele Giftluft dann,
Nicht mehr in meine Lunge kann,
Frißt sie noch meinen Grabstein an.
Hallo Schwefeldioxyd, hallo Kohlenmonoxyd,
Herein, herein, ich atme euch ein.
Holt Luft, einmal noch ganz tief, tief, tief, ganz tief ...
(Song aus dem Musical „Hair")

Die Luftverschmutzung – zivilisatorischer Gifthauch

Obgleich Luftverunreinigungen durchaus natürliche Ursachen wie Vulkanausbrüche, Rauchentwicklung bei Steppen- und Waldbränden oder starke Staubbildung durch Stürme haben können, sind sie jedoch vornehmlich auf den Einfluß des Menschen zurückzuführen, also anthropogen.

Bei der Nutzung von Rohstoffen wie Erdöl, Erdgas, Kohle und Holz zur Energiegewinnung, bei der Verbrennung von Treibstoffen in Triebwerken und Motoren von Flugzeugen und Kraftfahrzeugen und bei industriellen Fertigungsvorgängen entstehen Emissionen (von lateinisch emittere = aussenden, ausstoßen, entleeren) von Gasen, Grob- und Feinststäuben, die eine erhebliche Belastung der atmosphärischen Luft bedeuten.

200 Millionen Tonnen Kohlenmonoxid (CO), 80 Millionen Tonnen Schwefeldioxid (SO_2) und 10 Millionen Tonnen stickstoffhaltige Gase (nitrose Gase) (NO, NO_2) vergiften jährlich den Luftraum unserer Erde.

„Wir stehen demnächst zum Zwecke des Menschenschutzes auch vor der Aufgabe der Atmosphärenkontrolle. Die Menschen werden tatsächlich, ob sie politisch wollen oder nicht, eine planetarische Schicksalsgemeinschaft im Hinblick auf die gesamtheitlichen Lebensgrundlagen der Erde." (H. Egli)

Messungen auf Hawaii und in der Antarktis haben ergeben, daß der Kohlendioxid-Gehalt weltweit jährlich um 0,7 Milligramm pro 1 Liter Luft ansteigt; große Mengen Kohlendioxid, Wasserdampf und Ozon binden die Wärmestrahlung (infrarote Strahlen) und können so eine Erhöhung der mittleren Lufttemperaturen hervorrufen.

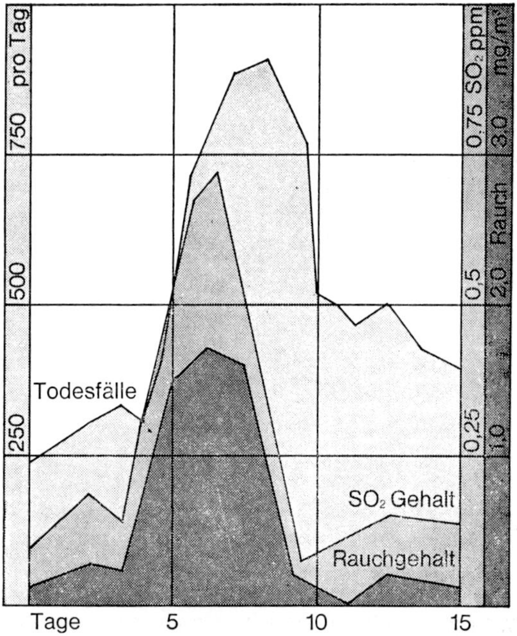

Die Todesrate unter der Bevölkerung in Beziehung zum Rauch- und SO_2-Gehalt der Luft von London während der „Smogkatastrophe" im Dezember 1952. (Aus Egli nach Bättig, verändert.)

Die Anreicherung von Abgas-Staub-Gemischen in höheren Luftschichten führt andererseits zur Abschwächung der Sonneneinstrahlung und damit zur Verminderung der Assimilationsfähigkeit der Pflanzen.

Das Regenwasser wird von Jahr zu Jahr saurer als Folge der Bildung schwefeliger Säure und Schwefelsäure aus dem Schwefeldioxid in der Luft.

Der durchschnittliche Gehalt der Luft an verunreinigenden Substanzen beträgt in den USA:

Kohlenmonoxid	2	Milligramm pro Liter Luft
Oxydantien	0,05	Milligramm pro Liter Luft
Schwefeldioxid	0,06	Milligramm pro Liter Luft
Stickstoffdioxid	0,06	Milligramm pro Liter Luft
Blei	0,0006	Milligramm pro Liter Luft

Auch Pestizide und PCBs gelangen in den Luftraum und werden oft weit verfrachtet.

Messungen für 1966 ergaben, daß der englische bzw. amerikanische Bürger pro Tag im Durchschnitt $0{,}5 \cdot 10^{-6}$ g chlorierte Kohlenwasserstoffe allein mit der Luft zu sich nahm.

Kritische Situationen für die Gesundheit entstehen bei einem plötzlichen Zusammentreffen mehrerer Luftgiftstoffe als Folge der „Smog"-Bildung: Ungünstige Wetterlagen verhindern den Luftaustausch mit der höheren Atmosphäre und führen in Bodennähe zu einer starken Anreicherung gefährlicher Giftgase und Staubniederschläge. Als direkte Folge des Smogs starben 1952 in kurzer Zeit 4000 Einwohner von London.

Die Frankfurter Dunstglocke

Mehr als 14 Millionen Autos fahren heute auf bundesdeutschen Straßen. Fachleute rechnen in den nächsten 20 Jahren mit einer Verdoppelung der Kraftfahrzeuge in der Bundesrepublik.

In Frankfurt hat sich allein von 1948–1958 die Verkehrsdichte verzehnfacht. Bezogen auf die Einwohnerzahl weist die Stadt heute die höchste Kraftfahrzeugdichte des Bundesgebietes auf. Eine Verkehrszählung im Jahre 1964 ergab für die Zeit von 6 Uhr morgens bis 22 Uhr am Abend über 570000 Autofahrten in einer Richtung, das ergibt eine mittlere Fahrzeugdichte von ca. 35000 Fahrzeugen pro Stunde, die im Stadtgebiet ständig unterwegs sind.

Die Auspuffgase der Kraftfahrzeuge mit einer großen Zahl organischer und anorganischer Komponenten, Aerosolen wie Ruß, Bleiverbindungen, unverbranntem Benzin und Öl verpesten jede Minute den Luftraum und stellen eine ständige Belastung der Bevölkerung dar. Das Einatmen der größtenteils sehr giftigen Gase führt auf die Dauer zu gravierenden gesundheitlichen Schäden (Erkrankungen der Luftwege, Kreislaufversagen, Allergien).

In den Jahren 1970–77 wurden im Frankfurter Raum als „Lufthygienisch-meteorologische Modelluntersuchung in der Region Untermain" eine Fülle von Meßdaten über Vorkommen, Konzentrationen und Verteilung von luftverschmutzenden Fremdstoffen ermittelt. Außerdem wurde ein „Monitoring mittels Bioindikatoren" (Schädigungsgrade bestimmter Pflanzen wie Flechten, einige Baumarten usw.) durchgeführt. Die Untersuchungen ergaben zwischen Bad Vibel und Rüsselsheim eine sehr starke, mit dem Ruhrgebiet vergleichbare Luftverschmutzung.

Mengenmäßig steht an erster Stelle das Schwefeldioxid (Jahresmittel um 0,1 mg SO_2/cbm Luft), gefolgt von den verkehrsbedingten Stickoxiden. Weitere Luftverunreinigungen entstehen durch Chloride, Fluoride, Formaldehyd und Phenole, ferner durch Straßenstaub und giftige, schwermetallhaltige Industriestäube, wie Blei, Zink und Cadmium, und durch Photosmog, der an Sonnentagen intensiv auftritt.

Bedenklich ist auch der hohe Gehalt an giftigem Kohlenmonoxid in den Autoabgasen, der sich zwischen 2 und 10% bewegt. Aus etwa 4000 l Fahrzeugbenzin entstehen neben anderen Verbrennungsprodukten etwa 1500 kg CO; für das Frankfurter Stadtgebiet läßt sich eine Menge von täglich 783 Tonnen CO errechnen, die emittiert wird.

Durch die geographische Beckenlage von Frankfurt am Main und die sehr häufig auftretenden, windarmen Wetterlagen bleiben die Giftstoffe über dem Stadtgebiet und bilden eine Dunstglocke, unter der über eine halbe Million Menschen atmen müssen.

Rachitis, Atembeschwerden, Bronchialerkrankungen und Stoffwechselstörungen sind nur einige der im Frankfurter Raum daraus resultierenden Krankheitsfälle.

Da Frankfurt als ein Beispiel für die Luftverschmutzung in der Bundesrepublik angesehen werden kann, führen hier seit einiger Zeit Institute und Wissenschaftler eine meteorologisch-lufthygienische Modelluntersuchung durch, aus der sich Richtlinien für die regionale Planung in anderen Städten mit ähnlichen Problemen ergeben sollen.

Autoabgase und Krebsrisiko

Nach einer Untersuchung des Laboratoriums für Festkörperphysik an der Technischen Hochschule Zürich seien 1982 etwa 40% der in der Schweiz registrierten Todesfälle durch Lungenkrebs von Autoabgasen verursacht worden. Hingegen habe 1976 der Anteil bei 10% gelegen. Als Krankheitsverursacher haben besonders die polyzyklischen, aromatischen Kohlenwasserstoffe zu gelten, die seit Jahren als Krebserzeuger bekannt sind. Diese Partikel dringen selbst durch geschlossene Fenster in die Wohnräume ein. Ein einstündiger Straßenaufenthalt in einer Großstadt oder ein zehnstündiger Aufenthalt in einer Stadtwohnung erhöhe das Krebsrisiko genauso wie das Rauchen einer Zigarette. In Basel liege die Lungenkrebs-Häufigkeit in den verkehrsdichten Stadtteilen um 40% über dem Wert des Umlandes. Der Zusammenhang zwischen Krebs und Autoabgasen wurde bereits 1967 nachgewiesen, doch heute wissen wir, daß eine hohe Zahl von Krebstoten auf Autoabgase zurückzuführen ist.

Autoabgasreinigung

Vergleicht man die verschiedenen Verursacher der Luftverschmutzung, also Kraftwerke, Industrie, Haushalte und Kraftfahrzeuge, so spielt der Straßenverkehr bei drei wesentlichen Schadstoffen die entscheidende Rolle. Das Kraftfahrzeug erzeugt den weitaus größten Anteil an Kohlenmonoxid, Kohlenwasserstoffen und Stickoxiden der allgemeinen Luftverschmutzung.

Während die Amerikaner und Japaner aufgrund der Folgen der durch den Straßenverkehr verursachten Vergiftung der Luft schon in den 70er Jahren strenge Gesetze erließen und die Schadstoffe im Autoabgas um 85–90% verringerten, konnte sich die Europäische Gemeinschaft aus egoistischen Gründen einiger Länder bisher zu keiner einheitlichen Regelung einigen.

Bekanntlich befinden sich in den Verbrennungsgasen des Ottomotors einerseits das medizinisch harmlose Kohlendioxid (CO_2), ferner Wasserdampf (H_2O) und Stickstoff (N_2), andererseits die in der einen oder anderen Form schädlichen Stoffe Kohlenmonoxid (CO) und Kohlenwasserstoffe (Cm Hn) durch unvollständige Verbrennung, sowie Stickoxide (NOx).

Das wirtschaftlich und technisch effektivste Verfahren zur Verminderung der Schadstoffe in den Autoabgasen ist die katalytische Reinigung, also die Anwendung eines Katalysators. Hierbei werden CO und Cm Hn zu den harmlosen Produkten CO_2 und H_2O umgesetzt, NOx zu N_2, wobei die beste Wirkung die multifunktionellen Katalysatoren haben, während der einfachere Oxidationskatalysator die Stickoxidanteile nicht abzubauen vermag.

Technisch werden an den Abgaskatalysator hohe Qualitätsanforderungen gestellt. Einerseits soll er sich durch einen hohen Grad der Wirksamkeit und eine lange Betriebsdauer auszeichnen, andererseits muß er widerstandsfähig sein gegen Gasvibration, Fahrzeugerschütterungen, sowie gegen Schwankungen der Temperatur und der Schadstoffkonzentration. Verunreinigungen und bestimmte Zusätze des Treibstoffs können seine Lebensdauer drastisch verringern. So vergiftet Blei den Katalysator, so daß bleifreies Benzin unbedingt verwendet werden muß.

Wasserstoff – Treibstoff der Zukunft?

Kanada hat 1982 sein nationales Energieprogramm entwickelt und sich hierbei für eine Doppelstrategie zur langfristigen Absicherung der Energieversorgung entschieden:

Einerseits sollen die konventionellen Energieressourcen zu größerer wirtschaftlicher Autonomie intensiv ausgebaut werden.

Andererseits werden alternative Energiequellen und -träger verstärkt erforscht und entwickelt.

Eine zur Untersuchung der Alternativenergie zusammengestellte Parlamentskommission kam in ihrem, als „Lefebvre-Report“ bezeichneten Abschlußbericht zu dem folgenden Ergebnis: Die kanadische Energiepolitik soll langfristig auf den

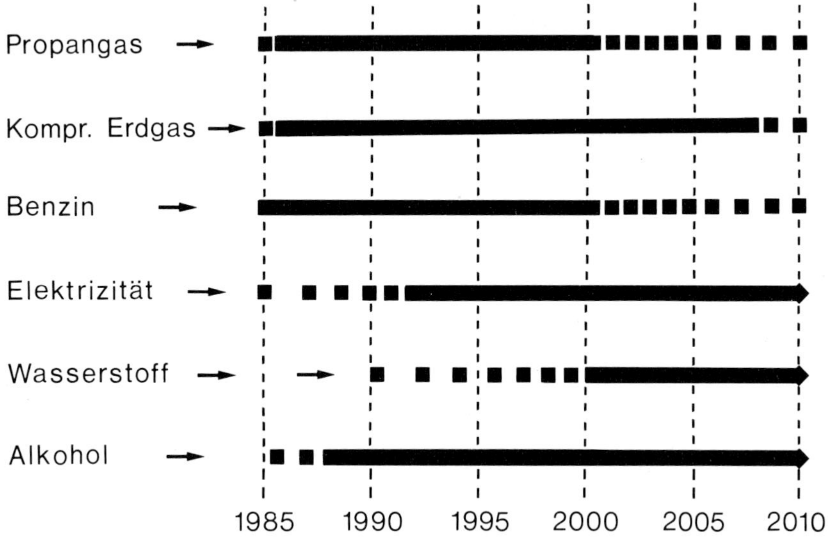

In Kanada besteht die Vorstellung, daß der Wasserstoff um die Jahrtausendwende das Benzin als Treibstoff ablösen wird, daß in Zukunft aber auch Elektrizität und Alkohol für den Fahrzeugantrieb eine wichtige Rolle spielen werden.

Wasserstoff setzen. Da die Herstellungsverfahren noch kompliziert und somit kostenintensiv sind, müssen entsprechende Untersuchungen zur Herstellung billigen Wasserstoffs durchgeführt werden.

Folgendes sind die wichtigsten, von der kanadischen Parlamentskommission zusammengestellten Gründe für die Verwendung von Wasserstoff als Treibstoff bzw. überhaupt als Energieträger (übernommen aus „focus canada"):

1. Wasserstoff steht, wenn auch in gebundener Form, überall reichlich (z. B. im Wasser) zur Verfügung. Marktbeherrschende politische oder wirtschaftliche Kartelle mit entsprechenden Angebots- und Preismanipulationen irgendwelcher Eigner sind somit ausgeschlossen.

2. Die Nutzung des Wasserstoffs ist mit keinerlei Umweltbelastungen verbunden. Wasserdampf ist der einzige „Rückstand", der anfällt.

3. Ein auf Wasserstoff basierendes Energieversorgungssystem wäre flexibel genug, um in allen Regionen Kanadas den jeweiligen Energiebedarf zu decken.

4. Der schnell vorangetriebene Ausbau eines auf Wasserstoff und Elektrizität begründeten Energiesystems würde nicht nur im ganzen Lande neue Arbeitsplätze schaffen, sondern Kanada zudem einen technologischen Vorsprung sichern, der sich mit großem wirtschaftlichem Gewinn exportieren ließe.

5. Zur schnellstmöglichen Entwicklung eines solchen innovativen Systems mit der dazugehörigen Infrastruktur für Produktion, Lagerung, Transport und

Verbrauch müsse die Bundesregierung allerdings ihre finanzielle Unterstützung, die bis dahin in einer Million Dollar für Forschung und Entwicklung von Wasserstofftechnologien besteht, in den nächsten Jahren auf etliche Hunderte Millionen Dollar aufstocken. In anderen Ländern, so unterstrich der Bericht, werden bereits ähnliche Überlegungen angestellt.

Diese auf Kanada bezogenen Argumente haben aber ebenso in allen anderen Ländern und somit auch bei uns ihre volle Gültigkeit.

In Kanada wird zunächst im Rahmen eines vom National Research Council in Zusammenarbeit mit dem Energie-Ministerium ausgearbeiteten Forschungs- und Entwicklungsprogramms die Produktion von ungebundenem Wasserstoff, seine Verteilung, Lagerung und seine Verwendungsmöglichkeiten untersucht. Allerdings benötigt man zur Erzeugung großer Mengen an Wasserstoff sehr viel Elektrizität. Daß die Herstellung praktikabler Batteriefahrzeuge, sogar mit Wasserstoff betriebener Flugzeuge und anderer technischer Neuerungen, noch erheblicher Forschungen und technischer Weiterentwicklungen bedarf, versteht sich von selbst.

An der Universität von Toronto wurde inzwischen ein Institut für Wasserstoffsysteme geschaffen. In Quebec hat die Industrie bereits eine Modellanlage für kommerzielle elektrolytische Wasserstofferzeugung eingerichtet. Dort ist man auf dem besten Wege, eine kommerziell rentable Elektrolyse-Anlage zu erstellen. Dementsprechend meinte der kanadische Wirtschaftsminister: „Wasserstoff könnte die Kohle der Zukunft werden."

Aber auch in der Bundesrepublik Deutschland werden Versuche zur möglichen technischen Anwendung des Wasserstoffs gemacht. So hat BMW ein Kraftfahrzeug entwickelt, das über Aggregate mit Wasserstoff angetrieben wird und bei einer Maximalgeschwindigkeit von 100 Stundenkilometern bis 500 km weit fahren kann. Die Kosten eines solchen „Hydro-Autos" betragen allerdings derzeit noch etwa 40000 DM.

Auch in Berlin wurde 1984 nach jahrelangen Vorarbeiten zur Verwendung von Wasserstoff als Treibstoff für Kraftfahrzeuge ein Großversuch begonnen. Zehn mit Spezialtanks ausgerüstete Fahrzeuge befinden sich dort im Einsatz, davon fünf im reinen Wasserstoffbetrieb und fünf weitere im Benzin-Wasserstoff-Mischbetrieb. Bis Ende 1985 werden hierbei die erforderlichen Daten über den Verbrauch, die Fahrleistung und die Schadstoffemission ermittelt. Zwar wird seit längerem in der Fachwelt der Wasserstoff als die umweltfreundlichste Energiequelle für den Straßenverkehr angesehen, die eines Tages das Benzin völlig ersetzen könnte, doch liegen bisher die Herstellungskosten noch so hoch, daß es etwa fünfmal so teuer wie herkömmlicher Treibstoff ist.

„Ich glaube, daß man eines Tages Wasser als Brennstoff nutzen wird, daß Wasserstoff und Sauerstoff, die beiden Stoffe, aus denen es besteht, entweder einzeln oder zusammen einmal eine unerschöpfliche Quelle für Heizung und Beleuchtung sein werden, und zwar mit viel stärkerer Intensität als die Kohle"

Jules Verne, 1870.

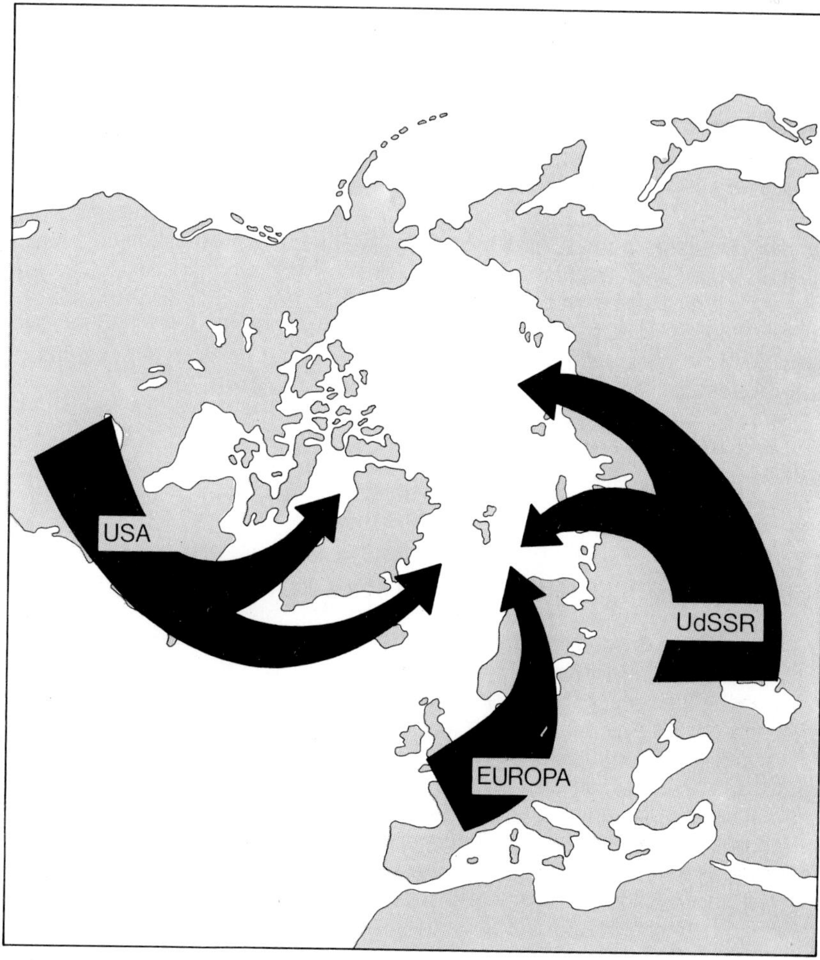

Die Hauptverursacher für die starke Luftverschmutzung über der Arktis sind die Industriegebiete Nordamerikas, Europas und der Sowjetunion.

Arktischer Dunst

Während früher die Polarforscher übereinstimmend über die glasklare Luft der Arktis berichteten, ist heute ihr Luftraum vielfach so getrübt, daß die Fernsicht höchstens 3–8 km reicht. Diese Luftverschmutzung, die vorwiegend in den Wintermonaten zwischen November und April auffällig und stellenweise als rötlichbrauner Smog zu erkennen ist, reicht vom Boden bis in 6000 oder gar 8000 m Höhe. Analysen ergaben, daß der arktische Dunst sämtliche Verschmutzungsanteile enthält, die von den Industriestaaten her bekannt sind, u. a. Schwefeldioxid, Blei, Cadmium, Quecksilber und Zink. Die Schmutzpartikel der Luft weisen einen ungewöhnlich hohen Anteil an Schwefelverbindungen auf. In Grönland liegt der Sulfat-Niederschlag bis zu 250% über der aus natürlichen Quellen stammenden Menge. Auch der Schwefeldioxid-Gehalt weist für dieses völlig industriefreie Gebiet erstaunlich hohe Werte auf. Bemerkenswert ist die ständige Zunahme an der Verschmutzung, besonders auch an Schwermetallpartikeln in der Luft. Während bisher Europa als Verursacher dieser Luftverschmutzung des hohen Nordens angesehen wurde, hat sich inzwischen herausgestellt, daß zu 70% der arktische Smog aus der Sowjetunion stammt. Der Restanteil kommt hauptsächlich aus Europa, während Nordamerika aufgrund der Windverhältnisse weniger daran beteiligt zu sein scheint.

Inwieweit dieser arktische Dunst die klimatischen Bedingungen der Arktis beeinflußt oder gar beeinträchtigt, ist noch nicht geklärt. Es scheint aber sicher zu sein, daß durch die schwefelhaltigen Niederschläge und die verschmutzte Luft die empfindlichen Ökosysteme der Arktis in zunehmendem Maße bedroht sind.

Schadinsekten profitieren von der Luftverschmutzung

Verschmutzte Stadt- und Industrieluft hemmt nicht nur das Wachstum vieler Nutzpflanzen, sie fördert indirekt auch die Vermehrung und das Wachstum verschiedener Pflanzenschädlinge und verstärkt damit erheblich den Schädlingsbefall und die Schädigung an den Gewächsen.

Die Zahl pflanzenfressender Käfer, z. B. des Mexikanischen Marienkäfers *(Epilachna varivestis)*, an Garten- und Sojabohnen erhöht sich durch Vermehrung bei verstärkter Einwirkung von Schwefeldioxid.

Bei der Langwanzen-Art *Oncopeltus fasciatus* wird das Wohlbefinden durch die Einwirkung von Kohlenmonoxid sowie Schwefel- und Stickstoffoxid gefördert: bei hohen Konzentrationen dieser Gase wuchsen die Tiere schneller, die Weibchen begannen früher als normal mit der Eiablage und legten auch mehr Eier ab.

In einem Industriegebiet im Südosten Englands vermehrte sich die Schwarze Bohnenlaus *(Aphis fabae)* ungewöhnlich stark. Experimente ergaben, daß sich die Läuse auf solchen Bohnenpflanzen, die intensiv Schwefeldioxid oder Stickstoffoxid ausgesetzt waren, besonders gut entwickelten. Die Anregung zum Wachstum der Insekten durch Luftverunreinigungen erfolgt nicht direkt, sondern über bisher unbekannte Vorgänge in den Wirtspflanzen, möglicherweise durch eine Veränderung der Aminosäure-Zusammensetzung. Die bisher untersuchten Schadinsekten in Beziehung zur Luftverschmutzung stellen wahrscheinlich nur eine Auswahl einer viel größeren Anzahl von Schädlingen dar, die aus der Luftverschmutzung Nutzen ziehen.

Hierzu gehören auch die Borkenkäfer, die in einem natürlichen Wald die Funktion einer Gesundheitspolizei haben, indem sie alte, kranke und schwache Bäume befallen und beschleunigt zum Absterben bringen. Beim heutigen mitteleuropäischen Wald, dessen Bäume vorwiegend durch die Luftverschmutzung stark geschädigt und geschwächt sind, vermehren sich die Borkenkäfer übermäßig und stellen zusätzlich eine schwere Schädigung dar.

Kohlendioxid und Klima

Da jegliches Leben Kohlenstoff (C)-Verbindungen in irgendeiner Form enthält, ist diese Substanz für die Biosphäre von großer Bedeutung. Für die Lebensprozesse steht Kohlenstoff in zwei Formen zur Verfügung: Einerseits als gasförmiges Kohlendioxid (CO_2) und andererseits als organischer Kohlenstoff.

Von der Luftzusammensetzung der Atmosphäre nimmt CO_2 als freies Gas nur 0,03% ein, also $\frac{1}{30}$ von 1% (= 300 ppm). Dementsprechend ist das atmosphärische Reservoir an Kohlendioxid verhältnismäßig gering. Ein erheblich größerer Teil an CO_2 befindet sich in gelöstem Zustand im Wasser der Meere. Die CO_2-Konzentration des Wassers ist mehr als hundertmal größer als die der Luft.

Die weitaus größte Menge an Kohlenstoff befindet sich eingelagert in Carbonat-haltigem Gestein. Ein geringerer Anteil ist in den fossilen Brennstoffen Kohle und Erdöl enthalten. Der Kohlenstoff aller Schichten der Biosphäre ist an einem ständigen, ausgewogenen Kohlenstoff-Kreislauf und Austausch zwischen Atmosphäre, Ozean, Bodenoberfläche und tieferen Gesteinsschichten beteiligt. Allein etwa 100 Milliarden Tonnen CO_2 werden jährlich zwischen der Atmosphäre und den Oberflächenschichten der Meere ausgetauscht.

Das Kohlendioxid der Atmosphäre ist von großer ökologischer Bedeutung für das Leben auf unserem Planeten: Einerseits ist es eine entscheidende Grundsubstanz für jegliches Pflanzenleben, andererseits bildet es ein wesentliches Wärmereservoir für die Erdoberfläche. Denn die atmosphärische CO_2-Schicht vermag Wärme zu absorbieren und wieder zur Erde zurückzustrahlen. Sie erzeugt dadurch einen natürlichen Gewächshaus-Effekt. Sie fängt sowohl die langwelligen, infraroten Wärmestrahlen des Sonnenlichts ein und leitet sie gedämpft zur Erde weiter, sie hält aber auch die von der Erdoberfläche abgestrahlte Wärme zurück und wärmt somit die unteren Schichten der Atmosphäre auf. Zusammen mit dem Wasserdampf wirkt das Kohlendioxid der Atmosphäre wie eine isolierende Hülle, die am Tage extremes Aufheizen der Erdoberfläche durch die Sonneneinwirkung verhindert, bei Nacht und im Winter aber durch das Zurückstrahlen der Erdwärme einen extremen Abfall der Bodentemperaturen verhindert. Denn dank der atmosphärischen Kohlendioxidschicht kann die angereicherte Wärme der Erdoberfläche nicht in die obere Atmosphäre abgestrahlt werden und somit der Erde verlorengehen. Ohne diese Wirkung bestünden auf unserem Planeten bedeutend extremere, wahrscheinlich sogar lebensfeindliche Temperatur- und Klimabedingungen.

Durch die Verbrennungsvorgänge der Haushalte und Industrie sowie durch die Motorisierung ist es zur Bildung einer beträchtlichen Menge an zusätzlichem CO_2 gekommen, wodurch der natürliche Kohlendioxid-Gehalt der Atmosphäre vermehrt wird. Man kann allerdings noch nicht genau voraussagen, ob es dadurch zu einer Erwärmung der Erdoberfläche oder zur entgegengesetzten Wirkung kommen wird.

Nach den Angaben der amerikanischen Geophysiker Arthur und Alan Strahler wurde während der vergangenen 120 Jahre der atmosphärische CO_2-Gehalt durch die Aktivitäten des Menschen von etwa 290 auf knapp 330 ppm gesteigert, also um etwa 10%. Dieses Anwachsen ist in der letzten Zeit viel rascher vor sich gegangen als zu Beginn dieses Zeitabschnittes. Etwa 40–50% dieses zusätzlichen CO_2-Gehalts dürften in der Atmosphäre verblieben sein, während der Rest wahrscheinlich vom Ozean und von Pflanzen für deren Wachstum aufgenommen wurde. Es wurde vorausberechnet, daß um das Jahr 2000 der CO_2-Gehalt der Atmosphäre durch Industrie und Technik auf 375 ppm gestiegen sein dürfte.

Da CO_2 langwellige Strahlen absorbiert und abstrahlt, muß sich die vergrößerte Menge an Kohlendioxid in der Atmosphäre auf den Energiehaushalt der Erde auswirken. Zwei einander widersprechende Folgeerscheinungen werden von den Strahlenforschern vorausgesagt:

1. Durch die Wärmespeicherung der CO_2-Schicht der Atmosphäre und die Reflexion der Wärmestrahlen der Erdoberfläche könnte auf der Erde ein erhöhter Treibhaus-Effekt entstehen. In einem solchen Fall würden die Temperaturen der Erdoberfläche allmählich ansteigen. Hierbei würde auch der Wasserdampfgehalt der Luft eine wichtige Rolle spielen, dessen Anstieg eine Folge der Erwärmung wäre. Eine Erwärmung um 0,4 °C wurde bereits zwischen 1920 und 1940 festgestellt. Es liegt seitdem aber wieder ein Abkühlungsprozeß vor, so daß unklar ist, ob dieser Temperaturanstieg mit der gestiegenen CO_2-Menge zusammenhängt.
2. Statt wärmer könnte es künftig aber auch kälter werden, da der durch das CO_2 der Atmosphäre bewirkte Treibhaus-Effekt durch die stärkere Wasserdampf- und somit Wolkenbildung wieder aufgehoben und gar übertroffen wird. Die Sonneneinstrahlung würde verringert, so daß die Temperatur auf der Erde allmählich abnehmen müßte. (Eine Temperaturabnahme um 2–3 °C im Jahresdurchschnitt würde sogar eine Eiszeit zur Folge haben.)

Es wird befürchtet, daß der CO_2-Anstieg eine der größten Gefahren der Umweltbelastung darstellt, da das Weltklima tiefgreifend beeinflußt und verändert wird. Es könnte innerhalb von 10–30 Jahren ein dramatischer Klimawechsel die Folge des Kohlendioxid-Anstiegs der Atmosphäre sein.

Da aber weder die Grunddaten bisher in befriedigender Weise bekannt sind, noch die Folgen mit Sicherheit vorausgesagt werden können, wurde von den Nordamerikanern ein aufwendiges geophysikalisches und meteorologisches Projekt eingeleitet, das mehr Klarheit in diesen Komplex bringen soll.

Kohlenmonoxid

Im Januar 1984 starben über 80 japanische Bergarbeiter bei einem Grubenbrand an Kohlenmonoxid-Vergiftung. Früher, als die Wohnungen mit Kohle geheizt wurden, starben oft Menschen an CO-Vergiftung. Im allgemeinen Sprachgebrauch wird CO auch als Kohlenoxidgas bezeichnet. Der hohe Kohlenmonoxid-Gehalt der Stadtluft ist auf das Abgas der Autos zurückzuführen.

Kohlenmonoxid (CO) stellt eine der gefährlichsten Luftverunreinigungen dar. In einer Großstadt kann bei Windstille an einer verkehrsreichen Straßenkreuzung, bei Stau oder im Tunnel in 0–1,5 m Höhe der CO-Gehalt etwa 0,03%(= 300 ppm) der Luft ausmachen (meist liegt er bei 30 ppm). 500 ppm in der Stunde aufgenommen, wirken tödlich! CO entsteht in großer Menge durch unvollständige Verbrennung bei Kraftfahrzeugen, Industriebetrieben, Kraftwerken, Hausbrand, Müllverbrennung und beim Tabakrauchen. In der Welt wird ein jährlicher Ausstoß von 300 Mio. t CO geschätzt.

Die Gefährlichkeit des Kohlenmonoxid liegt daran, daß es sich leichter als Sauerstoff mit dem roten Farbstoff (Hämoglobin = Hb) der Blutkörperchen zu Carboxihämoglobin (COHb) verbindet. Die Anziehung (Affinität) des CO an Hb ist 210mal größer als die des Sauerstoffs. Dadurch wird die Aufgabe des Hämoglobins, den über die Lunge erhaltenen Luftsauerstoff aufzunehmen und zu den Geweben zu transportieren, blockiert. Wenn 1–2% des Hämoglobins mit CO gebunden sind, treten erste Effekte ein (z. B. verlangsamte Reaktionsfähigkeit), bei 2–5% wird das Zentralnervensystem gestört, Zigarettenraucher haben 5–10% COHb (Gewöhnung!), bei 15–20% treten Kopfschmerzen und Benommenheit ein, bei 20–30% kann es zur Bewußtlosigkeit kommen, bei 65% tritt der Tod ein.

Bisher festgestellte Dauerwirkungen des CO sind u. a. eine negative Beeinflussung der Schlaf-Wach-Periodik, Minderung der Lerngeschwindigkeit, Aktivitätshemmung der Leberfermente, Leistungsminderung des Sehvermögens usw. Bei Herzinfarkt-Patienten tritt bereits bei 10 ppm (0,001%) eine Erhöhung der Mortalitätsrate ein. Es wird befürchtet, daß besonders die Dauerwirkung der CO-Aufnahme gefährliche Folgen hervorruft.

Der Kohlenmonoxid-Gehalt der Luft dient als genereller Verschmutzungsanzeiger.

Kohlenwasserstoffe als Luftverschmutzer

Sie stellen chemische Verbindungen dar, die primär aus Kohlenstoff (C) und Wasserstoff (H) aufgebaut sind, die aber durch Ersatz von Wasserstoffatomen durch andere Atome oder Atomgruppen die Grundlage für die Gesamtheit der natürlichen organischen Kohlenstoffverbindungen darstellen. Daher kommen sie in vielen chemischen Verbindungen vor und treten als Gas, Flüssigkeit und kristallisierende Stoffe auf. Man findet Kohlenwasserstoffe u. a. im Erdöl und Erdgas sowie in der Steinkohle.

Durch Produktions- und Verbrennungsprozesse fallen Kohlenwasserstoffe auch als Schadstoffe der Luft an. So haben 1970 in der BRD die damals zugelassenen 14 Mio. Kraftfahrzeuge 1,2 Mio. t Kohlenwasserstoffe in die Luft geblasen: Eine moderne Raffinerie mit 17000 m^3 Rohöl als Tagesumsatz emittiert täglich 7 t (= 140 Ztr.) Kohlenwasserstoffe. Die jährliche Abgasmenge an Kohlenwasserstoffen der Welt wird auf 88 Mio. t geschätzt, davon 48 Mio. t aus Erdöl-Raffinerien und Autoabgasen sowie 25 Mio. t aus Müllverbrennungsanlagen. Etwa ein Drittel der emittierten Kohlenwasserstoffe ist chemisch reaktiv. Kohlenwasserstoffe entstehen auch beim Räuchern und Grillen von Fleisch und Fisch.

Zu den Kohlenwasserstoffen, die durch technische Prozesse gebildet werden, gehört auch das hochgiftige 3,4-Benzpyren, das eindeutig krebserzeugend ist. Als Toleranzwert wurde 1 ppb dieses Kohlenwasserstoffes für Nahrungsmittel festgesetzt. Andere freiwerdende Kohlenwasserstoffe wie Aldehyde, Ketone und Säuren verursachen unangenehme Gerüche und Reizwirkungen.

Chlorierte Kohlenwasserstoffe (vgl. Kapitel Pestizide) sind in Giftsprays zur Bekämpfung von Motten enthalten. Da sie „lungengängig" sind, stellen sie eine Gefahr für den menschlichen Organismus dar, was insbesondere bei häufiger Anwendung der Fall ist. Weitere chlorierte Kohlenwasserstoffe dienen als Schädlingsbekämpfungsmittel und können auch für Wirbeltiere sehr giftig sein. Hierzu gehören u. a. Aldrin, DDT, Dieldrin, Endrin, Lindan (HCH) und HCB. Auch bei deren Anwendung ist äußerste Vorsicht geboten.

Außerdem sei erwähnt, daß häufiges Essen von Geräuchertem und Gegrilltem wegen des 3,4-Benzpyren-Gehalts zu Magen- und Darmkrebs führen kann.

Ozon

In der Stratosphäre der Erdatmosphäre, vorwiegend in 18–25 km Höhe, aber auch noch darunter (bis 15 km) und darüber (bis 55 km Höhe) befindet sich eine Ozonschicht, die für das Leben auf der Erde von großer Bedeutung ist. Diese aus Sauerstoff-Molekülen (O_3) bestehenden Ozone wirken als Schutzschild für die Erdoberfläche gegen eine lebenzerstörende Einwirkung des ultravioletten Strahlenanteils des Sonnenlichts. Falls dieses UV-Licht in voller Stärke die Erde erreichen würde, stürben sämtliche Bakterien ab und würden die Gewebe der Tiere und Menschen unter starkem „Sonnenbrand" leiden. Es würde eine extrem hohe Rate an Hautkrebs geben.

Von manchen Fachleuten wird befürchtet, daß durch die Auspuffgase und Aerosole, feinst verteilte Staub- und Feuchtigkeitspartikel der Luft, die auch vom Flugverkehr und den Satelliten stammen und durch vertikale Luftbewegungen bis in die Stratosphäre getragen und dort angereichert werden, die dortige Ozonschicht teilweise verbraucht und teilweise auch beeinträchtigt und verändert wird. Hierdurch könnte der Ozon-Lichtfilter gegen die ultraviolette Sonneneinstrahlung durchlässiger und somit der UV-Lichteinfall auf die Erdoberfläche verstärkt werden. So sollen in den USA 20000–30000 zusätzliche Hautkrebsfälle bereits eine Folge dieser Beeinträchtigung der natürlichen Ozonschicht sein. Außerdem wird befürchtet, daß der als Treibgas verwendete Fluorkohlenwasserstoff langfristig ebenfalls die Ozonschicht der Stratosphäre schädigt, da er zur Abnahme des Ozons führen könne. Nachgewiesenermaßen vermögen die vom Fluorkohlenwasserstoff abgespaltenen Chloratome das Ozon abzubauen. Trotzdem kann die angenommene und befürchtete Folge des Treibgases noch nicht mit Sicherheit nachgewiesen werden.

Nach neueren, in den USA durchgeführten Untersuchungen wirken sich die Abgase von in großen Höhen fliegenden Überschallflugzeugen, ebenso das durch Kunstdünger im Boden durch bakterielle Umwandlung von Stickstoffverbindungen entstehende Lachgas – dessen photochemische Vorgänge zum Abbau von Ozon führen – wegen zu geringer Mengen in den weiten Räumen der Stratosphäre wahrscheinlich nicht als Gefahr für die Ozonschicht aus.

Demgegenüber sind die Sprühdosen-Treibmittel (Chlorfluormethane = Freone) von nicht zu unterschätzender Wirkung. In den USA und in Schweden hat man die Verwendung von Freonen unterdessen verboten. Da Chlorfluormethane aber nicht nur als Treibmittel, sondern auch als Wärmeträger in Kühlschränken und Klimaanlagen, und auch als Schaumtreibmittel in der Kunststoff-Industrie verwendet werden, gelangen erhebliche Mengen in die Atmosphäre. So nimmt ihre Konzentration in der Atmosphäre weiterhin zu. Die Wachstumsrate wird auf 20000 t pro Jahr geschätzt.

Die Auswertung von Daten des Nimbus-Satelliten hat den Hinweis erbracht, daß die Ozon-Konzentration in 40 km Höhe im Verlaufe von 7 Jahren jährlich abnimmt (über die exakten Werte der Abnahme liegen allerdings unterschiedliche Berechnungen vor). Außer der Zunahme von Hautkrebs wird durch vermehrte UV-Bestrahlung auch das Immunsystem geschädigt. Es ist noch nicht klar, welche weiteren Gesundheitsschäden eintreten können.

Während die Ozonkonzentration der Stratosphäre durch die Einwirkung technogener Fremdstoffe allmählich abnimmt, entsteht in bodennahen Luftschichten durch zunehmende Luftverschmutzung infolge photochemischer Prozesse eine neue Ozonschicht. Rein theoretisch könnte dieses Ozon die Ozonminderung der Stratosphäre kompensieren, so daß nicht mehr ultraviolette Strahlung als bisher die Erde erreichen würde. Da für Mensch, Tier und Pflanze gesundheitsschädlich, hat dieses Ozon nahe der Erdoberfläche, insbesondere als „Photosmog", eine negative Wirkung. Aus Stickoxiden (NO_x) und relativ ungefährlichen Nitrosen Gasen (NO, NO_2, NO_3) und Kohlenwasserstoffen bilden sich als photochemische Oxidantien durch Einwirkung von starkem Sonnenlicht u. a. Ozone, die ein giftiges und zerstörerisches Gas darstellen. Es dringt durch die Spaltöffnungen der Blätter und Nadeln in die Pflanzen ein, greift dort das Gewebe an und schädigt es auf vielfältige Weise. So wird zu. B. die Atmungsfähigkeit der Pflanze in gefährlicher Weise gemindert. Im Experiment hat sich gezeigt, daß Tabakpflanzen schon durch 0,05 ppm Ozon geschädigt werden. Bei längerer Einwirkung kann Ozon Dauerschädigung oder Tod der Pflanzen zur Folge haben.

Nach einem 1984 vom Umweltbundesamt in Berlin herausgegebenen Bericht leiden in den Wäldern besonders Lärche und Kiefer unter dem Ozon, an landwirtschaftlich wichtigen Pflanzen alle Getreidearten, ferner Kartoffeln, Tomaten und Wein. Hohe Konzentrationen des Ozons würden aber auch den Menschen und Tiere gesundheitlich gefährden.

Um Schäden an Pflanzen, aber auch Gesundheitsgefahren für Mensch und Tier zu vermeiden, sollte die Ozon-Konzentration 200 Mikrogramm pro Kubikmeter und Stunde nicht überschreiten. Doch liegen die Spitzenbelastungen in Industriegebieten bei über 400, gelegentlich sogar bei 600 Mikrogramm. In Los Angeles werden regelmäßig Ozon-Konzentrationen von über 0,5 ppm (= 500 Mikrogramm) gemessen.

Nach Ansicht des Umweltbundesamtes müßte, um 200 Mikrogramm als Durchschnittswert zu erreichen, der Ausstoß an Stickoxiden und Kohlenwasserstoffen mindestens halbiert werden. Um empfindliche Pflanzen zu schützen, dürften die Werte der Ozon-Konzentration großräumig sogar 100 Mikrogramm nicht überschreiten.

Cadmium (Kadmium)

Dieses zu den Metallen gehörende chemische Element (Cd) wird in der Ökologie zu den Metallaerosolen gerechnet, d. h. zu staubförmig feinst verteilten Metallverbindungen der Luft. Cadmium ist ein in verschiedenen Verbindungen auftretendes Schwermetall von hoher Toxizität (Giftigkeit).

In der Natur kommt das Cadmium vorwiegend in Form cadmiumhaltiger Zinkerze vor, insbesondere in der Zinkblende (mit 0,1–0,5% Cd) und im Wurtzit (bis 3,7% Cd). Auch Erdöl enthält geringe Mengen an Cd (Schmieröl 0,3 ppm, Heizöl 0,4–0,5 ppm).

Als Luftverschmutzung entsteht Cadmium hauptsächlich durch metallurgische Produktionsprozesse sowie bei Großverbrennungs- und Großfeuerungsanlagen, wobei das Zink die Hauptquelle darstellt. In den Müllverbrennungsanlagen wird Cadmium u. a. durch das Verbrennen von Trockenbatterien in die Luft abgegeben. Verwendet wird das Cadmium in der Galvanotechnik und für Metallegierungen in Akkumulatoren (Nickel-Cadmium-Akkus) und Trockenbatterien, in Stabilisatoren für PVC-Kunststoffe, mit Quecksilber als Cadmium-Amalgam für Zahnfüllungen, in Leuchtstoffröhren (Cadmiumgelb) und für Malerfarben (Cadmiumrot) sowie für die Atomreaktorentechnik. 1972 wurden in der Bundesrepublik 2000 t Cadmium für verschiedene technische Zwecke verarbeitet, 1980 waren es nur 1800 t.

Als Rückstände der Produktions- und Verbrennungsprozesse wird Cadmium sowohl in das Abwasser (besonders durch Galvanisieranstalten und Klärwerke) als auch in die Luft abgegeben. Von dort wird es direkt vom menschlichen Organismus aufgenommen, indirekt aber auch über die Nahrung, da sich das in die Luft abgegebene Cadmium auf den Pflanzen und auf dem Boden ablagert. Nach einem Bericht des Verbandes Deutscher Landwirtschaftlicher Untersuchungs- und Forschungsanstalten (1984) weist ein Viertel bis die Hälfte des in der Nähe von Industrieanlagen auf sogenannten belasteten Flächen angebauten Gemüses und Obstes Cadmium-Werte auf, die deutlich über den vom Bundesgesundheitsamt aufgestellten Richtwerten liegen. Das gilt besonders für 70% des untersuchten Wurzelgemüses, 9% der Kartoffeln und 70% der Getreidesorten. Auch auf „unbelasteten" Böden kommen höhere Cadmium-Werte vor, z. B. 6% der Wurzelgemüse, aber 40% der Futterrüben. Die Cadmium-Anreicherungen stammen besonders aus den Immissionen nahe gelegener Industrieanlagen sowie aus Fluß- und Klärschlamm, der zur Düngung und Bodenverbesserung auf Feldern aufgebracht wurde.

Während aber nur 5% des mit der Nahrung aufgenommenen Cd im Körper verbleibt und 95% wieder ausgeschieden werden, werden 40% des eingeatmeten Cadmiums von der Lunge resorbiert und in den Körper überführt. Dort wird es in der Niere, Leber, Milz, Schilddrüse und Pankreasdrüse von Tier und Mensch abgelagert. In der Nierenrinde reichert sich dieser Schadstoff besonders stark an. Raucher weisen in ihrem Körper doppelt so hohe Cadmium-Werte wie Nichtraucher auf.

Die Folgen der Cadmium-Aufnahme können Leber- und Nierenschäden, Erkrankung der Lunge, Schädigung der Herzgefäße und hoher Blutdruck sowie Knochenkrankheiten, insbesondere Knochenmarksentzündungen sein. Zwischen zehn- und hunderttausend Bundesbürger sollen an Dauerschäden der Nieren leiden, die durch Cadmium hervorgerufen wurden, wie 1982 das Bundesgesundheitsamt mitteilte. Wöchentlich nimmt ein Bundesbürger 0,4–0,5 Milligramm Cadmium auf.

Bei akuter Vergiftung durch Cadmium-Dämpfe und -Salze werden Kopfschmerzen, Lungenbluten, Erbrechen sowie Magen- und Darmentzündungen hervorgerufen. Einen aufsehenerregenden Fall von akuter Cadmium-Vergiftung stellte die Itai-Itai-Krankheit in Japan dar, bei der cadmiumhaltiges Wasser bei den betroffenen Menschen das Calcium (Kalk) aus dem Knochengewebe ausschwemmte und eine katastrophale Schrumpfung des Skeletts um bis zu 30 cm bewirkte.

Die durch Abluft, Abwasser und die Nahrung aufgenommenen Cadmium-Mengen erzeugen zwar normalerweise keine akute Gefahr, doch stellt dieses Metall ein „schleichendes Gift" durch die dauernde Aufnahme und Ablagerung im menschlichen Körper dar. Um eine gehäufte Aufnahme von Cadmium durch die Nahrung zu vermeiden, sollte man, wie die Arbeitsgemeinschaft der Verbraucher 1984 erklärte, auf ein häufiges Verzehren von Innereien von Schlachttieren, also insbesondere von Leber und Niere von Rindern und Schweinen, verzichten. Auch sollten Innereien heimischer Wildtiere möglichst nicht verzehrt werden, da sie hohe Schwermetallanreicherungen aufweisen, insbesondere Cadmium, Blei und Quecksilber. Wegen der Verseuchung mit Cadmium dürfen in den USA Nieren von älteren Hühnern und Truthähnen, die zum Eierlegen und als Zuchttiere gehalten werden, nicht mehr für die menschliche Ernährung verwendet werden.

Obwohl die Schlacke von Müllverbrennungsanlagen einen hohen Cadmium-Gehalt (5–140 ppm Cd) aufweist, wird sie in unverantwortlicher Weise u. a. für den Straßenbau verwendet. Der daraus entstehende feine Flugstaub enthält sogar Cadmium-Gehalte von 290–1 800 ppm; dieser Staub setzt sich auf Pflanzen und dem Boden ab und wird auch von den Menschen eingeatmet.

Cadmium sammelt sich in übermäßiger Menge (neben Blei und Quecksilber) in Speisepilzen an. Während Kulturchampignons einen beträchtlichen Gehalt an Quecksilber aufweisen, haben die Wildpilze zu hohe Werte an Cadmium. Sie „verwechseln" nämlich Cadmium mit Zink, das sie unter natürlichen Bedingungen in geringen Dosen aufnehmen und für ihren Stoffwechsel benötigen. Wegen der Anreicherung relativ hoher Werte an giftigen Metallen ist das häufige und regelmäßige Essen von Speisepilzen zu vermeiden.

PVC

Diese häufig verwendete Abkürzung steht für Polyvinylchlorid, das ein thermoplastischer Kunststoff ist, der in großen Mengen hergestellt und verarbeitet wird. Wegen seines hohen Chlorgehalts ist es gegen die Einwirkung vieler Chemikalien, gegen Licht und Witterungseinflüsse sehr beständig. Als Hart-PVC wird es zum Auskleiden von Behältern, u. a. auch von Kühlschränken, für Rohrleitungen, Kanalrohre, Dachrinnen usw., ferner für Folien zur Lebensmittelverpackung verwendet. Weich-PVC wird durch Einarbeiten von Weichmachern (PCB) hergestellt und dient der Isolierung und Ummantelung von Drähten und Kabeln, zur Herstellung von Schläuchen, Profilen, Folien, Schaumstoffen, Kunstleder usw. PVC kann auch zu synthetischen Fasern verarbeitet und versponnen werden. Große PVC-Anteile befinden sich in Insektenvernichtungsmitteln.

Schon bei der Herstellung und Bearbeitung von PVC können unter ungünstigen Umständen hochtoxische Gase entstehen. Allerdings liegen für eine eindeutige Beurteilung bisher nicht genügend arbeitsmedizinische Untersuchungen vor.

Allein im Jahre 1982 wurden in Westeuropa etwa 3,5 Millionen Tonnen PVC produziert und verarbeitet, davon 62% Hart-PVC und 38% Weich-PVC. 15% dieser Menge, also 525 000 Tonnen wurden allein für Verpackungsmaterial verwendet.

Da der größte Teil dieser Mengen letztendlich im Mülleimer landet, stellt PVC ein bedeutendes Umweltproblem dar. Denn bei der Müllverbrennung dieses weitverbreiteten Kunststoffes entsteht Chlorwasserstoffgas, HCl, das mit der Abluft in die Umwelt gelangt und sich im Regenwasser oder in der Luftfeuchtigkeit als Salzsäure löst. Hierdurch werden Pflanzen, Tiere, Menschen und Gebäude in Mitleidenschaft gezogen. Der „saure Regen" wird also auch durch verbranntes PVC hervorgerufen. Außerdem soll in Haushaltsmüll-Verbrennungsanlagen durch PVC-Abfälle und organische Produkte Dioxin entstehen. Auch bei der Ablagerung von PVC auf Mülldeponien kann es durch den allmählichen Zerfall zu Belastungen kommen. So setzt sich PVC unter bestimmten Umständen in Dioxin um.

Noch nicht gesichert ist die Frage, ob PVC-Produkte wie z. B. Wasserrohrleitungen, Bierschläuche usw., die lange Zeit in Gebrauch sind, im Rahmen eines Alterungsprozesses giftige Substanzen an die Umwelt, so z. B. an das Trinkwasser, abgeben.

Aerosole

Zu ihnen werden einerseits feinste Feststäube gerechnet, andererseits feinste Flüssigkeitströpfchen, die ebenso wie Staub in der Luft schweben. Die Größe von einzelnen Aerosolen beträgt weniger als 5 µm (= 5 Mikrometer = 5/1 000 mm). Aerosole stellen also feinst verteilte feste oder flüssige Materie in der Luft dar.

Da nur schwerere Staubteilchen bald abgelagert werden, die Aerosole aber vielfach über längere Zeit schweben und durch Aufwinde in höhere Luftschichten verfrachtet werden können, kommt es zur Trübung der Atmosphäre. Diese Staubteilchen ziehen Luftfeuchtigkeit an und bewirken eine verstärkte Bildung von Nebel und Wolken. Die Aerosole der Atmosphäre reflektieren in der Höhe die Sonnenstrahlen, die somit nicht die Erdoberfläche erreichen können, was eine Abkühlung der Erde bewirkt. Zugleich ruft diese Staubglocke der Atmosphäre aber auch ein Zurückstrahlen der Erdwärme hervor und hat einen „Treibhauseffekt" zur Folge.

Stäube des Aerosols entstehen einerseits auf natürlichem Wege durch Vulkanausbrüche und durch Staubstürme vorwiegend in Wüsten- und Steppengebieten. In entscheidendem Maße ist die Staubbildung aber auf die Luftverschmutzung durch Industrie, konventionelle Kraftwerke, Hausbrand, Müllverbrennung und den Kraftfahrzeugverkehr zurückzuführen. In Ländern der Dritten Welt spielt außerdem das regelmäßige Abbrennen der natürlichen Vegetation von Savannengebieten sowie die Umwandlung von Waldgebieten und Natursteppe in Kultursteppe und die damit verbundene Austrocknung dieser Gebiete eine wesentliche Rolle für die Bildung von Staub und Ruß.

Viele der Aerosole industriellen Ursprungs sind für den Menschen gefährlich, so z. B. die feinsten metallhaltigen Stäube, die oft giftig sind. Diese Metalle werden als Feinststäube meist bei der Verbrennung fossiler Brennstoffe (Kohle, Erdöl, Erdgas), bei metallurgischen und chemischen Produktionsprozessen und bei der Müllverbrennung freigesetzt.

Vielfach setzen sich die schwermetallhaltigen Aerosole auf dem Boden und auf den Pflanzen ab, sie werden von den Gewächsen aufgenommen und gespeichert. Somit gelangen sie in den Nahrungskreislauf. In den Tropen sammeln sich in der Kakaobohne unverhältnismäßig stark Schwermetalle an, besonders Cadmium, Kupfer, Eisen, Nickel, Blei und Zink.

Asbest

Der aus faserigen, kieselsäurehaltigen Mineralien bestehende Asbest ist ein verhältnismäßig billiger Rohstoff, der wegen vieler technisch günstiger Eigenschaften in zahlreichen industriellen Bereichen eingesetzt wird. Er ist besonders hitzefest, wasserfest und langlebig. Die langen, verspinnbaren Fasern werden zu feuerfester Schutzkleidung, Theaterdekorationen und sonstigen feuersicheren Raumverkleidungen verarbeitet. Die kürzeren Fasern werden zu Dichtungen, Isolierungen, in Brems- und Kupplungsbelägen der Kraftfahrzeuge, für hitzebeständiges Papier und als Asbestgewebe verwendet. Im Bauwesen spielen Asbestzement und -beton, die aus einer Mischung mit zerfasertem Asbest bestehen, als Bauteile, zum Feuerschutz sowie als Dämm- und Isolierstoffe eine wichtige Rolle. Einerseits werden Asbestzementplatten, Asbestschieferplatten, Asbestfußbodenbelag und Außenwandverkleidungen hergestellt, andererseits Abfluß- und Lüftungsrohre, Blumenkästen usw. Insgesamt wird der Asbest in mehr als 3000 Produkten verwendet. Im Jahre 1970 betrug der Weltverbrauch an Asbest 4 Millionen Tonnen, 15 Jahre später (1985) werden in der Welt jährlich immer noch mehr als 3 Millionen Tonnen Asbest von der Industrie verarbeitet. Die wichtigsten Asbestvorkommen befinden sich in Kanada und der UdSSR sowie in Südafrika.

Asbestose ist eine seit einiger Zeit bekannte und anerkannte Berufskrankheit bei den Arbeitern der asbestgewinnenden und -verarbeitenden Industrie. Durch jahre- oder gar jahrzehntelanges Einatmen von feinstem Asbeststaub kommt es zu einer typischen Erkrankung der Lunge. Die mikroskopisch feinen Asbeststaubnadeln führen in der Lunge zu entzündlichen Erscheinungen, zu Bindegewebsneubildungen und Atemfunktionsstörungen. Als Folge der Asbestose ist eine Neigung zu Bronchialkrebs nachweisbar.

Asbest und Krebs: Von 500 Frauen, die im Zweiten Weltkrieg in einer Gasmaskenfabrik in Nottingham/England Asbestfilter in die Masken eingesetzt haben und hierbei unmittelbar mit Asbest zu tun hatten, wurde die weitere Lebensgeschichte verfolgt. Es ergab sich, daß bei ihnen die Sterblichkeitsrate an Krebs erheblich höher lag als im Durchschnitt bei Frauen gleichen Alters. So lag die Sterblichkeit an Lungenkrebs mehr als doppelt so hoch. Außerdem wurden 12 Fälle von krebsartiger Erkrankung der Innenwände von Brustkorb oder Unterleib (Mesotheliom) festgestellt, ein Krebs, der sonst nur außerordentlich selten vorkommt. Bemerkenswerterweise lag bei diesen Frauen auch die Rate an Eierstockkrebs fast doppelt so hoch wie im Durchschnitt. Hingegen wurde bei Frauen dieser Gasmaskenfabrik, die nur an den Stoffteilen der Masken gearbeitet hatten, kein einziger Fall von Eierstockkrebs und auch allgemein keine signifikante Erhöhung der Krebsrate festgestellt.

Inzwischen hat sich aber herausgestellt, daß unter dem Asbeststaub nicht nur die entsprechenden Spezialarbeiter leiden, sondern fast jedermann. Besonders durch den Abrieb der Bremsbeläge der Kraftfahrzeuge, aber auch durch alternden Asbestzement, Asbestrohre usw., also durch die Freisetzung von Asbestfasern durch Verwitterung der Bauteile, gelangt gesundheitsschädigender asbesthaltiger Feinstaub in die Luft und somit in die Atemwege der Menschen. In Ballungsgebieten mit starkem Kraftfahrzeugverkehr haben viele Fälle von Erkrankungen der Atemwege den Charakter einer Asbestose.

Der Asbest muß daher aus der industriellen Produktion verschwinden. Die chemische Industrie ist darum bemüht, Asbest-Ersatzstoffe zu entwickeln.

Schleichende Bleivergiftung

Das Element Blei (chem. Zeichen Pb) ist das weichste aller Schwermetalle. Es gehört mit 0,0016% zu den wichtigsten Elementen im Aufbau der Silikatkruste der Erde. Es findet sich vorwiegend in dem als Bleiglanz oder Bleisulfid bezeichneten Bleierz (u. a. im Harz und im Aachener Revier) sowie in einer Reihe weiterer natürlicher Verbindungen (z. B. als Bleidioxid im Schwerbleierz und als Bleichlorid im Mineral Cotunnit). Die Weltvorräte an Blei werden auf 40 Millionen t geschätzt.

Auch im natürlichen Seewasser kommt Blei in gelöstem Zustand mit 5 Milligramm pro Kubikmeter als Spurenelement vor. Allerdings ist, im Gegensatz zu Kobalt, Molybdän, Kupfer usw., in der Natur keine lebensnotwendige bleihaltige Verbindung bekannt, die von den Organismen zur Herstellung von körpereigenen Stoffen aufgenommen wird. Daher besteht Grund zu der Annahme, daß auch die kleinste Menge an Blei, die von einem Lebewesen aufgenommen wird, gesundheitsschädlich ist.

Über 2 Millionen t Blei werden alljährlich in der Welt gewonnen und industriell verarbeitet.

In der Technik wird das Blei sowohl in gehärtetem Zustand als auch in Form von Legierungen für zahlreiche Zwecke benutzt. Zur Ummantelung von Erd- und Seekabeln, für Akkumulatorenplatten und chemische Apparate, zum Strahlungsschutz (z. B. gegen Röntgenstrahlen in der Medizin sowie gegen radioaktive Strahlung in der Atomforschung und in Kernkraftwerken), für die Munitionsherstellung sowie für Dichtungen, Plomben, Rohrleitungen usw. wird das Blei verwendet. Auch in der Farbenindustrie spielt es eine wichtige Rolle (z. B. Mennige und Bleiweiß).

Sehr hoch ist der Bleiverbrauch für den Kraftfahrzeugverkehr. Um Vergasertreibstoffe klopffester zu machen und eine höhere Motorenleistung zu erzielen, werden sie verbleit, d. h. das Benzin wird mit Bleiverbindungen wie Tetraäthyl-, Tetramethylblei, Bleibromid und Bleichlorid versetzt.

Belastung der Umwelt

Durch Abgase und auch Abwasser gelangen große Mengen an Bleirückständen in die Umwelt.

Der Bleigehalt der Weltmeere ist bereits 50fach höher als normal. Die Winde verfrachten das Blei über die ganze Erdoberfläche. Der jährliche Bleiniederschlag beträgt in der Welt mindestens 500000 t.

Der größte Teil der Bleirückstände stammt aus den Auspuffen der Kraftfahrzeuge. Während amerikanisches Benzin mit über 0,80 Gramm pro Liter versetzt wurde, lag der Bleigehalt in Deutschland zwischen 0,45 und 0,66 g/l; das bedeutet, eine Autotank-Füllung von 40 Litern Benzin enthält zugleich im Durchschnitt 20 Gramm Blei. 50–70% des Benzinbleis (als Bleioxid) werden feinst verteilt wieder in die Luft abgegeben. In der Bundesrepublik wurden jährlich 8 Millionen Kilogramm (= 8000 t) Blei von Automotoren in die Umwelt geblasen. Jährlich erhöhte sich in den Großstädten der Bleigehalt der Luft um 15%. Allerdings wurde in den letzten Jahren durch Gesetz der Bleigehalt im Benzin in verschiedenen europäischen Ländern, so auch in der Bundesrepublik, deutlich reduziert. Diese Maßnahme hat nachweislich schon zur Verminderung des Bleigehalts in der Luft und im Blut der Menschen geführt. Trotzdem gelangen weiterhin erhebliche Mengen giftigen Bleis in die Umwelt. Daher wird zunehmend ein totales Verbot von Bleizusätzen zum Benzin gefordert. Hinsichtlich bleifreien Benzins sind bisher die USA und Japan am konsequentesten.

Das Blei wird von Pflanzen, Tieren und Menschen aufgenommen. An der Autobahn kann jedes Kilogramm Pflanzenmasse 50–200 Milligramm Blei, an vielbefahrenen Kreuzungen bis 3000 Milligramm enthalten.

Gefährdung für den Menschen

Das Blei in seinen verschiedenen Verbindungen und in Dampfform ist sehr giftig.

Der Mensch nimmt das Blei über die Kuhmilch, aber auch direkt durch Gemüse, Salate, Früchte usw. auf. Am stärksten gelangt das Blei mit der Atemluft in die menschliche Lunge. Diese ständige Zufuhr von Blei bewirkt eine schleichende Bleivergiftung. Sie kann folgende Symptome zeigen: Nervenkrankheiten bis zu Lähmungserscheinungen, psychische Schäden, Gelenkerkrankungen, Allergien und andere Hautreaktionen, Anämie, Zahnfleischveränderungen, Herz- und Kreislaufschwäche, Stoffwechselkrankheiten, Verstopfung, Koliken, Migräne, Blei-Basedow, ferner allgemeines Abgespanntsein und Arbeitsunlust.

Ein Teil der Bevölkerung großer Industrienationen leidet bereits unter der schleichenden Bleivergiftung. Schädigungen des Zentralnervensystems in Form von verminderter Konzentrationsfähigkeit sind bei Kindern bei Bleikonzentrationen von 20 Mikrogramm/100 Milliliter Blut nachgewiesen worden. In den USA wurden bei 4% aller Kinder unter 6 Jahren deutlich höhere Bleiwerte festgestellt.

Je höher die Bleikonzentration im Blut oder in den Milchzähnen der Kinder, desto schlechter sind im Durchschnitt der Lernerfolg sowie die Ergebnisse von Reaktionsprüfungen und Intelligenztests. Bei Kindern mit erhöhtem Bleigehalt wurden Veränderungen im Hirnstrombild (EEG) nachgewiesen. Es ist zu befürchten, daß diese Belastungen auf die Dauer irreversible Schäden darstellen.

In den USA sind nach anerkannten Schätzungen etwa ein Viertel aller Kinder und mehr als die Hälfte der schwarzen Kinder, die in den stark belasteten Innenstädten leben, durch erhöhten Bleigehalt im Körper gefährdet. In unseren Städten dürften die Werte ähnlich sein.

Schon in historischen Zeiten war die Bleiverseuchung eine, wenn auch seinerzeit unerkannte Tatsache. Fachleute nehmen an, die führende Oberschicht des alten Rom, die Patrizier, hätten selbst zu ihrem Untergang beigetragen: Mit dem Genuß von Wein und anderen Getränken aus teuren Bleigefäßen nahmen sie stets geringe Mengen des giftigen Metalls auf, die schließlich zur Unfruchtbarkeit und erhöhter Babysterblichkeit führten.

Gefährdung der Tierwelt

Rotwild, das im Umkreis von Bleihütten lebt, wird kreuzlahm (Nervenkrankheit).

Rinder, die viel Bleistaub aufnehmen, weisen Schädigungen der Geschlechtszellen und Samenfäden auf.

Raubwild und Wasservögel leiden unter der Bleieinwirkung. Im Bombay Hook National Wildlife Refuge gingen 4000 Kanadagänse an Bleivergiftung ein. Auch Trauertauben waren Bleiopfer, bedingt durch die Anwendung von Bleiarsenat als Schädlingsbekämpfungsmittel.

Bleifreies Benzin

Bereits 1974 haben die USA als erstes Land der Welt bleifreies Benzin auf den Markt gebracht. Durch Gesetz wurde der Einsatz von Katalysatoren zur Abgasreinigung für alle Neuwagen obligatorisch. Inzwischen hat Japan ein ähnlich durchgreifendes Gesetz zur Verwendung bleifreien Benzins eingeführt, da der Smog in den Riesenstädten unerträglich geworden war. In Europa wurde die Bundesrepublik zum Vorreiter für bleiarmes Benzin, als bereits ab 1972 der Bleigehalt je Liter nur noch 0,4 g, ab 1976 sogar nur noch 0,15 g betragen durfte. Doch wurde der Plan, 1986 in der Bundesrepublik wie in den USA und Japan bleifreies Benzin einzuführen, von den meisten Ländern der Europäischen Gemeinschaft torpediert.

Doch bereits die beträchtliche Verringerung des Bleigehalts im Benzin wirkt sich günstig aus. In unseren Großstädten und sonstigen Verkehrszentren ist die

Bleibelastung deutlich geringer geworden. Messungen in den Städten ergaben eine durchschnittliche Minderung des Bleigehalts der Luft um 65%. Während die Bundesrepublik von den Vereinbarungen innerhalb der EG abhängig ist und ihren Plan, ab 1. 1. 1986 nur noch Kraftfahrzeuge mit Katalysatoren zur Verwendung bleifreien Benzins zuzulassen, nicht verwirklichen kann, führt die Schweiz als „Nicht-EG-Land" per Gesetz das bleifreie Benzin ein. Aber auch bei uns kann in zunehmendem Maße Benzin ohne Bleizusatz getankt werden und werden Kraftfahrzeuge, die mit Katalysatoren ausgestattet sind, gefahren. So scheint die Vernunft dem Gesetzgeber und insbesondere der schwerfälligen internationalen Administration vorauszueilen. Der Einbau eines Katalysators bedeutet, daß der betreffende Wagen 90% weniger Schadstoffe ausstößt und daß damit die Luft bedeutend weniger belastet wird.

Saurer Regen

Wie Wasseranalysen von Schnee und Eisfeldern der Hochgebirgsgletscher aufzeigen, war in früheren Jahrhunderten vor Beginn der „industriellen Revolution" der Niederschlag im allgemeinen leicht sauer (pH 5,6). Noch um 1850 wies, wie Bohrungen im „vorindustriellen Eis" am Monte-Rosa ergaben, der Niederschlag in den Alpen einen pH-Wert zwischen 5,2 und 5,6 auf. Die Untersuchung von grönländischen Eisschichten, die sich vor 180 Jahren, also um 1800, durch Schneefall gebildet hatten, ergab, daß der pH-Gehalt jenes Niederschlagswassers sogar zwischen 6 und 7,6 schwankte und somit zwischen sehr leicht sauer über neutral (pH 7) bis sehr leicht alkalisch (basisch) lag (pH-Wert = Gehalt an Wasserstoff-Ionen = Maß für den Säuregrad einer Flüssigkeit).

Zwar ist das von der Oberfläche unseres Planeten (vom Land, von den Pflanzen, von den Oberflächengewässern und der Meeresoberfläche) verdunstende und in die Atmosphäre aufsteigende Wasser zunächst neutral, doch verbinden sich auch unter völlig natürlichen Bedingungen sogleich Gase, insbesondere die natürliche Kohlensäure, ferner Spurenstoffe und feine Staubteilchen mit dem Wasserdampf und beeinflussen dessen Chemismus nach der sauren oder alkalischen Seite hin. Der leichte Säuregrad des natürlichen Regenwassers ist durch die Kohlensäure bedingt, die durch Verbindung mit dem Regenwasser aus dem vorwiegend von Pflanzen gebildeten Kohlendioxid entsteht ($CO_2 + H_2O = H_2CO_3$). Zwar verbindet sich nur eine geringe Menge des Gesamtkohlendioxids der Atmosphäre mit Wasser, doch reicht sie aus, um das natürliche, nicht vom Menschen beeinflußte Regenwasser normalerweise leicht säuerlich werden zu lassen.

Des weiteren werden durch vulkanische Tätigkeit sowie vom Boden und der Meeresoberfläche her Schwefelverbindungen, insbesondere Schwefeldioxid (SO_2), Schwefelwasserstoff (H_2S) und Sulfate (SO_4) frei. Aus Schwefelwasserstoff entsteht Schwefeldioxid, aus diesem wiederum entweder durch Aufnahme eines Sauerstoffatoms oder durch einen photochemischen Vorgang Schwefeltrioxid und daraus durch Wasseraufnahme schweflige Säure und Schwefelsäure ($SO_2 + O \rightarrow SO_3 + H_2O \rightarrow H_2SO_4$). Schwefel in seinen verschiedenen Verbindungen und in begrenzten Mengen gehört zum natürlichen Kreislauf unseres Planeten und wird insbesondere von den Pflanzen und vom Boden aufgenommen. Im Regenwasser kann es durch Bildung von Schwefelsäure ebenfalls eine leichte Säuerung verursachen. Ferner sind auf natürlichem Wege entstehende Stickoxide (NO_x) zu nennen, die sich in Salpetersäure (HNO_3) umwandeln können. Da diese genannten Substanzen früher unter normalen Bedingungen stets in begrenzter Menge vorkamen, bewirkten sie im Niederschlagswasser nur eine leichte Verschiebung des pH-Wertes zur sauren Seite hin, aber normalerweise keine Übersäuerung. Deshalb lag der pH-Wert von Regen und Schnee bei natürlichen Verhältnissen normalerweise nicht unter 5,6.

Dieses Bild hat sich seit dem vergangenen Jahrhundert durch die Industrialisierung und Großtechnik, mit der mit beträchtlichem Ausstoß an Kohlendioxid, Schwefeldioxid und Stickoxiden verbundenen technischen Entwicklung grundlegend geändert und ist zu einem weiträumigen, vielfach kontinentalen bis sogar globalen Umweltproblem geworden. Denn durch die Aktivitäten der Menschen gelangen nun in zunehmendem Maße Schwefel- und Stickoxide in die Atmosphäre, die dort durch die genannten chemischen Prozesse in starke Säuren (Schwefel- und Salpetersäure) in beträchtlicher Menge umgewandelt werden und mit Regen und Schnee wieder zurück zur Erde gelangen. Seit den zwanziger Jahren dieses Jahrhunderts und insbesondere seit dem Zweiten Weltkrieg ist eine immer schnellere Versauerung der Luft und des Regenwassers, im allgemeinen bis pH 4, also deutlich zur sauren Seite hin, eingetreten. Denn mit steigendem Energieverbrauch und mit der Verwendung schwefelhaltiger Brennstoffe hat in den 50er und 60er Jahren der Ausstoß besonders an Schwefeldioxid (SO_2) und Stickoxiden (NO_x) beträchtlich zugenommen. Die entstehenden Säuren richten in der Natur schwere Schäden an. Hinzu kommt, daß Metalle, vor allem Aluminium, aber auch Blei und Cadmium, durch Ansäuern in Lösung gehen und sich in der Luft, im Boden, in den Organismen und auch im Grundwasser anreichern können.

Während das Regenwasser noch heute in manchen unbelasteten Gebieten einen pH-Wert von 5,6 aufweist, liegt er derzeit in unseren Breiten bei 4,1, also deutlich im sauren Bereich. Im Jahresdurchschnitt sind Regen und Schnee in weiten Teilen der Welt um fünf- bis dreißigmal saurer als vor 200 Jahren. Nach langen Trockenperioden kann der erste Regen sogar mehrere hundert- bis mehrere tausendfach saurer sein. Das extremste Beispiel wurde 1974 in Schottland festgestellt, wo bei einem Platzregen das Niederschlagswasser mit einem pH-Gehalt von 2,4 den Säuregehalt von Weinessig oder einer Zitrone hatte. Etwa zur

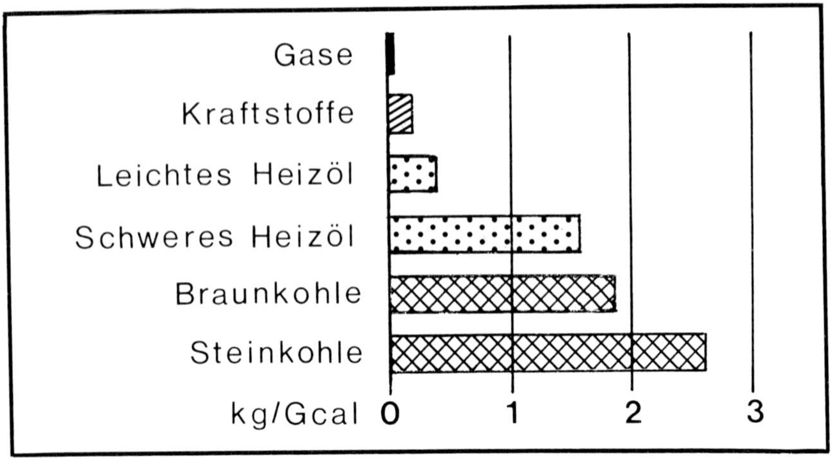

Vergleiche des Schwefelgehalts verschiedener Brennstofe in kg/Gcal = kg Schwefel je 1 Mio. Kilokalorien Brennstoffheizwert. Aus ESSO STUDIE 4, umgezeichnet.

selben Zeit wurden an der Westküste Norwegens 2,7 und auf Island ein pH-Wert von 3,5 gemessen. 1981 wurde in Hamburg und im Ruhrgebiet ein pH-Wert von 2,9 im Niederschlag ermittelt, im Bayerischen Wald von pH 3,4. Hier hat es also Säure geregnet. In weiten, hochindustrialisierten Gebieten Westeuropas (aber auch der Ostblockstaaten) weist der Niederschlag einen jährlichen Durchschnitts-pH-Wert von 4–4,5 auf. Diesen Säureanteil im Regen findet man in Westdeutschland, Nordfrankreich, Belgien, Luxemburg und den Niederlanden, ferner im Osten Englands und in Südskandinavien. Der niedrigste Jahresdurchschnitt betrug pH 3,78 im Jahre 1967 bei De Bilt in Holland.

Hauptverursacher für diese Versäuerung der Atmosphäre und des Niederschlagswassers zu „saurem Regen" bilden in erster Linie die Verbrennung fossiler Heizmaterialien, insbesondere bei Kohle- und Ölkraftwerken sowie bei Hausbrand, und das industrielle Schmelzen schwefelhaltiger Erze in Metallverhüttungswerken durch das bei den Verbrennungsprozessen freiwerdende Schwefeldioxid. Im Jahre 1973 wurden die SO_2-Emissionen in die Luft allein in Europa auf 25 Millionen Tonnen Schwefel geschätzt. In der Bundesrepublik liegt der Schwefeldioxid-Ausstoß jährlich bei 3,5 Millionen Tonnen und hat sich damit seit 1950 verdoppelt. In Europa finden sich die höchsten SO_2-Ausstoßwerte in Zentral-England, im Ruhrgebiet, in der südlichen DDR, Südpolen und in der Tschechoslowakei. Die Folgeprodukte des SO_2 durch chemische Umwandlung sind Sulfate und insbesondere Schwefelsäure.

Wenn auch der größte Teil der Versäuerung des Regens auf die Oxidation des Schwefeldioxids zurückzuführen ist, so spielen auch die Stickoxide (NO_x)

eine gewisse Rolle. Deren Folgeprodukte sind die Nitrate (NO_3) und insbesondere die Salpetersäure (HNO_3), die ebenfalls den pH-Wert des Niederschlagswassers deutlich herabzusenken vermag. Während die Stickoxide in erster Linie von den Verbrennungsmotoren des Straßenverkehrs (45%) stammen, werden sie zu 35% von den konventionellen Kraftwerken und zu 15% von der Industrie in die Luft abgegeben. Diese unerwünschten Beiprodukte von Verbrennungsprozessen entstehen vorwiegend als Stickoxid (NO) und als Nitroses Gas (NO_2). Durch die Verbindung mit Wasserdampf (H_2O) entstehen Salpetrige Säure (HNO_2) und Salpetersäure (HNO_3).

Allein für die 11 westeuropäischen Staaten der OECD wurde für 1973 ein Stickoxid-Ausstoß von etwa zwei Millionen Tonnen errechnet, was ab 1959 ebenfalls eine Verdoppelung darstellt. Eine ähnliche Entwicklung dürfte für Osteuropa gelten.

Bemerkenswert ist die Tatsache, daß heute (vielfach infolge sehr hoher Schornsteine) stark angesäuerter Regen nicht in direkter Umgebung der SO_2-Produzenten niedergeht, sondern durch Luftströme recht weit verfrachtet wird und in großem räumlichem Abstand vom Verursacher den Boden erreicht. So gelangen durch W- und SW-Winde verhältnismäßig hohe Säurewerte von West- und Mitteleuropa bis Südskandinavien. Es wird angenommen, daß 77% des in Südschweden mit dem Regen auftreffenden Schwefels außerhalb dieses Landes produziert werden. In starkem Maße sind auch Bergwälder vom sauren Regen betroffen, da die Fallwinde und der reiche Niederschlag dort eine Versäuerung des Bodens hervorrufen. So wurden 1974 mengenmäßig die höchsten Werte an saurem Regen in Süddeutschland, in der Schweiz und in Südnorwegen ermittelt.

Die Folgeerscheinungen des sauren Regens sind das Waldsterben, Gebäudeschäden und die sauren Seen Skandinaviens (siehe diese Kapitel). Heute steht fest, daß der saure Regen eines der Hauptumweltprobleme für weite Teile der Welt darstellt, zumindest für die Industrienationen.

Zwar ist es in jüngster Zeit nicht zum weiteren Absinken des pH-Wertes gekommen und scheint die Luftbelastung als Folge erster technischer Sanierungsmaßnahmen nicht zugenommen zu haben. Trotzdem nehmen die Schäden in den Wäldern ständig zu. Offensichtlich ist die bisher gepriesene und als unerschöpflich angesehene Pufferkapazität des Bodens mittlerweile erschöpft. Bereits mehr als 50% des bundesdeutschen Waldbestandes sind von irreversiblen Schäden gezeichnet.

Saurer Nebel: Noch saurer als „saurer Regen" kann saurer Nebel sein. Diese Tatsache wurde durch Messungen im Großraum von Los Angeles in den USA festgestellt. Der Nebel war deutlich stärker mit Sulfat, Nitrat und Ammonium als das Regenwasser angereichert. Es wurde ein pH-Wert von 2,2 festgestellt, im Gegensatz zum Regenwasser, das bei pH 3 lag.

Das internationale Problem der Luftverschmutzung

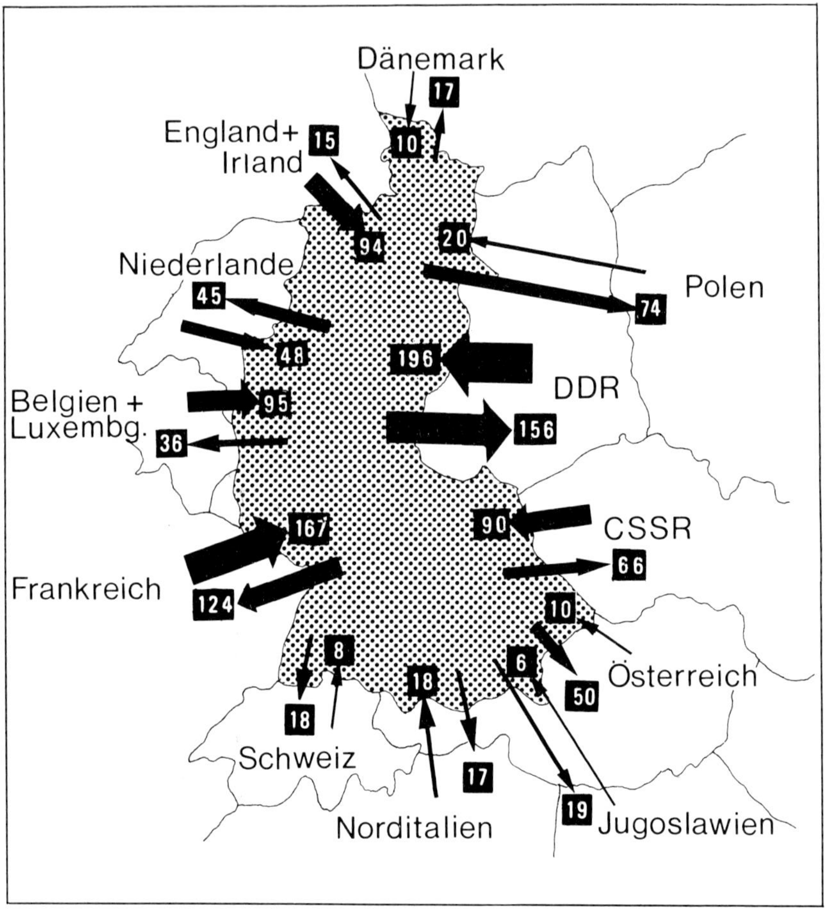

Summen der Schwefelablagerung, die jährlich aus der Bundesrepublik in die benachbarten Länder verfrachtet werden (= 637) und von dort nach Westdeutschland gelangen (= 762), jeweils in 1000 Tonnen. Der in der BRD verbleibende eigene Abfall beträgt jährlich etwa 760 000 Tonnen.

Gebäudeschäden

Durch die jahrzehntelange Belastung der Luft mit sauren Schadstoffen kommt es zu schweren Schädigungen von Gebäuden. Dies gilt nicht nur für historische Baudenkmäler, sondern auch für Wohnhäuser aus Naturstein in den historischen Vierteln unserer Städte. Allein der durch Luftverunreinigungen hervorgerufene Schaden bei Wohngebäuden wird in der Bundesrepublik jährlich auf 1,5 Milliarden DM geschätzt. Noch höher liegt der materielle Schaden an historischen Baudenkmälern. Insgesamt rechnet man in der Bundesrepublik Deutschland alljährlich mit Schäden in Höhe von 4,5 Milliarden DM an Bauwerken durch Luftverschmutzung. Allein am Kölner Dom, bei dem heute nur noch ein Drittel der Baumasse aus dem Mittelalter stammen soll, kosten die restauratorisch-baulichen Maßnahmen jährlich 5 Millionen DM.

Der sich ständig beschleunigende Verfall der Gebäude ist in erster Linie durch die aggressive Schwefelsäure der Luft bedingt, die von den Schwefeldioxid-Emissionen der Kohlekraftwerke und des Hausbrands, aber auch anderer Industrien, stammt. Die aus dem Schwefeldioxid (SO_2) der Rauchgase durch Aufnahme von Wasser (Regen oder Luftfeuchtigkeit) entstehende Schwefelsäure (H_2SO_4) zersetzt die Carbonate, also den Kalkanteil, der Bausteine. Das als Bindemittel wirkende Calciumcarbonat (Kalkspat) wird von der Schwefelsäure in Gips und somit in ein bauschädliches Salz umgewandelt. Beim Kristallisationsvorgang oder bei der Wasseraufnahme vergrößert sich das Volumen des Salzes und zersprengt das angegriffene Gestein. Auf diese Weise wird die Gesteinsoberfläche der Bauwerke porös und bröckelig. Die Salzkristalle der ebenfalls aus dem Schwefeldioxid stammenden Sulfate ($SO_2 \rightarrow SO_4$) dringen in das Porengefüge der Steine ein und bewirken die gleichen Folgen. Eine ähnliche zerstörerische Wirkung haben die durch den Straßenverkehr und die Kraftwerke entstehenden Stickoxide, deren Nitrate (NO_3) Salzkristalle im angegriffenen Gestein bilden und ebenfalls durch Volumenzunahme sprengen. Zusätzlich ist der Stein den natürlichen Verwitterungseinwirkungen von Wasser, Frost, Sonne und Wind ausgesetzt. Besonders gefährdet durch diesen „Steinfraß" sind künstlerische Steinmetzarbeiten wie Skulpturen an den Fassaden der Gebäude.

Da historische Bauwerke Unikate sind, können sie schwerlich ersetzt werden. Viele Kunstwerke an Gebäuden sind heute schon übersät von Salznestern oder durch Steinfraß irreparabel geschädigt. Da der Zersetzungsprozeß durch die Luftverunreinigung sich exponentiell beschleunigt, besteht eine große Gefahr für die Erhaltung historischer Bausubstanz und somit unseres kulturellen Erbes im städtebaulichen Bereich. Auch historische Kirchenfenster-Malereien sowie Bronzefiguren werden durch die aggressiven Luftschadstoffe beschädigt und allmählich zerstört.

Zur Minderung der Gefahr und zur Erhaltung der aus Naturstein bestehenden Gebäude werden Sanierungsmaßnahmen vorgenommen, die allerdings sehr kostenintensiv sind. Am günstigsten haben sich wasserabstoßende Silikone erwiesen, die einen dünnen „Film" auf der Steinoberfläche bilden und einerseits das auftreffende Wasser abweisen und somit dessen Eindringen in den Stein verhindern, andererseits die nach außen gerichtete Diffusion und somit die Verdunstung des im Gestein befindlichen Wasserdampfes ermöglichen. Wie lange die Schutzwirkung dieser aufgetragenen Silikonschichten andauert, ist noch nicht bekannt – höchstens 10–15 Jahre meinen die Fachleute. Darüber hinaus werden heute vielerorts schon Steinmetzkunstwerke abgenommen, in Museen verbracht und durch Kunststoffabgüsse oder zumindest durch Duplikate aus widerstandsfähigerem Gestein ersetzt.

Professor Hans Maier, Bayerischer Staatsminister für Unterricht und Kultus, erklärte 1984 als Präsident des Deutschen Nationalkomitees für Denkmalschutz der Bundesregierung gegenüber, daß mit der Bereitstellung immer größerer Summen zur Wiederherstellung bereits geschädigter Baudenkmäler das Problem der Schädigung durch Umwelteinflüsse nicht zu lösen sei. Auch seien die jetzt vielerorts eingeleiteten Soforthilfeprogramme durch Verbringung wertvoller Skulpturen in geschlossene Räume und deren Ersatz durch Abgüsse stets nur Notmaßnahmen. Es gehe nicht darum, den kranken Baudenkmälern mehr und bessere Medizin einzuflößen, sondern die Risikofaktoren der Luftverunreinigung durch drastische Verringerung des Ausstoßes von Schadstoffen zu begrenzen.

Die Rauchgase der Kohlekraftwerke und bestimmter Industrien müssen so bald wie möglich radikal entschwefelt und deshalb die Großfeuerungsanlagen-Verordnung konsequenter angewendet werden, um die galoppierende Vernichtung wertvoller Gebäude zu verhindern und unsere historische Bausubstanz zu erhalten.

In jüngster Zeit ist der Verdacht aufgekommen, daß der rapide Steinzerfall nicht nur direkt vom sauren Regen stammt, sondern daß auch schwefelfressende Thio-Bakterien, die als Stoffwechselendprodukt hochprozentige Schwefelsäure ausscheiden, als Folgeschädlinge einen wesentlichen Anteil daran haben. Diese Bakterien befinden sich auf der Gesteinsoberfläche der historischen Gebäude und entziehen dem sauren Regen den Schwefelanteil, von dem sie sich ernähren. Die von ihnen ausgeschiedene Substanz ist viermal saurer als der saure Regen selbst. Die somit bakteriell entstandene Schwefelsäure greift in der beschriebenen Weise das Gestein an und läßt es durch Bildung von Gips beschleunigt zerfallen. Diese Entdeckung sowie andere Fragen der Gebäudezerstörung durch Umweltgifte sind Teil eines 1985 begonnenen umfangreichen Forschungsprogramms des Bundesministeriums für Forschung und Technologie.

Wald in Not

Seit Jahrhunderten gibt es in Deutschland keinen natürlichen, unberührten Wald mehr. Als Teil der gemäßigten Zonen der Nordhalbkugel überwog in den ursprünglichen Waldgesellschaften Mitteleuropas der sommergrüne Laubwald. Es herrschte die Buchenwaldgesellschaft vor. Nadelbäume gab es nur selten in diesem Waldtypus. Die heutige weite Verbreitung des Nadelwaldes wie er u. a. für den Schwarzwald und den Bayerischen Wald charakteristisch ist, stellt eine Folge menschlicher Eingriffe dar.

Seit dem Mittelalter wird bei uns der Wald wirtschaftlich genutzt. Drei Viertel der Wälder Mitteleuropas wurden durch Rodung großräumig vernichtet und schon frühzeitig, d. h. seit über 500 Jahren für die Landwirtschaft in eine Kultursteppe umgewandelt. Aber auch die verbliebene Waldgesellschaft selbst wurde tiefgreifend verändert. Während des Sommers trieb man das Vieh in fast alle Wälder. Bei dieser Waldweide wurde durch den Verbiß der Weidetiere der Unterwuchs des Waldes vernichtet und eine Waldverjüngung verhindert. Hinzu kam die Nutzung der wertvollen Waldbodenstreu als Einstreu und Strohersatz für die Tiere in den Ställen. So wurde in den Wäldern die Humusbildung verhindert, der Waldboden erhielt keine natürliche Düngung mehr. Darüber hinaus stellte das Holz der Wälder einen wesentlichen Teil des Baumaterials und das nahezu einzige Brenn- und Heizmaterial dar. So befanden sich die mitteleuropäischen Wälder wegen der vielfältigen Nutzung in einem heute nicht mehr vorstellbaren trostlosen Zustand.

Im 19. Jahrhundert trat eine tiefgreifende Veränderung durch die entstehende Forstwirtschaft ein: Viele Ödflächen und trockengelegte Moore wurden aufgeforstet, nun allerdings fast ausschließlich mit schnellwüchsigen wirtschaftlichen Nutzhölzern wie Kiefer und Fichte. Es entstanden die bis dahin unbekannten Wald-Monokulturen, insbesondere mit Nadelbäumen, aber auch durch Anlegen geschlossener Buchen- und Eichenbestände. Insgesamt wurden nun die einstigen sommergrünen Laubwälder Mitteleuropas überwiegend durch künstliche Nadelholzforste verdrängt. Diese künstliche Waldlandschaft ist auch heute noch dominierend, wiewohl aus ökologischen Gründen teilweise die Tendenz besteht, Mischwälder mit Laub- und Nadelbäumen anzulegen.

Sterbende Wälder

In zunehmendem Maße werden in den USA und Nordeuropa, aber auch in Deutschland und den angrenzenden Ländern in den Wäldern schwere Baumschäden und großflächiges Waldsterben registriert. Allerdings sind geschädigte Bäume und verbreitete Waldschäden seit mehr als hundert Jahren bekannt. Diese Rauchschäden betrafen vorwiegend Wälder in der Nähe von Erz- und Glashütten, Eisenbrennereien, Kohlekraftwerken usw. Sie wurden durch

Schwefeldioxid und Fluoride, die jene alten Fabriken in großer Menge mit dem Rauch in die Luft bliesen, hervorgerufen. Diese Waldschäden traten stets in der Nähe der Industriebetriebe auf.

Seit einigen Jahren registriert man eine völlig neue und bisher unbekannte Form von Waldschäden. Bemerkenswerterweise treten sie besonders fern von Industriegebieten und anderen Schadstoffquellen in sogenannten Reinluftgebieten wie dem Schwarzwald und Bayerischen Wald sowie in den Alpen auf.

In der Bundesrepublik wurden 1982 offiziell 560000 Hektar (= 8% der gesamten Waldfläche) als krank vermeldet. Nach der Waldschadensinventur von 1984 waren bereits 3,7 Millionen Hektar (= 50%) des bundesdeutschen Waldes sichtbar geschädigt. Einzelauswertungen der Untersuchungen erbrachten, daß 16% der Waldfläche mittlere Schäden (Schadstufe 2) aufweisen und 1,5% (= 110000 ha) stark geschädigt oder gar abgestorben sind (Schadstufen 3 und 4).

Während zunächst die Weißtanne vom Baumsterben erfaßt wurde, da sie gegenüber Luftverschmutzungen besonders empfindlich reagiert und ein Bioindikator (Schadstoffanzeiger) für diese Umweltbelastung ist, erkranken inzwischen auch die übrigen Nadelbäume Fichte und Kiefer sowie unter den Laubbäumen Buche und Eiche.

Der Krankheitsverlauf beginnt zunächst mit einem Vergilben des Blattgrüns bzw. der Nadeln. Ältere Nadeln fallen ab, vielfach bleiben nur die jüngsten Triebe erhalten. Bei Tannen wachsen kaum noch die Gipfeltriebe. Gleichzeitig ist eine deutliche Abnahme der Feinwurzeln im Boden festzustellen. Es kommt zur Verringerung der Wasser- und Nährstoffaufnahme, außerdem ist die Bildung körpereigener Substanzen (Assimilate) deutlich vermindert. Der Krankheitsverlauf bis zum Tod dauert oft nur drei Jahre.

Von diesem Waldsterben sind nicht nur ältere, geschwächte Bäume betroffen, vielmehr werden Nadel- und Laubbäume jeden Alters erfaßt. Es trifft auch nicht nur bestimmte Waldabschnitte, z. B. die Randzonen, sondern großflächige Bereiche. Es wurde statistisch belegt, daß Hangwälder nach Westen hin stärker geschädigt sind als andere Hanglagen, z. B. im Schwarzwald. Mit zunehmender Hangneigung verschlechtert sich das Krankheitsbild.

Bisher ist am stärksten die Weißtanne betroffen. Sie stirbt in großer Menge besonders im Bayerischen Wald, aber auch im Schwarzwald und in den Alpen. So sind im Bayerischen Wald 85% und im Oberpfälzer Wald 90% aller Weißtannen erkrankt oder bereits abgestorben.

Zwar ist das Waldsterben auf eine Komplexerkrankung mit einer Reihe von Ursachen (u. a. Anreicherung von Schwermetallen und anderen Giften im Boden) zurückzuführen, doch bilden nach den 1984 veröffentlichten Ergebnissen einer Waldschadeninventur von Südwestdeutschland der Forstlichen Versuchs- und Forschungsanstalt in Freiburg/Br. die Hauptursache statistisch gesichert die Luftschadstoffe. Hierzu gehören besonders Schwefeldioxid (SO_2) und Stickoxide (NO_x), der dadurch entstehende „saure Regen" sowie die sauren Ablagerungen in Form trockener Partikel.

Nach dem auf den Ergebnissen des Forschungsbeirats „Waldschäden" beruhenden, 1985 veröffentlichten Bericht der Bundesregierung über die Ursachen der Waldschäden wurde bei einem vielfältigen Zusammenspiel von Ursachen und Wirkungen die Luftverunreinigung als Hauptverursacher bezeichnet. Entgegen bisheriger Annahmen scheint aber nicht das Schwefeldioxid der entscheidende Faktor zu sein, sondern sind die Stickoxide von großer Bedeutung. Sie und ihre Umwandlungsprodukte (Ozon und andere Photooxydantien) schädigen die Pflanzen direkt und indirekt und bewirken dadurch das Waldsterben.

Bisher fungierten besonders die Nadelbäume als Luftfilter, die die mit festen und flüssigen Giften und Schmutzstoffen in Form von feinsten Staubteilchen und Wassertröpfchen angereicherte Luft der Städte und Industriegebiete reinigten. Im dichten Nadelwerk, dessen Oberfläche zehn- bis zwanzigmal größer als die dazugehörige Bodenfläche ist, blieben die feinen Staubteilchen und Feuchtigkeitströpfchen hängen und wurden mit dem nächsten Regen abgespült und versickerten im Boden. Ein 1 ha großer Wald ausgewachsener Fichten kann im Jahr 42 t (= 840 Ztr.) Staub binden. Doch der Säureanteil dringt mit dem Niederschlagswasser in den Boden ein, führt zu dessen Versäuerung und schädigt die Wurzeln der Bäume. In den letzten zwei Jahrzehnten ist der Waldboden gebietsweise zehnmal saurer als 1963 geworden.

Als zusätzliche vitalitätsmindernde Streßfaktoren nehmen die Bäume durch die Nadeln und Blätter mit der Luft zellschädigende Gase auf. Durch diese Stoffe erkrankt das Nadel- und Blattgewebe, Atmung und Stoffwechsel werden gestört und schwächen den ganzen Baum. Eine solche Wirkung hat das Ozon, das durch photochemische Prozesse unter dem Einfluß des Sonnenlichts aus Stickoxiden (NO_x) und Kohlenwasserstoffen der Abluft entsteht, sich als giftiges Gas auf den Nadeln und Blättern niederläßt, durch die Spaltöffnungen in die Pflanze eindringt, dort das pflanzliche Gewebe angreift und vielfältige Schäden verursacht. In den Wäldern sind besonders Lärche und Kiefer Ozon-empfindlich. Zusammen mit den anderen Luftgiften bewirkt das Ozon den frühen Tod der Bäume und anderer Gewächse.

Nach neuesten Untersuchungen könnte auch Radioaktivität zum Waldsterben beitragen. So hat es den Anschein, als ob radioaktive Edelgase wie Xenon und Krypton sowie andere Emissionen aus Kernkraftwerken und sonstigen atomtechnischen Anlagen als „Aktivierungsenergie" zum Waldsterben beitragen, indem radioaktive Strahlen in der Luft durch Ionisierung chemische Umwandlungen anderer Stoffe auslösen, deren Endprodukte Schwefeltrioxid oder Ozon und somit Photosmog sein können.

Bemerkenswerterweise wurde festgestellt, daß reine Monokulturen mit einheitlich hohen Bäumen flächenmäßig die geringsten Schäden aufweisen. Höhere Schäden wurden registriert bei sogenannten Plenterwäldern mit uneinheitlichem Kronendach sowie naturverjüngte Wälder mit verschiedenen Baumhöhen aller Altersstadien. Mischwälder sind oft stärker gefährdet und geschädigt als Monokulturen, da die Nadelbäume im Winter wegen der kahlen Laubbäume dem Angriff des Windes und der Luftschadstoffe verstärkt ausgesetzt

Folgen der Luftverschmutzung

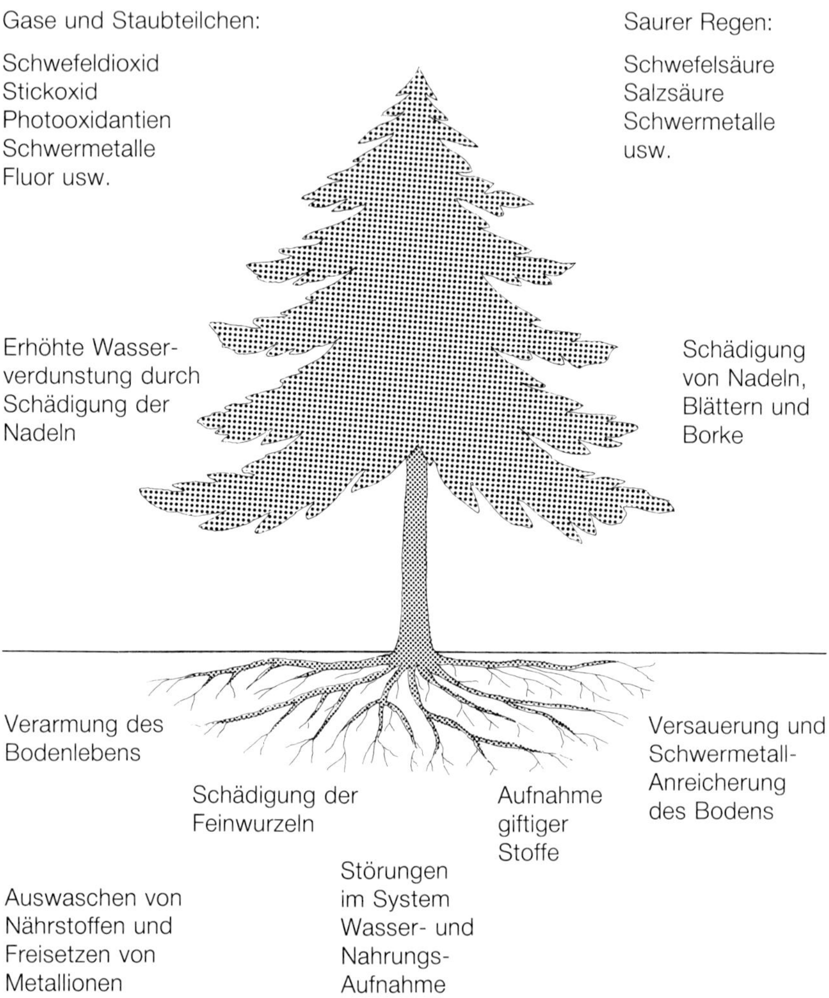

Die Stadien der Schädigung eines Baumes durch Luftverschmutzung: 1. Nährstoff- und Wassermangel sowie Anreicherung schädlicher Stoffe im Baum; 2. Wachstumsstörungen und Verringerung der Widerstandskraft gegen Kälte, Trockenheit, Pilzbefall, Schadinsekten usw.; 3. unnatürlicher Abwurf von Nadeln und Blättern; 4. Kronenverlichtung; 5. Absterben des Baumes.

sind. Auch nach Westen hin exponierte und dem Wind ausgesetzte Einzelbäume weisen oft stärkere Schädigungen auf.

Durch die Schwächung der erkrankten Bäume treten sekundär sowohl pathogene Infektionen als auch Schädlinge auf, die den Krankheitsverlauf und das Absterben noch beschleunigen. So finden sich in erkrankten Waldgebieten stark gehäuft Borkenkäfer und andere Schadinsekten. Pathogene Erreger sind Viren, Mykoplasmen, Rikettsien und Bakterien als Verursacher von zusätzlichen Baumkrankheiten. Hinzu kommen parasitische Pilze. Diese Sekundärschädlinge als die eigentlichen Verursacher des Waldsterbens darzustellen (wie es von interessierter Seite geschieht), entspricht keinesfalls den Tatsachen. Insekten, Pilze und pathogene Erreger sind keine Primärauslöser des Waldsterbens. Ebensowenig können Klimaextreme (lang anhaltende Trockenheit oder starke Klimastürze) als Erklärung für die Erkrankung und das Absterben weiter Waldgebiete dienen. Denn das Baumsterben setzt sich auch in klimatisch normalen Jahren fort und nimmt sogar zu.

Es gibt demnach keine Alternative zu möglichst umfassenden und rasch wirksamen Maßnahmen gegen die Luftverschmutzung. Eine entscheidende Minderung der durch Industrie und Autoabgase verursachten Luftschadstoffe ist dringend erforderlich.

Soll die Forstwirtschaft wieder reine Nadelholz-Monokulturen anpflanzen, die sich ökologisch und wasserwirtschaftlich als besonders ungünstig erwiesen haben? Das baden-württembergische Umweltministerium erklärte – und dies gilt allgemein: Trotz der derzeitigen Folgen der Luftverschmutzung muß die Forstwirtschaft verstärkt Mischwälder anpflanzen, weil sie, langfristig gesehen, einen gesünderen Waldbestand sichern.

Zu dem von der chemischen Industrie gemachten Vorschlag, die 2,5 Millionen ha Wälder der Bundesrepublik mit Schadstufen 1 (kränkelnd) und 2 (krank) zweimal jährlich gezielt zu düngen und damit einerseits der Versauerung des Bodens entgegenzuwirken und andererseits fehlende Nährstoffe gezielt zu ersetzen, wurde im Bericht 1985 der Bundesregierung erklärt, daß Walddüngung nicht vor Erkrankung bewahren würde und daß nach den bisherigen Erfahrungen der Krankheitsverlauf allenfalls gebremst, aber nicht abgebrochen werde; allerdings seien in dieser Hinsicht weitere Untersuchungen notwendig.

Selbstverständlich ist das Waldsterben kein rein deutsches Problem. So sind in der Tschechoslowakei etwa 400000 ha Wald schwer geschädigt. Hierbei handelt es sich um die Rauchschäden, die durch den sehr hohen Schwefelgehalt (3–4%) der dort verfeuerten Braunkohle hervorgerufen werden. Heute beträgt in der CSSR der jährliche Holzverlust etwa 1,7 Millionen Kubikmeter. Ähnliche Probleme gibt es in der DDR und in Polen. In Skandinavien sind seit 1983 keine neuen Waldschäden mehr registriert worden. Offensichtlich ist die Luft dort bedeutend weniger belastet.

Im übrigen sind die erkrankten Bäume und sterbenden Wälder nur ein Indiz für die allgemeine Luftverschmutzung, unter der letztendlich der Mensch genauso leidet und gesundheitlichen Schaden nimmt.

Den Grad der Schädigung des Waldes in der Bundesrepublik stellen die Waldschadenskarten '83/'84 dar, die das Umweltbundesamt 1985 herausgegeben hat. Diese Karten, die eine erhebliche Verschlechterung des Zustandes unserer Wälder seit 1983 erkennen lassen, können kostenlos vom Umweltbundesamt in Berlin bezogen werden.

Forstwirtschaft oder Forstökologie?

Der Wald als ein einst natürlich gewachsener Landschaftstyp und Lebensraum ist im Verlaufe der vergangenen 150 Jahre zu einer weitgehend wirtschaftlichen Einheit geworden: der Forst als Holzlieferant. Doch hat der Wald, insbesondere in bezug zum Wasserhaushalt, eine viel wichtigere gesamtökologische Funktion, die sich allerdings bisher noch nicht exakt in Zahlen ausdrücken läßt.

Ein mehrstufiger, verjüngungsfroher Mischwald mit dichtem Unterwuchs und gut entwickeltem Humusboden hält viel Regenwasser zurück, versorgt das Grundwasser in reichem Maße, läßt wenig Wasser oberflächlich abfließen, verhindert die Erosion und schirmt den Boden gegen austrocknende Sonnen- und Windeinwirkung ab. Dieser Waldtyp ist für den Wasserhaushalt von großer Bedeutung.

Ein Nadelwald hingegen, ohne Unterwuchs und mit lebensfeindlichem Rohhumus als Bodenbelag läßt einen Großteil des Regenwassers rasch oberflächlich abfließen, bindet nur wenig Wasser und versorgt nur in geringem Maße das Grundwasser mit Nachschubwasser. Für den Wasserkreislauf hat der Nadelwald keine bedeutende Rolle.

Auch hinsichtlich der biologischen Schädlingsbekämpfung bestehen deutliche Unterschiede zwischen beiden Waldtypen: im Mischwald mit reichem Unterwuchs leben auf 1 qkm 1100 – 2400 Vogel-Brutpaare, im reinen Fichtenwald nur 180 – 240, im trockenen Kiefernwald nur 100 – 150 Brutpaare.

Wasserökologisch am ungünstigsten und gesamtbiologisch am gefährdetsten sind völlig entwaldete Gebiete (Graslandschaften, Kultursteppe usw.): starker Oberflächenabfluß des Regenwassers, geringe Mengen an Sickerwasser, so gut wie kein Nachschub für das Grundwasser, wenig Schutz gegen die Erosionswirkung des abfließenden Wassers, erhebliche Erosionsschäden in Hanglagen, kein Schutz gegen die austrocknende Wirkung von Sonne und Wind. In entwaldeten Gebirgslandschaften tritt rasch der Verkarstungsprozeß ein, in klimatisch ungünstigen Gebieten kommt es bei vermindertem Regenangebot zu Versteppungsvorgängen, gegebenenfalls mit anschließender Wüstenbildung.

Folgen der Entwaldung

Die Gebiete des Mittelmeerraumes erleben seit frühgeschichtlicher Zeit den Prozeß der Versteppung, Verwüstung und Verkarstung. Vor einigen tausend Jahren waren Südeuropa und Nordafrika ein dicht bewaldeter Raum. Durch die

Menschen der frühen mediterranen Hochkulturen wurden diese Gebiete zur Gewinnung von Bauholz und von Ackerland rigoros abgeholzt. Die Folge war eine weiträumige Klimaveränderung mit deutlichen Austrocknungs- und Versteppungstendenzen. Die Gebirgszonen sind durch Erosion große Karstgebiete geworden. In Nordafrika ist infolge der Zerstörung der ursprünglichen Vegetation, des Zusammenbruchs des natürlichen Wasserkreislaufs und des Regenmangels auf weiten Strecken eine Steppen- und Wüstenlandschaft entstanden, die sich unaufhaltsam nach Süden ausdehnt.

Im Verlaufe der vergangenen 20 Jahre ist ein großer Teil der einst fruchtbaren Neulandgebiete von Kasachstan wegen zu rigoroser Eingriffe in den Haushalt der Natur wieder der Versteppung anheimgefallen.

Heute befinden sich u. a. Südostasien sowie Nord- und Südamerika wegen großräumiger Entwaldungen in beträchtlicher Gefahr der Versteppung. Das Amazonasgebiet, noch die größte Urwaldlandschaft der Erde, wird sich wegen der rasch fortschreitenden Umwandlung in einen Wirtschaftsraum in 20 Jahren als Agrar- und Industrieland in eine riesige Kultursteppe verändert haben und kann wegen der schlechten Bodenverhältnisse schon in einer Generation zu einer gigantischen sterilen Wüste geworden sein.

Schutzmaßnahmen für den Wald

Zur Errettung einer Landschaft und zur Stabilisierung des Wasserkreislaufs ist in weiträumig entwaldeten Gebieten (z. B. im Mittelmeerraum) die Wiederaufforstung die einzige Lösungsmöglichkeit (entsprechende großzügige Maßnahmen wurden u. a. in Israel eingeleitet).

Im mitteleuropäischen Raum ist aus wasserökologischen und gesamtbiologischen Gründen, insbesondere zur Anreicherung des dringend notwendigen Grundwassers für Trinkwasserzwecke, die Abkehr von den Fichten-Monokulturen und Rückkehr zum Mischwald der einzig gangbare Weg.

Trotz der ökologischen Erkenntnisse im Forstwesen wird vielfach noch heute der Wald als rein wirtschaftlicher Faktor angesehen. Abgeholzte Mischwälder werden als reine Fichtenwälder wieder aufgeforstet, in vorhandenen Mischwäldern werden die Laubbäume herausgehauen oder gar durch Spezialspritzungen abgetötet, um später durch Nadelbäume ersetzt zu werden. Bei diesen Maßnahmen der „Verfichtung" unserer Wälder liegen rein ökonomische Motive ohne Berücksichtigung des ökologischen Gesamtnutzens vor.

Für die Zukunft – dies sollte auch für den Entwurf des Bundeswaldgesetzes gelten – darf der wirtschaftliche Aspekt des Waldes nicht mehr überbetont werden. An erster Stelle hat seine Schutzfunktion für eine Landschaft und seine Nutzfunktion für den Wasserhaushalt zu stehen, an zweiter Stelle der Erholungswert für den Menschen und erst an dritter Stelle die wirtschaftliche Nutzung.

Schadstoffe in der Raumluft

Täglich macht der Mensch etwa 35000 Atemzüge, davon normalerweise 30000 in geschlossenen Räumen, d. h. über 21 Stunden.

Durch Einatmen verschiedener giftiger Stoffe, die in der Luft von Wohn- und Arbeitsräumen vorhanden sind, kann es zur Gefährdung und zu Dauerschäden kommen. Diese Gifte stammen aus Lösungsmitteln, Spraydosen, Putz- und Reinigungsmitteln, Holzschutzmitteln und bestimmten Kunststoffen. Besonders gefährdet können Maler und Lackierer, andere Handwerker, Graphiker, Siebdrucker und nicht zuletzt die Hausfrauen sowie Arbeiter verschiedener Industriezweige sein. Behandelt werden hier nicht die Gefährdungen derjenigen Personen, die sich in der Produktion dieser chemischen Substanzen befinden, sondern der Anwender dieser Stoffe.

Lösungsmittel

Die als Lösungsmittel verwendeten chemischen Substanzen dienen u. a. als Verdünner für Farben und Lacke und sind in Klebstoffen sowie in Reinigungs- und Entfettungsmitteln vorhanden. Bei der Anwendung verdampfen diese leicht flüchtigen Stoffe und werden mit der Atemluft aufgenommen.

Lösungsmittel sind teilweise ausgesprochen gesundheitsschädlich und können Vergiftungen hervorrufen, was besonders für Benzol und Halogenkohlenwasserstoffe gilt. Zu den letztgenannten Verbindungen gehören chlorhaltige Lösungsmittel wie Tetrachlorkohlenstoff und Trichloräthylen. Gewerbliche Lösungsmittelvergiftungen gelten als Berufskrankheiten. Doch sind nicht nur die herstellenden Industriearbeiter gefährdet, sondern auch die verarbeitenden Handwerker sowie die Hausfrauen und andere Konsumenten von Lösungsmitteln. Gefahr besteht stets bei Arbeiten in geschlossenen Räumen.

Benzol ($C_6 H_6$) ist ein flüssiger Kohlenwasserstoff. Es dient als Ausgangsstoff für viele organisch-chemische Verbindungen und ist ein gutes Lösungsmittel für Fette, Harze, Jod, Naphthalin, Phosphor, Wachse usw. Benzoldämpfe sind giftig. Eine akute Vergiftung kann bei längerer Einwirkung des Benzols zum Tod führen. Während die akuten Folgen gut untersucht sind, fehlen befriedigende wissenschaftliche Kenntnisse über geringe Dauereinwirkungen. Immerhin sind krebserzeugende Folgen bekannt.

Halogenkohlenwasserstoffe (Halogenide) entstehen, wenn bei Kohlenwasserstoffen die Wasserstoffatome teilweise oder vollkommen durch Halogene, d. h. durch die nicht metallischen Elemente Fluor, Chlor, Brom und Jod ersetzt werden.

Halogenkohlenwasserstoffe können sehr giftig sein und stellen besonders als Lösungsmittel eine Gefahr dar. So enthalten viele Fleckenreinigungsmittel Halogenide. Viele von ihnen haben einen neutralen oder angenehm ätherischen Geruch und werden daher als harmlos empfunden.

Halogenkohlenwasserstoffe werden aber nicht nur mit der Atemluft über die Lunge vom Körper aufgenommen, sondern auch über den Magen-Darm-Kanal (wenn sich diese Stoffe auf offen stehenden Nahrungsmitteln oder Getränken abgesetzt haben) und durch die Haut. So können z. B. Fleckenentferner, wenn sie mit der Hand in Berührung kommen, leicht durch die Haut in den Körper diffundieren.

Chronische Erkrankungssymptome sind eine gesteigerte Reizbarkeit, Herz- und Gefäßstörungen, Absinken des Blutdrucks, Magen- und Darmerkrankungen, Schädigung der motorischen Nerven und psychische Veränderungen. Mit zunehmendem Halogengehalt steigt die spezifische Wirkung auf das Gehirn (Zentralnervensystem). Eine Giftwirkung tritt erst nach einer gewissen Latenzzeit auf. Jahrelanges Einatmen kann schwere Hirnschäden hervorrufen. Erste Hinweise für eine Halogenkohlenwasserstoff-Vergiftung stellen eine ständige, krankhafte Müdigkeit und chloroformähnlicher Atemgeruch dar.

Besonders gefährlich sind chlorhaltige Lösungsmittel, u. a. Tetrachlorkohlenstoff und Trichloräthylen.

Tetrachlorkohlenstoff hat ein ausgezeichnetes Lösungsvermögen und dient u. a. als Fleckenentferner. Außerdem wird er u. a. verwendet als Lacklösungsmittel, in Klebstoffen und bei der chemischen Reinigung. Tetrachlorkohlenstoff wirkt u. a. als Lebergift und ist krebsverdächtig.

Etwas weniger giftig als Tetrachlorkohlenstoff ist das Trichloräthylen (CHCl), das ein wichtiges Lösungsmittel ist (ebenfalls für Lacke und Klebstoffe sowie zur Fettentfernung bei der chemischen Reinigung) und auch zur Trockenreinigung verwendet wird. Bei höheren Konzentrationen führt es zu Vergiftungen mit rauschartiger Narkosewirkung bis hin zum Tod. Wissenschaftlich ungeklärt ist die chronische Vergiftung über längere Zeiträume durch kleine Mengen von Trichloräthylen.

Chemische Reinigungsbetriebe sind in jüngerer Zeit auf Tetrachloräthylen oder Perchloräthylen ($Cl_2C = CCl_2$) übergewechselt, da es weniger giftig ist. Immerhin hat es sich aber auch als Nierengift eindeutig erwiesen.

Lösungsmittel haben außer Farben, Lacken und Klebstoffen auch viele Reinigungsmittel (u. a. flüssige, im Haushalt verwendete Reiniger), Beizmittel, Fußbodenversiegeler, Sprays (z. B. zum Versiegeln von Leder), Wachse, Pinselreiniger usw. Im allgemeinen sind sie leicht flüchtig und chemisch aggressiv. Die Abgabe schädigender Dämpfe stellt auch beim Hobbyhandwerk und im Haushalt, z. B. beim Hausputz mit „scharfen“ Reinigungsmitteln und „modernen“ Bodenreinigern eine latente Gefahr dar.

Hinzu kommt, daß viele Stoffe, die Lösungsmittel enthalten, wie z. B. viele Farben und Lacke, zusätzlich noch mit chemischen Konservierungsmitteln, Fungiziden (besonders das Pilzgift Pentachlorphenol [PCP]) und anderen Additiven angereichert sind und somit zusätzlich umweltbelastend und für den Menschen gefährlich sein können.

Es gibt allerdings auch „alternative“ Farben, Künstlerfarben, Lacke, Lasuren, Abtönpasten, Firnisse, Leime, Kleber und Fußbodenwachse, die nicht diese aggressiven Lösungsmittel enthalten und auf reinen Naturprodukten beruhen, so wie sie die Künstler, Maler, Handwerker und Hausfrauen früherer Jahrhunderte mit großem Erfolg angewendet haben.

Beim Einkauf solcher Artikel sollte man auf den „blauen Umwelt-Engel" achten. Dieses staatlicherseits ausgegebene Umweltzeichen findet sich auf sehr unterschiedlichen schadstoffarmen und somit umweltfreundlichen Produkten. Es dient sowohl dem Verbraucherschutz als auch dem Umweltschutz. Das Umweltbundesamt hat eine Liste schadstoffarmer Lacke und ähnlicher Produkte herausgegeben.

Weitere chemische Schadstoffe in der Raumluft

Vinylchloride (VC) CHCl: Es dient zur Herstellung von Kunststoffen und befindet sich u. a. in Fußbodenbelägen, ist Ausgangsprodukt von PVC (Polyvinylchlorid) und findet sich auch in Heimtextilien.

Vinylchlorid hat sich als krebserregend erwiesen.

Teer: Bräunliche und schwarze, flüssige oder feste, komplizierte Gemische organischer Verbindungen, die bei der trockenen Destillation von Steinkohlen, Braunkohlen, Torf oder Holz entstehen. Der technisch verarbeitete Teer kommt zu mehr als 80% aus den Kokereien.

Teerdämpfe wirken auf viele Pflanzen stark toxisch. Sie haben sich für den Menschen aber auch als krebserregend erwiesen. Bei der Belastung der Raumluft spielt besonders Teer, der für Estriche verwendet wird, eine Rolle.

Bitumen: Es handelt sich um verschiedene, aus Kohlenstoff und Wasserstoff bestehende, klebende, zähe, hochmolekulare, kolloidale Stoffe (Kohlenwasserstoffe). Sie kommen in der Natur häufig vor, besonders in Erdwachs, Erdpech und Erdölen, im Ölschiefer usw.

Bezüglich der Verwendung sind im Zusammenhang mit der Raumluftbelastung zu nennen:

Bitumen-Lack wird zum Anstrich von Metallen verwendet. Bitumen-Klebstoffe dienen zum Verkleben von Fußbodenbelägen, besonders von Parkett, PVC-Belägen, Asphaltfliesen usw. Bitumen-Emulsionen werden als Anstrich zur Isolierung feuchter Untergründe verwendet. Bitumen-Pappe wird u. a. für Dichtungsbahnen verwendet. Bitumen-Faserplatten kommen im Hausbau zur Anwendung. Ähnlich ist es mit Bitumen-Preßmassen, bei denen Bitumen als Bindemittel und vielfach Asbestfasern als Füllstoff dienen. Bitumen gilt als krebsverdächtig.

1,2 – Dichlorethan: Dient als Lösungsmittel für Harze, ist in Abbeizmitteln enthalten, ebenso in PVC (Polyvinylchlorid). Ist krebsverdächtig. Ruft Kopfschmerzen, Leber-, Nieren- sowie Darm- und Magenbeschwerden hervor.

Phenol oder **Carbolsäure:** Es entsteht aus den Mittelölen des Steinkohlenteers oder wird synthetisch hergestellt. Verwendet wird es zur Herstellung von Kunststoffen, Farbstoffen, Arzneimitteln, Weichmachern, synthetischen Gerbstoffen, Desinfektionsmitteln usw. Da Phenol auch im Phenol-Hartschaumstoff, in Kunstharzen, Farbstoffen, Leimen, Imprägnierungsmitteln und Teer enthalten ist, kann es auch einen Schadstoff in der Raumluft bilden.

Akute Phenolvergiftungen (Karbolvergiftungen) können durch Aufnahme in den Magen oder durch die Haut, aber auch durch Einatmen von Phenol-Dämpfen eintreten. Sie sind medizinisch genau untersucht. 5–20 g Phenol innerlich aufgenommen, können tödlich wirken. Medizinische Folgen von Langzeitaufnahmen geringer Mengen sind kaum untersucht. Phenol wirkt hautätzend, ruft Störungen der Kreislauf- und Nervensysteme hervor, bewirkt ferner Nieren- und Leberschäden und kann sogar erbschädigend (mutagen) sein.

Styrol, Vinylbenzol: Eine farblose Flüssigkeit, die ein wichtiger Ausgangsstoff zur Herstellung von Kunststoffen ist. Es befindet sich sowohl in Polystyrol-Kunststoffen als auch in Klebern.

In der Raumluft kann Styrol Kopfschmerzen, Müdigkeit, Depressionen und Verhaltensstörungen hervorrufen. Es ist eine erbschädigende (mutagene) Wirkung nicht ausgeschlossen.

Toluol, Methylbenzol: Eine aromatisch riechende, farblose Flüssigkeit. Wird als Lösungsmittel für Lacke und als Verdünnungsmittel für Chlorkautschuk verwendet. Raumtechnisch ist es besonders in Farben, Lacken und Polituren relevant.

Toluol ruft Schleimhautreizungen hervor, ferner Störungen des Nervensystems und nicht zuletzt Schädigungen von Leber, Nieren und Gehirnzellen. Außerdem ist nicht ausgeschlossen, daß es Keimschäden verursacht.

Xylol, Dimethylbenzol: Ist eine farblose, eigenartig riechende Flüssigkeit. Wird aus Leichtölen des Steinkohlenteers oder aus Erdöl gewonnen. Dient als Lösungs- und Verdünnungsmittel. Raumtechnisch relevant ist Xylol besonders in Klebern, Farben und Lacken.

Medizinisch kann es Verhaltensstörungen hervorrufen. Hohe Konzentrationen verursachen Störungen und Erkrankungen von Herz, Leber, Nieren und dem Nervensystem. Möglicherweise kann es auch Keimschäden hervorrufen.

Chlor in Sanitärreinigern

Viele, besonders intensiv wirkende Sanitärreiniger, die vorwiegend zum Säubern von Becken usw. in Toiletten verwendet werden, enthalten Chlor, das leicht freigesetzt werden kann.

Chlor (Cl) ist ein gelbgrünes, stechend riechendes Gas. An feuchter Luft verbindet es sich zu Salzsäure (HCl). Die Weltproduktion an Chlor dürfte über 30

Millionen t jährlich betragen. Dieses chemische Element wird insbesondere zur Herstellung von Kunststoffen und Lösungsmitteln verwendet, etwa 10% des Chlors dienen der Herstellung von Schädlingsbekämpfungsmitteln. Chlororganische Stoffe können als gefährliche krebserzeugende Giftgase verdampft werden.

Sanitärreiniger enthalten die Verbindung Natriumhypochlorit. Wie das Bundesgesundheitsamt mitgeteilt hat, kann es bei deren Anwendung zu lebensbedrohlichen Vergiftungen kommen. Schon im leicht sauren Milieu geben diese Produkte allmählich Chlor ab. Kommen diese chlorhaltigen Mittel aber mit anderen stärker sauren Reinigern in Verbindung, werden rasch größere Mengen Chlorgas freigesetzt und reichern die Atemluft an. Da Chlor nicht nur ein durchdringend riechendes, sondern auch die Atmungsorgane heftig reizendes Gas ist, kann es im Haushalt zu Chlorgasvergiftungen kommen. Obwohl sich auf den Packungen chlorhaltiger Sanitärreiniger Warnhinweise befinden, soll es in der Bundesrepublik mit zunehmender Tendenz jährlich zu etwa 700 Vergiftungsfällen im Haushalt kommen, die häufig mit einem Krankenhausaufenthalt verbunden sind. Allerdings scheint es sich wegen der „Putzsucht“ um eine typisch deutsche Erscheinung zu handeln, da solche Vergiftungen im Haushalt im europäischen Ausland sehr viel seltener vorkommen.

Selbstverständlich gibt es auch Sanitärreiniger und andere Reinigungsmittel, die ähnlich leistungsfähig, aber bedeutend weniger gefährlich sind. In der Anwendung von Reinigungsmitteln sollte die Hausfrau mit Vernunft selektiv vorgehen.

Holzschutzmittel

Hölzer, die im Hausbau nicht nur für die Dachstuhlkonstruktion, sondern vielfach auch als Decken- und Wandverkleidung sowie für anderen Zimmerschmuck, für Balkone usw. verwendet werden, erhalten als Schutz gegen möglichen Pilz- und Insektenbefall eine mehr oder weniger intensive Behandlung und Imprägnierung mit chemischen Holzschutzmitteln, die aus Fungiziden und Insektiziden bestehen.

Diese „Holzveredler“ sind in den Verruf geraten, aus gefährlichen Giften zu bestehen. So wurde nachgewiesen, daß viele von ihnen das Pilzgift Pentachlorphenol (PCP) enthalten. Zur Insektenvernichtung weisen manche Holzschutzmittel Dibenzofurane und Dioxine auf, entweder direkt als Insektizide oder als unerwünschte, aber bisher unvermeidliche Nebenprodukte bei der Herstellung von Chemikalien auf Chlorphenol-Basis. Ferner enthalten manche Holzimprägnierungsmittel auch Lindan zur Insektenvernichtung.

Während die hochgradige Toxizität von Dioxinen und Dibenzofuranen allgemein anerkannt wird und Lindan als Zell-, Nerven- und Blutgift bekannt ist, muß die Wirkung von PCP noch als ungeklärt angesehen werden. Nach medizinischer Auffassung würde sich PCP beim Menschen in relativ hoher Konzentration in Eierstock und Hoden ansammeln, den Energiestoffwechsel des Körpers stören, den Sauerstofftransport hemmen, den Kreislauf belasten und schließlich Leber, Nieren und Herz schädigen. Demgegenüber konnte das Bundesgesundheitsamt (BGA) keinen einwandfreien, wissenschaftlich begründeten Nachweis für Gesundheitsschäden durch PCP in Holzschutzmitteln erbringen, zumal diese Chemikalie sich auch in vielen anderen Gegenständen wie Leder, Papier, Farben usw. befindet. Immerhin empfiehlt das BGA, PCP-haltige Holzschutzmittel nicht mehr großflächig in Räumen anzuwenden. Außerdem hat die Industrie bei einigen Holzschutzmitteln das PCP herausgenommen und durch andere Wirkstoffe ersetzt. Im übrigen wird von Fachleuten angeraten, mit PCP-haltigen Holzschutzmitteln behandeltes Holz in Wohnräumen nicht zu entfernen, sondern regelmäßig zu lüften und gegebenenfalls einen isolierenden Oberflächenanstrich vorzunehmen.

Manche Anwender von Holzschutzmitteln und Bewohner von Räumen bzw. Häusern mit großflächigen Holzverkleidungen wiesen folgende Symptome auf: Kopfschmerzen, Übelkeit, Erbrechen, Bindehautentzündung, Leistungsschwäche, Bronchitis, Herzbeschwerden, Haarausfall, Bildung von Ekzemen usw. Es scheinen in Extremfällen sogar aplastische Anämie (Knochenmarkschwund) und Bindegewebssarkom, beides unheilbare Erkrankungen, vorgekommen zu sein.

Die Gifte kann man auf verschiedene Weise aufnehmen. Der Anwender kann beim Bestreichen des Holzes gifthaltige Dämpfe des noch feuchten Mittels einatmen. Später schwitzen die vom Holz aufgesogenen Chemikalien wieder aus und können sich in den Wohnräumen verbreiten. Da das Holz sehr oft schon in den Sägereien imprägniert und behandelt wird, kommen auch Arbeiter von Sägewerken und sogar Papierfabriken mit den Giften in Berührung und atmen sie teilweise mit feinstem Sägemehl ein.

Es kann angenommen werden, daß die Erkrankungen durch Holzschutzmittel einerseits möglicherweise durch eine entsprechende Veranlagung der erkrankten Person, etwa durch eine vorhandene Schwächung des körpereigenen Abwehrsystems, bedingt sind, andererseits durch die kombinierte Wirkung von PCP, Dioxinen, Dibenzofuranen und Lindan hervorgerufen werden.

Dioxine und Dibenzofurane sind als vielfach hochtoxisch bekannt. So wird von Dioxin TCDD, das sich auch als Nebenprodukt in Holzschutzmitteln befindet, angenommen, daß es nicht nur als akut wirkendes Gift die schwer heilbare Chlorakne hervorruft, sondern auf Dauer Leber, Nieren und andere Organe schädigt, Krebs erzeugt und sogar genetisch wirksam ist.

Lindan steht im Verdacht, neben zahlreichen Organerkrankungen auch die meist tödliche aplastische Anämie (Knochenmarkschwund) hervorzurufen und auch ein schweres Blutgift zu sein. In der DDR wird die Zerstörung des Knochenmarks durch Lindan als Berufskrankheit anerkannt. In der Schweiz ist Lindan in Holzschutzmitteln seit 1970 verboten.

PCP wird vom National Cancer Institute in Bethesda (USA) als Verursacher für Lymphdrüsenkrebs bei Holzarbeitern verantwortlich gemacht. Schweden hat die Anwendung von PCP verboten. Schon 1978 haben in der Bundesrepublik

Fachleute in der Zeitschrift „Das Haus" angeraten, PCP-haltige Holzschutzmittel nicht mehr in Wohnräumen zu verwenden. In Schweden wurde auch festgestellt, daß Arbeiter, die in Sägewerken oder Papierfabriken mit giftigen Holzschutzmitteln intensiv in Berührung gekommen sind, noch nach zehn bis zwanzig Jahren schwer erkranken können.

Inzwischen wurde in der Bundesrepublik eine „Interessengemeinschaft der Holzschutzmittel-Geschädigten" gegründet. Da aber noch keine eindeutigen Ergebnisse von exakten Langzeituntersuchungen vorliegen, hat sich bisher eine gesundheitliche Schädigung durch Holzschutzmittel, insbesondere das PCP, weder eindeutig beweisen noch widerlegen lassen, wiewohl in der medizinischen Fachliteratur über zahlreiche angenommene PCP-Vergiftungen berichtet wurde. Daher verneint die Holzschutzmittel-Industrie jeglichen Zusammenhang zwischen PCP und irgendwelchen Gesundheitsschäden.

Auch das Bundesministerium für Jugend, Familie und Gesundheit erklärte 1982: „Ein wissenschaftlich begründeter Nachweis, daß Gesundheitsschäden auf die Anwendung von Holzschutzmitteln zurückzuführen sind, konnte bisher nicht geführt werden".

Alternativen:

1. Holzschutzmittel gegen Pilzbefall in Wohnräumen sind überhaupt nicht nötig, da trockenes Holz nicht von Pilzen angegriffen wird und Pilze eine Luftfeuchtigkeit von mindestens 50% benötigen.

2. Auch tierische Holzschädlinge können wegen der geringen Holzfeuchte durch die relative Trockenheit der zentralbeheizten Räume kaum im Holz überleben. So ist Holzschutz für Wohnräume entbehrlich, wenn eine ausreichende Beheizung und Belüftung gewährleistet sind.

3. In das Holz eingedrungene tierische Holzzerstörer lassen sich völlig ungiftig durch Heißluftverfahren bekämpfen, wenn durch den Einsatz chemischer Produkte Nachteile für Mensch und Umwelt zu befürchten sind. Dies gilt für Holzgegenstände in Wohnräumen.

4. Harmlose prophylaktische Mittel zum Holzschutz und zur Holzpflege sind natürliche Holzimprägnierungen, Bienenwachse, Leinölfirnisse, Naturharzlacke, Borax- oder Holzessiggrundierungen, natürliche Holzbeize sowie Erd-, Rinden- und Pflanzenfarben.

Formaldehyd

Dieses, im Alltagsgebrauch als Formol oder Formalin bezeichnete farblose, wasserlösliche und stechend riechende Gas wird in der Industrie meist in 35 – 40% Lösung verwendet. Diese Basischemikalie wird einerseits in vielfältiger Weise als Rohstoff für chemische Synthesen angewandt, insbesondere in der Farbstoff- und Kunststoffherstellung und -verarbeitung, andererseits dient sie der Konservierung besonders als Holzschutzmittel sowie für Kosmetika und Lebensmittel. Auch in der Kautschukindustrie, in der Gerberei und der Textilherstellung, in der Metallverarbeitung und nicht zuletzt bei der Produktion von Waschmitteln gelangt Formaldehyd zur Anwendung. Auch dient er als Klebemittel bei der Spanplattenherstellung; in der Möbelindustrie spielt er keine geringe Rolle. Als 4% Lösung wird er zur Konservierung von tierischen und menschlichen Leichen vorwiegend in der Anatomie verwendet. Zur Isolation von Häusern wird ein Harnstoff-Formaldehyd-Schaum auf die Wände gesprüht. Mit Formaldehyd verarbeitete Erzeugnisse werden in etwa 50 verschiedenen Industriezweigen und Branchen hergestellt. Jährlich werden derzeit etwa 500000 Tonnen Formaldehyd allein in der Bundesrepublik verarbeitet.

Formaldehyd kommt als physiologische Substanz in sehr schwacher Konzentration auch in der Natur vor, im Körper der Lebewesen und auch in der Luft. Er entsteht bei der Zersetzung organischer Stoffe im Sonnenlicht. Auch befindet er sich als normales Stoffwechselprodukt spurenhaft in jeder Zelle des menschlichen Körpers.

Durch technische Prozesse bei unvollständiger Verbrennung entsteht Formaldehyd und befindet sich insbesondere in erheblichen Mengen in den Auspuffgasen von Autos sowie in den Abgasen von Heizungen und Müllverbrennungsanlagen. Nicht zuletzt entsteht er aber auch beim Zigarettenrauchen.

Zwar ist der Formaldehyd als Reizgas eine bestbekannte Chemikalie, deren Anwendung aber heute nicht unumstritten ist, wiewohl sie seit 90 Jahren als Rohstoff für chemische Synthesen verwendet wird. Japanische Wissenschaftler glaubten schon 1954, einen Krebsverdacht für Formaldehyd festgestellt zu haben. Im Jahre 1976 wurde in den USA Formaldehyd in die Liste der krebsverdächtigen Verbindungen aufgenommen. In der Bundesrepublik hat sich die „Senatskommission zur Prüfung gesundheitsgefährdender Arbeitsstoffe“ der Deutschen Forschungsgemeinschaft mit dem Formaldehyd befaßt und ihn 1980 in die Gefahrenklasse III B eingestuft, d. h. als einen Stoff, bei dem ein krebserregendes Potential zu vermuten ist. Schon 1970 wurde bei uns eine maximale Arbeitsplatzkonzentration (= MAK-Wert) von 1 ppm (= ein Teil Formaldehyd auf 1 Million Teile Luft = 1,2 Milligramm pro 1 kbm Luft) festgelegt (in den USA noch heute 3 ppm). Seit 1977 darf in Wohn- und Aufenthaltsräumen bei uns die Formaldehyd-Konzentration in der Luft den Wert von 0,1 ppm nicht übersteigen.

Da Formaldehyd in der Holzindustrie und im Bauwesen häufig als Klebemittel, zur Desinfektion usw. verwendet wird, können Menschen in Wohn- und Aufenthaltsräumen mit Formaldehyd-haltiger Luft in Berührung kommen. Das mit diesem Reizgas behandelte Holz gibt ständig geringe Mengen in die Umgebung ab. Bei dem der Wärmedämmung dienenden Harnstoff-Formaldehyd-Schaum wird ebenfalls ständig Formaldehyd frei. So ist es nicht verwunderlich, daß in Wohnungen, Büro- und Schulräumen sowie Kindergärten und Kindertagesstätten, in deren Mobiliar viel Spanplatten, Sperrholz usw. verwendet wurde, die Formaldehyd-Konzentration der Luft über dem erlaubten Wert von 0,1 ppm liegen kann, manchmal über 1 ppm oder gar über 2 ppm.

Formaldehyd-Konzentrationen von 0,5–1 ppm in der Luft können bei längerem Einwirken beim Menschen Kopfschmerzen, starke Reizung der Nasen- und Augenschleimhäute, Übelkeit und gar Erbrechen hervorrufen.

Der kanadische Regierungsbezirk British-Columbia hat in jüngster Zeit im Zusammenhang mit Formaldehyd erhebliche Schwierigkeiten bekommen. Die Regierung hatte Zuschüsse zur Verwendung von Formaldehyd-Schaum zur Wärmeisolation der Häuser vergeben. Nachdem die Bewohner aber erhebliche gesundheitliche Beschwerden wie Kopfschmerzen, Brechreiz, Augenentzündungen, Reizung der Schleimhäute, Übelkeit, Magen- und Darmbeschwerden usw. nach der Anwendung feststellten, kam es zu beträchtlichen Regreßforderungen. Die Regierung verlor sämtliche Prozesse und mußte das Entfernen des Formaldehyd-Schaums bezahlen. Dieser Harnstoff-Formaldehyd-Schaum zersetzt sich unter dem Einfluß von Luftfeuchtigkeit und gibt daher ständig Formaldehyd in die Raumluft ab. Dieses technische Verfahren, das nach der Ölkrise in Nordamerika viel eingesetzt wurde, hat sich besonders wegen unsachgemäßer Anwendung nicht bewährt und in erheblichem Maße zur Diskreditierung des Formaldehyds beigetragen.

Bei Tierexperimenten mit allerdings deutlich höherer (6facher) Luftkonzentration (12 ppm) entstanden bei Ratten als reinen Nasenatmern nach Zerstörung der Nasenschleimhaut Nasentumoren (bei den gleichen Experimenten an Mäusen und Hamstern hingegen nicht). Ungeklärt ist die Frage, ob diese Ergebnisse auch für den Menschen gelten. In den USA durchgeführte Tierversuche deuten außerdem darauf hin, daß Formaldehyd Allergien auslöst und das ständige Einatmen möglicherweise sogar zu Gehirnschäden führt. Angeblich sollen sogar die Erbanlagen von Zellen durch Formaldehyd verändert werden.

Die Industrie vertritt die Ansicht, daß bei den 2000 Mitarbeitern der Produktion von Formaldehyd keinerlei gesundheitsschädigende Wirkungen festgestellt wurden und daß keinerlei Krebsschäden nachgewiesen werden konnten. Noch viel weniger seien das Erbgut verändernde oder Mißbildungen der Leibesfrucht hervorrufende Wirkungen von Formaldehyd wissenschaftlich nachweisbar. Trotzdem hat inzwischen die Industrie verschiedenartige strenge Schutzmaßnahmen eingeführt.

Demgegenüber bewerten amerikanische Ämter für Umwelt-, Arbeits- und Verbraucherschutz den Formaldehyd recht kritisch. In der Bundesrepublik sind das Bundesamt für Arbeitsschutz und Unfallforschung, das Umweltbundesamt und das Bundesgesundheitsamt für Anwendungsbeschränkungen des Formaldehyds.

Bei Anatomen, Biologen und Präparatoren, die häufig Formaldehyd-haltiger Luft ausgesetzt sind, ist schon seit vielen Jahrzehnten die Auffassung verbreitet, daß der Verlust des Geruchsvermögens und eine deutliche Beeinträchtigung der Atemwege eine Folge des Umgangs mit diesem Reizgift sein kann.

Das Rauchen als Umweltfaktor

Zwar ist das Rauchen von Pfeife, Zigarre und Zigarette kein gesamtökologisches Problem, doch stellt es für den Raucher selbst eine Gesundheitsgefahr dar und für den Passivraucher, der dem Rauch anderer ausgesetzt ist, zudem eine beträchtliche Umweltbelastung.

Zweifelsohne stellt der Tabakrauch wegen seiner verschiedenen, vielfach giftigen Schadstoffe die wichtigste Umweltverschmutzung in Innenräumen dar. Trotzdem wurde er aus dem Bundesimmissionsschutzgesetz ausgeklammert.

Weshalb ist die Inhalation von Zigaretten- und Zigarrenrauch gesundheitsschädlich? Im Tabakrauch befindet sich eine Reihe giftiger Stoffe, insbesondere Nikotin, Kohlenmonoxid, Cadmium, Nitrosamine und weitere krebserzeugende Bestandteile, ferner DDT und andere Rückstände von giftigen Schädlingsbekämpfungsmitteln, mit denen die Tabakpflanze während ihrer Entwicklung besprüht worden war. Bei Inlands-, aber auch bei Auslandszigaretten wurden Pestizidrückstände ermittelt, die ein Vielfaches des zulässigen Toleranzwertes für Gemüse und Obst betrugen.

Welche Krankheiten werden durch Tabakrauch hervorgerufen? Es ist heute absolut gesichert, daß Lungenkrebs durch das Rauchen hervorgerufen werden kann. Parallel mit der Zunahme des Zigarettenkonsums nimmt auch die Todesrate durch Krebserkrankung der Atemwege zu, besonders der Lunge und der Luftröhre. Im Jahre 1968 starben in der Bundesrepublik viermal soviel Menschen an Lungenkrebs wie im ganzen Deutschen Reich im Jahre 1938.

Weitere Folgen des Tabakgenusses: Erkrankungen der Herzkranzgefäße (Herzinfarkt), Bronchitis, Lungenblähung, Magen- und Darmgeschwüre, Gefäßleiden, Krebs der Mundhöhle, des Rachens, des Kehlkopfes, der Harnblase usw. Statistisch gesichert ist eine deutlich erhöhte Sterblichkeitsrate der Raucher. „In der Zeit, in der 100 Nichtraucher sterben, werden durchschnittlich 168 tote Raucher gleichen Alters registriert. Im Alter von 45 bis 60 Jahren sterben jeweils sogar doppelt soviel Raucher wie Nichtraucher“ (Ärztl. Arbeitskreis).

Darüber hinaus stellt starkes Rauchen eine Suchtkrankheit dar, die aber mit einiger Anstrengung vom Raucher selbst mit oder ohne fremde Anstöße und Hilfe überwunden werden kann.

Zusammen mit anderen aufgenommenen Giften entfaltet Tabakrauch nicht nur eine Summationswirkung, sondern sogar einen Potenzierungseffekt hinsichtlich der Entstehung von Krebs. Die Kombination von Tabakrauch und Asbest ist hierfür ein deutlicher Beweis. Raucher, die beruflich oder anderweitig oft mit Asbest in Berührung kommen und unwillkürlich die feinsten Asbestnadeln einatmen, erkranken eher an Krebs als Nichtraucher.

Es gibt kein „vernünftiges“ und „unvernünftiges“ Rauchen, das sich angeblich in der täglich konsumierten Menge an Rauchwaren ausdrücken soll: beim Rauchen gibt es keine Toleranzgrenze, mit jeder Zigarette erhöht sich das Risiko einer schweren Erkrankung.

Doch nicht nur für den Raucher selbst, sondern auch für den Nichtraucher, der dem Tabakrauch ausgesetzt ist, besteht eine beträchtliche Belastung und Gesundheitsgefährdung.

Zwar kann niemandem nach dem im Grundgesetz verbrieften Recht der freien Persönlichkeitsentfaltung das Rauchen untersagt werden, doch enthält dieser Rechtsanspruch den einschränkenden Passus, daß hierdurch nicht einem anderen ein Schade zugefügt werden dürfe. Die Belästigung und Schadensfolge im Sinne einer Umweltbelastung liegt bei jenen sehr häufigen Fällen vor, in denen nichtrauchende Menschen vom Raucher gezwungen werden, am „Rauchgenuß" zu partizipieren, d. h. den vom Raucher erzeugten Tabakrauch unfreiwillig einzuatmen.

Die oft diskutierte Frage, ob solches Passivrauchen nur belästigend oder gesundheitsschädlich ist, muß aufgrund der inzwischen vorliegenden medizinischen Ergebnisse, besonders aus USA und Japan, dahingehend beantwortet werden: Passivrauchen ist gesundheitsschädlich. Diese Tatsache wurde auch schon 1978 im Nichtraucherschutzprogramm des Bundes und der Länder anerkannt.

In Schweden wurde der Lungenkrebs einer Nichtraucherin als Berufskrankheit anerkannt, die jahrelang mit sechs starken Rauchern in einem Raum zusammen arbeiten mußte.

Bedauerlich ist die Tatsache, daß sich die Bundesregierung bisher nicht bereitfinden konnte, im Rahmen einer neuen Arbeitsschutzverordnung den Nichtraucherschutz am Arbeitsplatz zu ermöglichen.

„Der Zwang für Säuglinge, Kleinkinder, Jugendliche und erwachsene Nichtraucher, in engen geschlossenen Kraftwagen, in Wohnräumen, Warteräumen und Gaststätten die von Rauchern verschmutzte gesundheitsschädliche Luft einzuatmen, ist um nichts weniger gefährlich als das Einatmen des übelsten Smogs" (W. Schuphan).

Immerhin hat sich aufgrund der allgemein bekanntgewordenen Fakten der Gesundheitsgefährdung die „Rauchermoral" und die Rücksicht auf die Nichtraucher schon etwas gebessert: die Zahl der Nichtraucherabteile in der Bundesbahn wurde vergrößert, in Flugzeugen wurden Nichtraucher-Sitzreihen eingerichtet, auf Konferenzen wird gelegentlich entweder das Rauchen untersagt oder über Rauchen oder Nichtrauchen abgestimmt. Doch reichen diese Maßnahmen als Umweltschutz für die Nichtraucher, die einen beträchtlichen Teil der Bevölkerung darstellen, nicht aus. Es muß gesetzlich der Nichtraucher in der Öffentlichkeit und am Arbeitsplatz vor der durch den Raucher verursachten Luftverschmutzung geschützt werden. Die Freiheit der Raucher zum Rauchen darf die Freiheit der Nichtraucher zur Atmung rauchfreier Luft nicht einschränken.

„Das außerordentliche, alles überragende Gesundheitsproblem des Tabakrauches im ‚internen' Bereich des Umweltschutzes und seine Problematik ist bisher nicht einmal von denjenigen offiziellen Stellen, die sich sonst in anerkennender Weise um den ‚externen' Umweltschutz eifrig bemühen, auch nur im geringsten beachtet worden" (W. Schuphan).

Hier liegt, wie so oft im Umweltschutzbereich, eine typische Konfliktsituation zwischen Ökonomie und Umweltschutz vor, wobei Wirtschaft und Politik aus rein fiskalischen Gründen am gleichen Strang ziehen. Am bedauernswertesten aber ist die Tatsache, daß die progressive Jugend, die von sich behauptet, sich von der Wirtschaft und deren Reklame nicht manipulieren zu lassen, hinsichtlich der Zigarettenindustrie in eine Abhängigkeit geraten ist, wie sie in keiner Generation zuvor bestanden hat.

Bemerkenswert ist auch die Tatsache, daß unter den Politikern einschließlich der Grünen und selbsternannten „Ökologen" gerade diejenigen, die sehr viel über Umweltverschmutzung reden und den Umweltschutz auf ihre Fahnen geschrieben haben, teilweise zu den stärksten und der Mitwelt gegenüber rücksichtslosesten Rauchern gehören.

PCB – ein spät erkanntes Umweltgift

PCB = Polychlorierte Biphenyle

Als 1970 in der 1. Auflage dieser Broschüre dieses Kapitel veröffentlicht wurde, war es nicht nur im deutschsprachigen Raum die Erstveröffentlichung über PCB als Umweltgift, es wurden auch die darin mitgeteilten Erkenntnisse über die toxische Wirkung von der Fachwelt und der betroffenen Industrie angezweifelt. Inzwischen hat sich das Wissen über die Gefahren der polychlorierten Biphenyle erheblich erweitert und vertieft.

PCB ist keine einheitliche Substanz, sondern eine zu den Organohalogenen gehörende Gruppe von Verbindungen, die wie das DDT Chlor, Wasserstoff und Kohlenstoff enthalten. Die PCB-Verbindungen sind wasserunlöslich, aber fettlöslich. Sie sind noch widerstandsfähiger als DDT und werden nur sehr langsam abgebaut. Industriell entstehen aus Biphenyl und Chlor über 200 verschiedene polychlorierte Biphenyle.

In der Industrie wird PCB seit 1929 angewendet, in großer Menge aber erst seit 40 Jahren, besonders in der Kunststoffindustrie. Es wird geschätzt, daß seitdem weltweit mehr als 1 Million Tonnen polychlorierte Biphenyle in den Handel gebracht worden sind. Sie dienen insbesondere der Herabsetzung der Brennbarkeit von Hydraulikölen, als Weichmacher in Kunststoffen, als wasser-

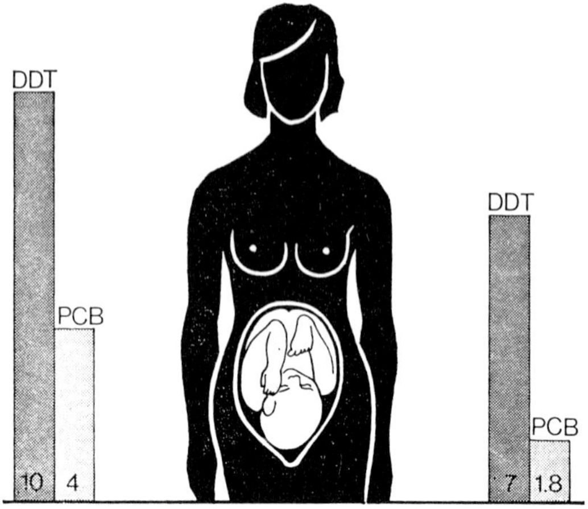

DDT- und PCB-Gehalt in der Muttermilch und im Körper des ungeborenen Kindes, jeweils in mg/kg. Linkes Blockpaar: Muttermilch. Rechtes Blockpaar: Fötus. (Nach Angaben des Naturhistorischen Reichsmuseums, Stockholm.)

abstoßender Lackzusatz, besonders bei Bootsfarben, als Isoliermaterial in Elektrokabeln und als Transformatorenflüssigkeit. Bei „offener" Anwendung des PCB, z. B. in Anstreichmitteln und Kunststoffen, verdampft es in die Luft. In der Bundesrepublik sind nach Berechnungen auf diese Weise etwa 20000 Tonnen PCB in die Umwelt gelangt. Aber auch bei „geschlossenen Systemen" wie Transformatoren, Hydraulikanlagen, Kleinkondensatoren usw., entweicht regelmäßig PCB. So werden allein beim Bergbau jährlich etwa 1000 t PCB in die Umwelt abgegeben.

In die Umwelt gelangt PCB durch Abluft, Abwasser und durch direktes Verdampfen oder Verflüchtigen. Als Umweltgefahr wurde PCB erst 1966 erkannt.

Im Jahre 1968 ereignete sich in Japan ein größerer Vergiftungsfall. Der Kühlmantel eines Reisöltanks war durchgerostet, so daß sich das im Kühlmantel befindliche PCB mit dem Öl vermischte. Der Verzehr des verseuchten Reisöls rief bei den Betroffenen schwere Erkrankungen hervor: Chlorakne, Hyperpigmentierung der Haut, Ödeme an den Augenlidern, Lebererkrankungen, Veränderungen des Blutbildes, Schädigungen von Nieren und Milz. Nach schwerem Siechtum starben in den darauffolgenden Jahren 51 Personen, wobei eine relativ hohe Krebsrate festgestellt wurde.

Durch die Bindung an Fette und Lipoide (fettähnliche Substanzen) geht PCB in den Nahrungskreislauf ein. Fische und Wasservögel weisen heute bereits hohe PCB-Anreicherungen auf.

Miesmuscheln, Schollen, Dorsche, Heringe, Lachse, Möwen, See- und Fischadler sowie Seehunde der Nord- und Ostsee haben in ihren Körpern einen PCB-Gehalt, der vielfach höher liegt als die DDT-Anreicherung. Seehunde des holländischen Wattenmeeres weisen etwa 700 Milligramm PCB je Kilogramm Körperfett auf, Jungtiere sogar 1300 Milligramm (im nordfriesischen Wattenmeer hingegen 75 und 111 Milligramm). Möglicherweise führt die hohe PCB-Belastung bei Seehunden zu den häufigen Mißbildungen und der erhöhten Krankheitsanfälligkeit der Jungtiere, gegebenenfalls sogar zur Unfruchtbarkeit.

In der Nähe von Industriegebieten können auch die Menschen einen hohen PCB-Gehalt aufweisen. Neugeborene und Kinder haben verhältnismäßig mehr polychlorierte Biphenyle in ihrem Körper als Erwachsene. Sogar das ungeborene Kind erhält über das mütterliche Blut diese Stoffe. PCB lagert sich nicht nur im Fettgewebe, sondern auch im Nervensystem und in den Keimdrüsen ab.

Nicht nur das Wattenmeer und dessen Tierwelt wird durch PCB stark belastet, sondern auch die Mittel- und Unterläufe mancher Flüsse, besonders von Rhein, Ems, Weser und Elbe. Auch hier weisen die Fische sowie die Wasservögel und die Greifvögel hohe PCB-Werte im Körper auf. Somit ist auch dort der Mensch durch das Fischessen gefährdet.

Gefährliche Verbreitungsquellen für PCB sind einerseits Mülldeponien und andererseits Verbrennungsanlagen für Hausmüll, Industriemüll verarbeitende Betriebe, Altölverbrennungsanlagen und teilweise auch Öle, die aus der Altölaufbereitung stammen.

Ein Beispiel für die Anreicherung der Chlorkohlenwasserstoffe DDT und PCB im jungen Seehund durch die Muttermilch. Dunkelgrauer Block: DDT-Gehalt, hellgrauer Block: PCB-Gehalt, jeweils in mg/kg. Linkes Blockpaar: DDT- und PCB-Gehalt im Fett des Muttertieres; mittleres Blockpaar: DDT- und PCB Gehalt in der Milch des Muttertieres; rechtes Blockpaar: DDT- und PCB-Gehalt im Fettgewebe des Jungtieres. (Nach Angaben des Naturhistorischen Reichsmuseums, Stockholm.)

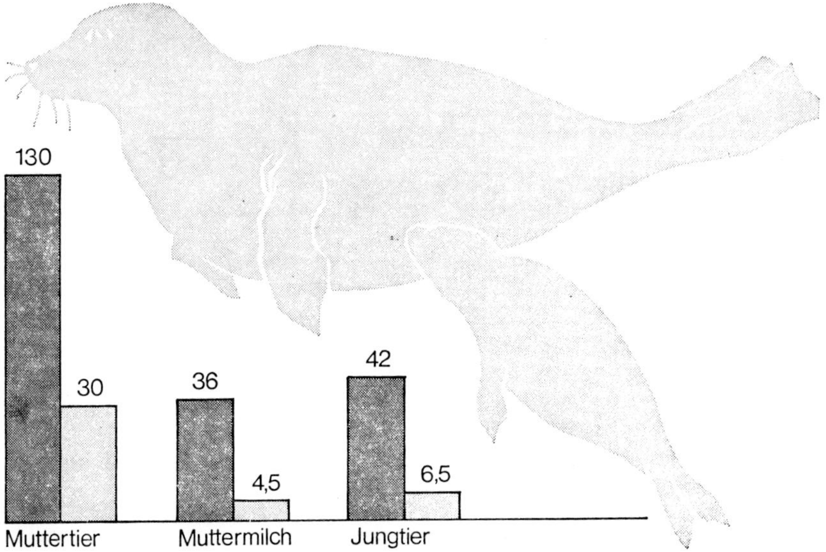

In der Bundesrepublik Deutschland ist die PCB-Produktion seit 1983 eingestellt. Trotzdem ist nach Ansicht des Umweltbundesamtes und des Bundesgesundheitsamtes die Umwelt weiterhin mit polychlorierten Biphenylen stark belastet und eine ständige Gefährdung von Mensch und Tier gegeben, zumal die in der Umwelt und in den Nahrungsketten angereicherten PCB-Rückstände nur sehr langsam abgebaut werden. So dürfte sich die Belastung nur ganz allmählich verringern.

Darüber hinaus kann PCB unter bestimmten Umständen als hochgiftige Chemikalie das berüchtigte „Seveso-Gift" Dioxin freisetzen. Dies geschieht, wenn in Transformatoren ein Brand ausbricht und das als Kühlmittel verwendete polychlorierte Biphenyl Clophen Dioxin freisetzt. In der Bundesrepublik gibt es 60000 Transformatoren, die mit PCB gekühlt werden. Daher werden heute schon mancherorts die bisherigen Transformatoren durch ungefährliche Drehstrom-Gießharz-Transformatoren ersetzt.

Wasser – Mangelware

Die Inanspruchnahme von Gewässern einschließlich des Grundwassers durch den Menschen reicht in der Zeitgeschichte weit zurück. Waren es aber zu Anfang nur begrenzte, behutsame Eingriffe in den natürlichen Wasserhaushalt, der sich durch Selbstregulation wieder rasch korrigierte, so kommt es seit Beginn des technischen Zeitalters zu massiven, nachhaltigen Schädigungen. Besonders die großräumigen, durch wasserbautechnische Maßnahmen hervorgerufenen Veränderungen der hydrologischen Eigenschaften von Flüssen und Bächen hatten tiefgreifende ökologische Folgen. Sie erfaßten nicht allein die Lebensgemeinschaften im Gewässer selbst, sondern wirkten sich auch auf benachbarte Lebensräume wie Uferregionen und Talauen nachhaltig aus. Flußbegradigungen und die Eindämmung von Flußniederungen gegen Überflutung bei Hochwasser verhindern eine natürliche Grundwasserneubildung und führen, oft noch verstärkt durch intensive Grundwasserentnahme, zur Austrocknung von Feuchtgebieten. Ein exemplarisches Beispiel für diese Vorgänge wird uns mit der Rhein-Regulierung, aber auch mit der Kanalisierung vieler anderer Flüsse und der Trockenlegung zahlreicher Feuchtgebiete vor Augen geführt.

Wasserwirtschaftliche Fehlmaßnahmen

Aus rein wirtschaftlichen Gründen werden das Land trockengelegt und Oberflächengewässer kanalisiert: um feuchtes Land für die Landwirtschaft oder als Baugelände zu nutzen, um Überschwemmungsschäden zu verhindern und um größere Gewässer besser schiffbar zu machen. Alljährlich werden weitere Gewässer technisch behandelt.

Gesamtökologisch sind diese Maßnahmen von erheblichem Nachteil: Wo das Land trockengelegt wird oder ein bisher mäandierender Wasserlauf begradigt wird, sinkt der Grundwasserspiegel ab. Beispiele für eine Grundwasserabsenkung nach Gewässerregulierungen: Freisinger Ebene um 9 m (von 2 auf 11 m Tiefe), Wertach-Ebene um 10 m, Rheinebene bei Basel um 10 m, bei Kembs um 20 m, am Nord-Ostseekanal und Mittellandkanal jeweils um 20 m, in Sachsen-Anhalt teilweise um 80 m.

Daß auch in Mitteleuropa eine Landschaft aufgrund der wasserwirtschaftlichen Maßnahmen (Flußbegradigung) versteppen kann, zeigt die Oberrheinebene: in einem einst reichen Obstanbaugebiet wächst heute nicht einmal mehr der Sanddorn.

Woher kommen die Folgen der technischen Einwirkungen auf die Gewässer? Während früher sich der Boden in der Hochwasserphase mit viel Feuchtigkeit vollsog und das Grundwasser reich versorgt wurde sowie ein mäandierendes, natürlich entstandenes Gewässer ständig Verbindung mit dem Grundwasserstrom hatte, fließt heute das Regenwasser in den begradigten und vielfach kanalisierten Fluß- und Bachläufen rasch ab und geht somit dem Land verloren. So ist auch in einem Gebiet mit reichem Regenangebot, wie in Mitteleuropa, ein langsamer Versteppungsvorgang unausweichlich.

Grundwasser – Lebensspender aus der Tiefe

Wo das Grundwasser fehlt, schwindet das Leben. Die natürliche Umwelt ist weitgehend vom Grundwasserstand abhängig.

Heute reicht das Grundwasser bei weitem nicht mehr aus, um den Bedarf des Menschen an Trinkwasser zu decken. Man muß in zunehmendem Maße Oberflächenwasser verwenden. Mehr als 10% des Trinkwassers und 60% des Brauchwassers werden den Flüssen und Seen entnommen.

In manchen dicht besiedelten Gebieten, z. B. bei Frankfurt und im Ruhrgebiet, wird „künstliches Grundwasser“ hergestellt, indem Flußwasser in eine bestimmte Landschaft gepumpt wird, dort versickert, im Boden einen gewissen Reinigungsprozeß durchmacht und als Grundwasser wieder aufgefangen wird, So wurde berechnet, daß im Ruhrgebiet das gleiche Wasser schon drei- bis zehnmal durch den menschlichen Körper gelaufen ist.

„Das Grundwasser hat einen Feind: die Zivilisation.“ (R. Demoll)

Durch Versickern von Abwässern wird das Grundwasser heute schon erheblich verunreinigt; versickertes Öl und Rückstände von Schädlingsbekämpfungsmitteln können das Grundwasser als Trinkwasser völlig unbrauchbar machen. Auch Hausmüll kann für das Grundwasser gefährlich werden: Aus 28 Millionen Kubikmeter Hausmüll (dem Jahresanfall an Müll einer Großstadt) werden im ersten Jahr 184000 Tonnen Salze ausgewaschen. In ländlichen Gebieten sikkern Kunstdünger in erheblichen Mengen durch den Boden und belasten das Grundwasser, wodurch es häufig zu überhöhten Nitrat-Konzentrationen kommt.

Bald kein Grundwasser mehr?

In den hochindustrialisierten Gebieten Mitteleuropas, z. B. im Rhein-Main-Gebiet, im Raum um Köln und im Bereich München–Nürnberg, ist schon jetzt der Grundwasserspiegel in erschreckendem Maße abgesunken. Ursache: die übermäßige Grundwasserentnahme als Brauchwasser für industrielle Zwecke, aber auch der hohe Wasserverbrauch der Bevölkerung.

In einer Studie des Frankfurter Battelle-Instituts wurde 1972 die Prognose aufgestellt, daß um das Jahr 2000 die Grundwasservorräte im Bundesgebiet aufgebraucht sein werden. Dann müßte jegliches Trink- und Brauchwasser aus den heute schon weitgehend verseuchten Flüssen und Seen herausgefiltert werden. Das wird eine nicht nur außerordentlich kostspielige, sondern teilweise auch fast unlösbare Aufgabe. Der Rhein, aus dem schon jetzt 4–6 Millionen Menschen das Trinkwasser beziehen, erhält durch Abwässer jährlich 8 Prozent mehr Giftstoffe.

Stauseen als Grundwasserlieferanten?

Künstlich angelegte Stauseen werden heute von der Wasserwirtschaft als eine technische Einrichtung mit doppeltem Vorteil propagiert: 1. Verhinderung von Überschwemmungen durch Aufnahme von Hochwasserschüben nach starken Regenfällen und der Schneeschmelze. 2. Anreicherung des Grundwassers durch Absickern des Seenwassers bis zum Grundwasserstrom.

Zwar läuft das Wasser bei einem Stausee nicht mehr wie bei einem kanalisierten Gewässerlauf rasch ab, sondern wird zurückgehalten, verhindert wird aber die weiträumige Bodendurchfeuchtung einer Überflutung.

Die Hoffnung einer Grundwasseranreicherung vom Stausee her ist zweifelsohne eine Fehlspekulation. Im Stausee als einem stehenden Gewässer bildet sich am Boden durch Abwassereinwirkung und durch die Eutrophierung des Wassers eine dicke Faulschlammschicht, die rasch das Porensystem des Erdreichs verstopft. Der Zufluß von Oberflächenwasser zum Grundwasser versiegt sehr bald, eine Grundwasseranreicherung vom Stausee her findet so gut wie nicht statt. Stauseen sind keinesfalls für den Wasserkreislauf ein vollwertiger Ersatz für einst mäandierende Gewässer und ufernahe Überschwemmungszonen. Auf keinen Fall können sie im mitteleuropäischen Raum das Grundwasserdefizit ausgleichen und auch nicht die langsam fortschreitende Versteppung aufhalten.

Kranke Oberflächengewässer

In den vergangenen 140 Jahren bildeten vornehmlich Abwasserbelastungen die Ursache für eine Verschlechterung der Wasserqualität, besonders der Flüsse und Bäche. Durch Giftwirkung und Herabsetzung des Sauerstoffgehaltes wurde oft die gesamte Fauna selbst der vom Wasserbau bis dahin unbeeinflußt gebliebenen Wasserläufe zerstört.

Gravierend wirken sich die biologischen Schäden besonders bei kleinen Fließgewässern aus. Ihre geringe Wasserführung reicht meist nicht aus, um die zugeführten Schmutzfrachten ausreichend und rasch zu kompensieren. Mit dem zunehmenden Siedlungsdruck auf früher schwach bevölkerte ländliche Regionen, vor allem in der Umgebung großer industriewirtschaftlicher Ballungszentren wie im Rhein-Main-Gebiet, stiegen nicht nur der Wasserverbrauch, sondern gleichzeitig auch der Abwasseranfall aus Haushalt, Gewerbe und Industrie stark an. Die Mehrzahl der Bachsysteme und kleinen Flüsse in der zersiedelten Landschaft verlor ihr natürliches Gepräge. Sie fungierten fortan nur noch als kostensparende Entsorgungswege für kommunale Abwässer. Mancher schöne Forellenbach der deutschen Mittelgebirge wurde von der Quellzone bis zur Mündung durch eine steigende Zahl von Abwassereinleitungen zu einem trüben, verschlammten Gewässer degradiert. Aber auch die Flüsse wie Rhein und Main verloren völlig ihr ursprüngliches Gepräge und wurden nur noch als abwasserbelastete Vorfluter und billige Transportwege angesehen und dementsprechend technisch behandelt.

Im Schmutzwasser lauern Gefahren

Durch ungereinigte häusliche und gewerblich-industrielle Abwässer mit zahlreichen Giften, durch Mineralölprodukte, durch Einschwemmung von Kunstdüngern und Schädlingsbekämpfungsmitteln werden heute auch unsere Oberflächengewässer in starkem Maße verunreinigt.

Die meisten Bäche und Flüsse sind mit gesundheitsschädigenden Stoffen überladen und eine Bedrohung für das Leben von Pflanze, Tier und Mensch. Unsere Wasserläufe sind nicht mehr länger Stätten der Entspannung und Erholung, denn fast unerträglich ist oft die Geruchsbelästigung durch stinkende Chemikalien und Fäulnisgase, ekelerregend der Anblick der vom Wasser mitgeführten Schmutzmassen und an die Ufer gespülten, verwesenden Fischleichen als Folge zunehmenden Sauerstoffmangels in den Gewässern. Säuren, Laugen, Öle, Fette, Schwefelwasserstoff, Chloride, Cyanide, Phosphate, Schwermetalle, Phenole, organische Lösungsmittel, Desinfektions- und Waschmittel, Farbstoffe und radioaktive Substanzen müssen tagtäglich vom Wasser in insgesamt gigantischer Menge verfrachtet werden. Ständige Gefahrenherde bilden besonders die zahlreichen Erreger von Krankheiten: Viren, Salmonellen (Typhus-Paratyphus-Enteritis-Bakterien), Shigellen (Ruhrbakterien), Tuberkulose- und Cholerabakterien sowie Eier von schmarotzenden Würmern.

„Unsere Flüsse werden planmäßig zu Kläranlagen degradiert." (D.L. Allen)

Nach den Ermittlungen des Statistischen Bundesamtes werden in der Bundesrepublik der Natur jährlich etwa 40 Mrd. m^3 Wasser für Wirtschaft und Haushalt entnommen. Davon sind 81% Oberflächenwasser (Flußwasser, das meist als Kühlwasser für Kraftwerke und als Brauchwasser für die Industrie dient); etwa 17% werden als Grund- und Quellwasser und 2% als Uferfiltrat für die öffentliche Wasserversorgung genutzt. Wiederum etwa 40 Mrd. m^3 werden als vielfach verschmutzte Abwasser in die Fließgewässer („Vorfluter") zurückgeleitet. Davon wird nur knapp ein Viertel mechanisch oder biologisch gereinigt.

Trotz der Konstruktion von Abwasserreinigungs-Anlagen durch die Industrie läßt deren Ausbau und Anwendung sowohl bei den Gemeinden als auch bei der Industrie noch erheblich zu wünschen übrig:

Von täglichen 14 Millionen Kubikmeter Abwasser der Gemeinden

bleiben	25%	ungereinigt,
werden	40%	ungenügend gereinigt,
etwa	11%	nur teilbiologisch und
knapp	25%	vollbiologisch gereinigt.

Von täglich etwa 32 Millionen Kubikmeter Industrieabwässer

bleiben	7%	ungereinigt und werden
etwa	20%	vollgereinigt,
	73%	sind gemischt Kühlwasser mit Abwasser.

Die Flüsse sind in Zukunft als Trinkwasser-Reservoire von großer Bedeutung. Aus vergifteten Kloaken kann man aber Menschen nicht ohne erhebliche gesundheitliche Gefährdung versorgen. Das Wasser wird in Zukunft eine teure Mangelware sein.

„Das Wasser ist ein essentieller Bestandteil der Biosphäre. Erst durch das Wasser wird die Kontaktzone zwischen der Erdkruste und der darüber lagernden Lufthülle zu einem Raum, der Lebewesen hervorbringen und erhalten kann, und damit zur ‚Bio'-sphäre. Ohne Wasser wäre ein Leben, das wir auf der Erde nur in Form von Organismen kennen, genauso unmöglich wie ohne gebundenen Kohlenstoff." (H. Sioli)

Gewässerbelastung durch Stickstoff- und Phosphorverbindungen

Die Elemente Stickstoff (N) und Phosphor (P) sind lebenswichtig und werden für zahlreiche biologische Kreisläufe und physiologische Prozesse benötigt. Stickstoff- und Phosphorverbindungen haben u. a. bei höheren Pflanzen eine entwicklungs- und wachstumsfördernde Wirkung und werden daher in großen

Mengen als künstliche Düngemittel verwendet (Stickstoff vorwiegend als Salpeter und Ammoniumsulfat; Phosphor u. a. als Superphosphat und Thomasmehl).

Dank der Stickstoffdüngung wächst die Pflanze rasch und gut. Nach W. Schuphan ist dieses künstlich stimulierte Wachstum aber gekennzeichnet durch „eine mehr oder minder starke Qualitätsminderung, die häufig mit Geschmackseinbußen verbunden ist. Damit gehen auch verminderte Widerstandskraft der Pflanze gegen Krankheit und Schädlinge einher, was wiederum den Anbauer zu einem verstärkten Einsatz von Pestiziden veranlaßt".

Langzeituntersuchungen, die von amerikanischen landwirtschaftlichen Untersuchungsämtern teilweise über einen Zeitraum von 50 Jahren durchgeführt wurden, haben als Folge der ständigen Stickstoff-Anwendungen auch eine beträchtliche Wertminderung des Bodens nachweisen können. Nach dem Bericht der Missouri Agricultural Experiment Station (zitiert nach Commoner 1969) habe im Bereich der über Jahrzehnte mit Stickstoffdüngern behandelten Gebiete der Gehalt an organischen Bestandteilen des Bodens deutlich abgenommen und sich die physikalische Beschaffenheit des Erdreichs merklich verschlechtert; es zeigte sich u. a. eine deutliche Abnahme der Durchlässigkeit sowie des Luftgehalts des Bodens.

Der in beträchtlicher Menge dem Land als „Kunstdünger" aufgetragene Stickstoff wird zu einem Teil vom Regen aus dem Boden gewaschen und fortgeschwemmt; er gelangt in die Gewässer. Das gleiche gilt für die Phosphorverbindungen.

Diese wachstumsfördernden Stoffe bewirken in den Binnengewässern eine hemmungslose Entwicklung der Wasserpflanzen von den einzelligen Algen bis zu den Ufergewächsen. Als Folge solcher „Überfruchtbarkeit" ergeben sich für stehende Gewässer erhebliche Schwierigkeiten, die überdurchschnittlich angewachsene Pflanzenmenge nach ihrem Absterben wieder durch natürliche Abbauvorgänge zu beseitigen. Die dazu notwendigen im Wasser vorhandenen Sauerstoffvorräte werden aufgebraucht und der Abbauvorgang schließlich ganz gestoppt; es kommt zu Faulschlammbildung am Gewässergrund und starker Beeinträchtigung der Wassergüte: ein Gewässer „kippt um" (Eutrophierung). Auch die Ufer verschlammen und wachsen allmählich zu; diese Verlandung von Teichen und Seen kann von Nachteil für den Wasserhaushalt einer ganzen Landschaft sein.

Nährstoffauswaschungen und Versickerung nitrathaltigen Wassers in den Boden, als Folge überkonzentrierter künstlicher Düngemittelgaben, gefährden in starkem Maße auch das oberflächennahe Grundwasser und verändern nachteilig die Güte des daraus bezogenen Trinkwassers.

Jahrzehntelange Messungen des Nitratgehaltes von Brunnen und anderen Grundwasser-Entnahmestellen in Deutschland ergaben seit Benutzung von Kunstdünger ständig ansteigende Werte. Im Hessischen Ried betrug der Nitratgehalt um 1900 etwa 0–20mg/l Grundwasser. Damals düngte man vornehmlich mit Jauche und Stallmist; heute werden dort fünfmal höhere Nitratmengen festgestellt. In intensiv bewirtschafteten Gemüse- oder Weinanbau-Gegenden der

Bundesrepublik sind Nitratkonzentrationen von 300–1 000 mg/l Grundwasser nicht selten. Sie liegen damit drei- bis zehnmal höher als die von der Weltgesundheitsorganisation mit 100 mg Nitrat/l empfohlene Höchstgrenze. Nach medizinischen Untersuchungen können aber schon Nitratgehalte von über 50 mg in einem Liter Trinkwasser bei Säuglingen bis zum 4. Lebensmonat Blausucht hervorrufen. Hierbei wird das aufgenommene Nitrat im Darm des Kindes in giftiges Nitrit umgewandelt, das seinerseits eine Störung der Sauerstoffversorgung hervorruft. Es kommt zu einem Sauerstoffmangel im Blut, was eine Blaufärbung der Haut bewirkt. Darauf beruhen die Fachbezeichnungen Blausucht und auch „blue babies".

„Als typisches Beispiel für den Einfluß der Landwirtschaft sind die unzulässig hohen Nitratgehalte in den Trinkwasserbrunnen der Rheingaugemeinden zu nennen, die eindeutig auf zu hohe Düngergaben in den Weinbergen zurückzuführen sind." (J. Bock)

Auch die mit Abwässern belasteten Flüsse weisen infolge der eingeschwemmten Stickstoff- und Phosphormengen ein stärkeres Algenwachstum auf, welches die Anfälligkeit dieser Fließgewässer erhöht und besonders im Sommer rasch zu Sauerstoffmangel und Organismentod führen kann.

Um diese Umweltbelastungen abzubremsen, müßte die übermäßige Anwendung von Kunstdüngern eingestellt werden. Auch sollte nicht eine einmalige hohe Kunstdüngermenge, sondern mehrmals hintereinander im Jahr kleinere Düngergaben ausgebracht werden. Als Ausgleich könnten tierischer Dung, vermehrte Gründüngung und nährstoffreicher Kompost dienen. Durch sie könnte der ausgelaugte Boden wieder mit Humus angereichert, die Umweltbelastung durch ein Übermaß an Stickstoff- und Phosphorverbindungen merklich vermindert und der Gesundungsprozeß der für Trinkwasserzwecke dringend benötigten Flüsse gefördet werden.

„Bei dieser Sachlage erscheint es unverständlich, daß die organischen, zur Humusbildung befähigten Anteile des Mülls nicht sinnvoll unseren mehr und mehr an Humus verarmenden Böden in Landwirtschaft, Wein- und Gartenbau zugeführt werden. Humusmangel im Boden löst eine gefährliche Kettenreaktion aus, die wir gerade beginnen, in ihrer Tragweite zu erfassen. Humusmangel im Boden und die damit zusammenhängende fehlende mikrobielle Lebensverbauung der Bodenpartikel führen zu gefürchteten Bodenerosionen – namentlich bei Monokulturen in Hanglagen, z. B. im Weinbau – und – über den Mangel an absorptionsfähigen Humuspartikeln – zu Stickstoffüberdüngung mit leicht löslichen Nitraten. Dies wiederum hat abträgliche Wirkungen für Pflanze, Tier und Mensch zur Folge." (W. Schuphan, 1971)

Auch durch **Waschmittel** wird das Oberflächenwasser stark belastet. Nach dem „Öko-Almanach" stammen zwei Drittel der Phosphate in Flüssen und Seen aus Waschmitteln, das restliche Drittel aus Fäkalien, Niederschlägen und von der Landwirtschaft. Phosphate lassen sich in einer herkömmlichen biologischen Kläranlage nicht abbauen, benötigt wird eine der heute noch seltenen Entphosphatieranlagen.

Bis vor kurzem waren Phosphate der Hauptbestandteil moderner Waschmittel: 1975 noch 40–50%. Durch die „Phosphathöchstmengenverordnung" von 1980 durften Waschmittel ab 1981 nur noch 30%, ab 1984 nur 20–22% Phosphate enthalten. 1983 kam das erste phosphatfreie Waschmittel auf den Markt.

Biologisch schwer abbaubare synthetische Waschsubstanzen waren die Detergentien, die zu den berüchtigten Schaumbergen auf den Flüssen führten. Schon 1961 und 1962 wurde durch die Detergentiengesetze die Waschmittelindustrie gezwungen, Produkte zu entwickeln, die mindestens zu 80% biologisch abbaubar sein sollten.

Tenside sind als Waschsubstanz der wichtigste Bestandteil der Waschmittel, machen aber nur 10–20% aus. Während die nichtionogenen Tenside nicht unter das Detergentiengesetz fallen, ist die Toxizität der anionischen Tenside, z. B. der Sulfonate, seit längerem bekannt.

Mineralöle verderben das Süßwasser

„Mineralöle" (energiereiche Erdöl-Produkte) sind aus unserem modernen Leben nicht mehr wegzudenken; wir begegnen ihnen auf Schritt und Tritt. So nützlich sie für uns auch sind, so unangenehm und schädlich können sie sich in reinem oder gebrauchtem Zustand (Altöle) auf das Wasser auswirken. Tankschiff-Unfälle auf den Binnenwasserstraßen, Verkehrsunfälle von Tanklastzügen auf den Fernstraßen, Auslaufen undichter Öl-Lagerbehälter sind die häufigsten Ursachen der Ölverschmutzung von Oberflächen- und Grundwasser; hinzu kommen die nicht zu unterschätzenden Gefahren durch unsachgemäßes oder fahrlässiges Beseitigen und Verkippen von Ölen und deren Rückständen in das Erdreich, die Bäche, Flüsse, Teiche, Seen und die Kanalisation. Viele Autobesitzer führen den vorgeschriebenen Ölwechsel an ihren Wagen selbst durch und schütten bedenkenlos das Gebrauchtöl ins Wasser oder lassen es in den Erdboden versickern.

Mineralöle besitzen an sich keine akute Giftwirkung für den Organismus, obgleich subakut-chronische Erkrankungen nicht auszuschließen sind. Für die Tierwelt eines stillstehenden oder langsam fließenden Gewässers bedeutet allerdings schon ein dünner, geschlossener Ölfilm auf der Wasseroberfläche den Erstickungstod, denn die Sauerstoffzufuhr aus der Luft wird unterbrochen. Fischkiemen und das Gefieder von Wasservögeln werden von Öl verklebt; dies führt oft zum Absterben der Tiere; Kieselalgen und Rädertierchen werden durch Benzin- und Ölrückstände in ihrer Entwicklung gestört. Der biochemische Abbau von öligen Kohlenwasserstoffen geht im Wasser nur verzögert vor sich, führt dabei aber auch zu einer Zehrung des gelösten, lebensnotwendigen Sauerstoffs.

Fischereiwirtschaftliche Schäden entstehen durch die Geschmacksbeeinträchtigung des Fischfleisches: Bei Fischen, die in Wasser schwimmen, das zu einem $^{1}/_{300000}$sten Teil mit Verbrennungsrückständen aus Benzin-Öl-Rückständen verunreinigt ist, läßt sich bereits eine geschmackliche Veränderung feststellen. $^{1}/_{10000}$stel Prozent Mineralöl kann das Wasser für Trinkzwecke unbrauchbar machen.

Der Altölanfall in der Bundesrepublik Deutschland beträgt augenblicklich etwa 500000 Tonnen pro Jahr; darin sind verbrauchte Motoröle, Bohr-, Schneid-, Zylinder-, Maschinen- und Heizöle sowie sonstige mineralölhaltige Stoffe enthalten. Ihre Beseitigung ist seit einigen Jahren bei uns gesetzlich geregelt: Bereits im Jahre 1969 wurde vom Bundestag ein Gesetz über Maßnahmen zur Sicherung der Altölbeseitigung beschlossen. Damit soll die schadlose Beseitigung von Altöl sichergestellt werden. Gewerbliche Betriebe, die mit der Abholung, Vernichtung oder Aufbereitung dieser Altöle beauftragt werden, erhalten aus dem „Rückstellungsfond zur Sicherung der Altölbeseitigung" finanzielle Zuschüsse vom Staat. Dennoch werden von findigen „Altölverwertern" gesetzgeberische Regelungen und wasserrechtliche Bestimmungen gelegentlich übergangen. Da Altöl eine große Gefahr für das Grundwasser darstellt und bereits 1 Liter Öl eine Million Liter Trinkwasser ungenießbar macht, darf gebrauchtes Öl nicht in Gewässer, auch nicht in Kiesgrubentümpel oder frei in das Erdreich abgelassen werden. Altöl ist bei einer Tankstelle oder der Altölsammelstelle abzuliefern.

Schwermetalle im Wasser

Rückstände der galvanischen Oberflächenbehandlung und anderer industrieller Prozesse bestehen zu einem hohen Prozentsatz aus Salzen von Schwermetallen wie Eisen, Kupfer, Chrom, Nickel, Cadmium, Zink, Zinn, Blei und Silber. Gelangen diese über das Abwasser in Flüsse oder Seen, so gefährden sie aufgrund ihrer eiweißfällenden Eigenschaften den Organismenbestand und den Menschen.

Durch ständige Aufnahme von Cadmiumsalzen werden z. B. wichtige Bausteine der Knochensubstanz aufgelöst und der menschliche Körper schrumpft zusammen (japanische Itai-Itai-Krankheit). Bei der biologischen Abwasserreinigung wird die Schlammfaulung durch einen Gehalt von weniger als 1% Kupfer, Nickel, Chrom oder Zink im Trockenschlamm unterbunden.

Vor Ableitung schwermetallhaltiger Abwässer in die Kanalisation oder die Vorfluter ist die Entfernung dieser Giftstoffe unabdingbare Voraussetzung. Für die Einleitung schwermetallhaltiger Abwässer in das städtische Kanalisationsnetz bestehen deshalb in der Bundesrepublik von den einzelnen Städten herausgegebene Benutzungsverordnungen.

Schwere Verkrüppelungen, die im Bodensee bei Felchen in der Nähe von Bregenz festgestellt wurden, sind durch Zink und Cadmium verursacht. Während das Cadmium eine Verkürzung der Wirbelsäule mit Buckelbildung bewirkt, kann das Zink schwere Muskelschäden hervorrufen. Die Schwermetalle sind auf Abwässer zurückzuführen.

Insgesamt ist aber durch entsprechende technische Maßnahmen in den Flüssen der Bundesrepublik der Schwermetallgehalt seit einiger Zeit rückläufig. So soll nach Angaben des Verbandes der Chemischen Industrie z. B. im Rhein die Quecksilberbelastung zwischen 1973 und 1983 um über 60% zurückgegangen sein. Auch die Frachten anderer Schwermetalle wie Chrom, Zink, Blei und Cadmium konnten durch Rückhaltung der Abwasserinhaltsstoffe sowie Änderung der Produktionsverfahren beträchtlich verringert werden.

Sowohl der EG-Ministerrat als auch die Bundesrepublik bemühen sich durch spezielle Richtlinien und durch allgemeine Abwasserverwaltungsvorschriften um durchgreifende nationale und internationale Schutzmaßnahmen zur Minderung der Schwermetallbelastung der Flüsse. Diese Maßnahmen sind besonders für das durch Uferfiltration gewonnene, aus Flußwasser bestehende Trinkwasser dringend erforderlich.

Quecksilber-verseuchte Gewässer

Quecksilber (Hg) kann durch Industrieabwässer aus Papier-, Chlorkali- und Elektrofabriken, durch mißbräuchliche Benutzung von Pflanzenschutzpräparaten und unsachgemäße Müllbeseitigung direkt oder indirekt über das Grundwasser in Seen und Flüsse gelangen. Durch Oberflächenbindung reichert es sich im Gewässergrund und bei Wasserpflanzen an, der Rest bleibt im Wasser gelöst. Wassertiere aller Art nehmen Quecksilber über die Kiemen und die Körperoberfläche und mit der Nahrung auf.

In Eiern von Wassertieren wird Quecksilber im Eidotter angereichert. Auch in Schalentieren wie Muscheln und Schnecken finden sich große Hg-Mengen. Fische aus quecksilberverseuchten Gewässern enthalten hohe Giftkonzentrationen in Leber und Nieren, geringere in Herzmuskel, Milz, Kiemen, Gehirn, Muskeln und Knochen.

Die Gewässer in den dichtbesiedelten Gebieten von Schweden und Finnland sind teilweise so stark durch Quecksilber verunreinigt, daß viele von ihnen für den Fischfang gesperrt wurden; sie stehen auf der „Schwarzen Liste". Standfische wie der Hecht weisen hohe Hg-Gehalte auf.

Gewässerschutz fängt im Haushalt an

So wie der Umweltschutz im allgemeinen eine Forderung an das Verantwortungsbewußtsein eines jeden Menschen darstellt, so ist auch der Gewässerschutz nicht nur eine Angelegenheit der Industrie und Politiker, sondern in gleicher Weise eine wichtige Aufgabe eines jeden Bürgers. Schon allein durch einen zurückhaltenden Umgang mit Haushalts-Chemikalien wird das Abwasser weniger stark belastet und werden somit die Gewässer mehr geschont. Auf keinen Fall sollte man meinen, daß die verhältnismäßig geringe Mengen chemisch

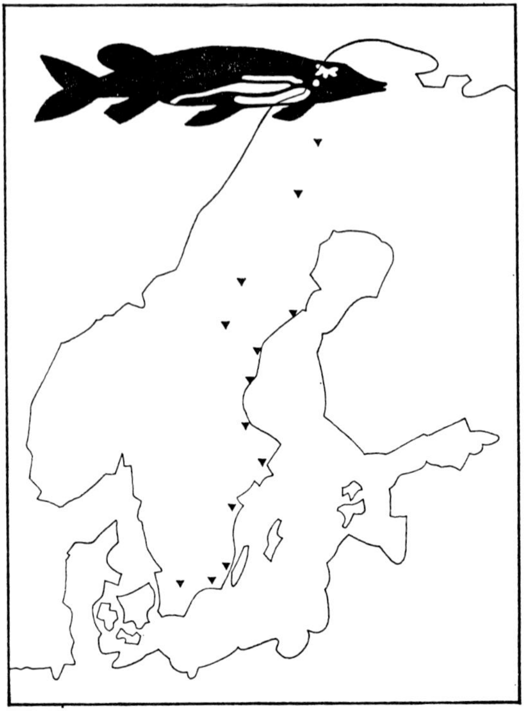

Quecksilberverseuchte Oberflächengewässer in Skandinavien (schwarze Dreieck-Symbole). Untersuchungen an Fischen, besonders am Hecht, ergaben erhebliche Anreicherungen des giftigen Metalls in Gehirn, Kiemenbereich, Leber, Niere und Verdaungstrakt (weiße Zonen des dargestellten Fisches).

angereicherter Haushaltsschmutzwasser unbedeutend seien im Vergleich zu den industriellen Abwässern. Die sich summierende Menge ist unvorstellbar groß.

Denn nach den Berechnungen des Umweltbundesamtes fließen aus den über 20 Millionen deutschen Haushalten jährlich über eine Million Tonnen Wasch- und Reinigungsmittel in die Kanalisation. Diese Werte sind bei uns infolge der Reinheitsliebe der deutschen Hausfrau besonders groß. Außerdem fallen jährlich noch etwa 400000 Tonnen kosmetische Produkte an, die meist als Reste in den Abfluß geschüttet werden. Hinzu kommen schwer berechenbare, aber hochgiftige Reste an Pflanzenschutzmitteln, ferner Öle, Farben und Lacke, die vom Haushalt in die Kanalisation gelangen. Täglich werden in der Bundesrepublik rund 50 Millionen Kubikmeter Abwasser erzeugt, wovon auch heute noch ein Viertel ohne biologische Reinigung in die natürlichen Gewässer gelangen. Das Wasser und seine Lebewesen der Flüsse und Seen müssen diese unnatürlichen Belastungen verkraften, oder die Gewässerbiologie bricht an Vergiftung und Sauerstoffmangel zusammen. Daher sollte sich ein jeder Haushalt daran beteiligen, die Schadstoffbelastung des Abwassers so weit wie möglich zu verringern. Hierzu einige Ratschläge:

1. Wasch- und Reinigungsmittel sollte man sparsam dosieren. Oft werden die meist zu hoch angesetzten Herstellerangaben von den Hausfrauen noch überschritten. Waschmittel, Weichspüler, Badezusätze, sonstige Reinigungsmittel sollten nicht nach Gefühl, sondern mit Meßbechern und Meßlöffeln zugegeben werden. Dabei sollte man daran denken, daß oft die Hälfte der vom Hersteller angegebenen Menge für den geforderten Reinigungszweck vollauf ausreicht.

2. Beim Verzicht auf die Vorwäsche oder bei der Verwendung von Wasserenthärter sollte man dementsprechend die Waschmittelmenge vermindern. Auch hier liegen die Mengenangaben der Hersteller deutlich zu hoch. Die Stiftung Warentest hat festgestellt, daß im allgemeinen 65–80% der angegebenen Menge für ein gutes Waschergebnis vollauf ausreichen.

3. Auch kann man auf Weichspüler in vielen Fällen verzichten. Zwar sind sie sinnvoll bei synthetischen Textilien, da sie die elektrische Aufladung verhindern, doch setzen sie bei Baumwolle die Saugfähigkeit herab.

4. Bei weichem Wasser oder hauseigener Enthärtungsanlage braucht man nicht noch zusätzlich Enthärtersalz im Geschirrspüler.

5. Zwar ist kein Wasch- und Reinigungsmittel für die Umwelt harmlos, doch gibt es deutliche Abstufungen. Die scharfen, ätzenden und stark wirkenden Mittel bestehen meist aus sehr belastenden Chemikalien. Auf dem Markt findet man aber auch Reinigungsprodukte, die bedeutend „umweltfreundlicher" sind. Die Klärwerke und die Gewässer sind dankbar für eine jede Entlastung der kritischen Umweltsituation durch ein verantwortungsbewußtes Verhalten der Verbraucher.

Saure Gewässer

Im südlichen Norwegen, in Südschweden, England, den Niederlanden und Ostdeutschland findet man Seen und andere Gewässer, die einen pH-Wert von weniger als 5 aufweisen und deren Säuregrad auf Niederschläge zurückzuführen ist. So weisen in Südnorwegen Tausende von Süßwasserseen in einem Gebiet von etwa 33000 qkm eine deutliche Übersäuerung auf. Die Ausdehnung der sauren Gewässer läßt eine klare Beziehung zur Verbreitung der sauren Niederschläge erkennen. Die Luftverunreinigung, die den sauren Regen in Skandinavien bewirkt, kommt vorwiegend aus West- und Mitteleuropa.

Welche Folgen des Sauerwerdens der Süßwasserseen sind bei den Ökosystemen festzustellen? Es tritt eine deutliche Verlangsamung des natürlichen Zersetzungsprozesses der organischen Substanzen dieser Gewässer ein, da die diesen Abbau leistenden Bakterien ein saures Milieu nicht vertragen. Das gleiche dürfte für die Pilze gelten, die ebenfalls an diesem lebenswichtigen Abbauvorgang beteiligt sind. Des weiteren ist eine negative Wirkung auf die Fischfauna nachweisbar. Denn in manchen dieser angesäuerten Seen sind entweder sämtliche Fische zugrunde gegangen oder ihr Bestand wurde beträchtlich reduziert. Es blieben nur solche Arten übrig, die den Säuregrad des Wassers vertragen konnten.

Das Sauerwerden des Wassers von Seen, Teichen, Flüssen und Bächen steht allerdings auch in Beziehung zur Geologie des Untergrundes. Denn nicht in allen Gewässern, auf die regelmäßig „saurer Regen" auftrifft, wird das Wasser sauer. Jene Wasserkörper, in denen das Milieu unter pH 5 absinkt und deren Ökosysteme empfindlich reagieren, sind unterlagert von kieselsäurehaltigen Gesteinsschichten wie Granit, bestimmten Gneisen, Quarzen und Quarzsandstein. Da diese Gesteine gegenüber Verwitterungseinwirkungen und Lösungsprozessen sehr widerstandsfähig sind, erhalten die über sie hinwegfließenden Gewässer so gut wie keine chemischen Substanzen mit Pufferwirkung, um Säuren oder Basen zu neutralisieren. Somit wird die Säure, die mit dem „sauren Regen" auf diese Gewässer trifft, nicht abgebaut, sondern bewirkt ein Sauerwerden des Wassers. Der in Skandinavien die Gewässer unterlagernde präkambrische Fennoskandinavische Schild besteht aus Gestein, das in hohem Grade mit Kieselsäure angereichert ist. Wegen der fehlenden Pufferwirkung des Gesteins wird dort durch den aus West- und Zentraleuropa stammenden „sauren Regen" ein beträchtliches, ökologisch zum Teil katastrophales Sauerwerden der Gewässer hervorgerufen.

Durch die jahrzehntelange Übersäuerung durch Luftschadstoffe sind in Deutschland vor allem auch Gewässer betroffen, die bislang als unbelastet gegolten haben, wie z. B. Waldbäche im Taunus, Hunsrück, Kaufunger Wald, Odenwald, Harz und Solling. Diese Fließgewässer sind stark versauert und mit giftigen Aluminium-Ionen überschwemmt. Bemerkenswert ist, daß 10–38% der Versauerung auf Nitrat zurückzuführen ist, während in Skandinavien und in den USA der Nitratanteil der Säurefracht der Gewässer nur 5–10% ausmacht. In den Taunus-Bächen finden sich bis zu 70 Milligramm Sulfat, wovon nur 10 Milligramm auf den natürlichen Schwefelgehalt des Bodens zurückzuführen sind. Im Taunus und im Hunsrück finden sich sogar erhöhte Werte an Sulfat im Grundwasser.

Die neutralisierende Wirkung der Böden ist in weiten Teilen Mitteleuropas auf einen Bruchteil, teilweise sogar nur auf 1% des ursprünglichen Neutralisationsvermögens infolge der jahrelangen Übersäuerung des Regens und durch trokkene, partikelförmige Säureablagerungen abgesunken. Die Gewässer in den Buntsandsteingebieten des Kaufunger Waldes und des Knüllgebirges weisen einen besonders hohen Säuregehalt auf.

Untersuchungen des Bayerischen Landesamtes für Wasserwirtschaft haben an sechs Seen kalkarmer Gebiete ergeben, daß die Versauerung kein Vorgang der jüngsten Zeit sei, sondern schon vor mehreren Jahrzehnten eingesetzt habe. So sind der Große und Kleine Arbersee im Bayerischen Wald im Verlaufe der vergangenen 30–40 Jahre fast gleichzeitig durch Luftschadstoffe mit Säuregraden von pH 5,5 auf 4,7 deutlich saurer geworden. Bei dem im Nationalpark gelegenen Arbersee sank der pH-Wert von 5,2 auf 4,5, was einen drastischen Säureanstieg, verbunden mit einer Zunahme an Aluminium und Schwermetallen, darstellt. Das Wasser mancher Seen ist von Natur aus schon sauer und erfährt nun noch eine deutliche Zunahme der Säurekonzentration. So ist beim Herrenwieser See, einem kleinen Karsee im nördlichen Schwarzwald, der natürliche Säuregrad von 4,5 auf 3,7 gefallen. Die größte Säurezunahme wurde im Pinnsee (Lauenburg) festgestellt, wo im Verlaufe von 40 Jahren der Säuregrad von pH 6,2 auf weniger als 5,0 gefallen ist.

Versäuerung und giftige Aluminium-Ionen wirken sich schädigend auf Fische und Fischnährtiere sowie andere Wirbellose und die Unterwasser-Vegetation aus. Besonders die Bachforellen sind stark betroffen. Für sie tritt die giftige Wirkung bei einem Säuregrad von pH 5 und einem Aluminiumgehalt von 0,2 Milligramm je Liter Wasser ein. In vielen „sauberen" und „unbelasteten" Gewässern werden diese Grenzwerte deutlich überschritten. Bei den Forellen tritt die Schädigung durch direkte Einwirkung an der Brut und an Jungtieren ein, teilweise aber auch durch die Verringerung des natürlichen Nahrungsangebots.

Technische Abwasserbehandlung

Das Mißverhältnis zwischen der zunehmenden Menge an Siedlungs-, Gewerbe- und Fabrikabwässern und dem Nachholbedarf auf dem Sektor der kommunalen und industriellen Abwasserbeseitigung beginnt sich erst langsam aufzulösen. Immerhin sind aufgrund der Errichtung von Gemeinschaftskläranlagen durch Abwasserverbände, in denen mehrere Städte oder Gemeinden zusammengeschlossen sind, größere Bachstrecken wieder unbelastet und biologisch regeneriert. Das gleiche gilt für große kommunale und industrielle Klärwerke entlang der Flüsse, die in letzter Zeit Verbesserungen der Wasserqualität aufwiesen. Diesen Entwicklungstrend mit seinen positiven Auswirkungen weiterhin intensiv zu fördern und vorrangig die kleinen Fließgewässer zu sanieren, ist ein wesentliches Nahziel. Der einzige ökologisch vertretbare Weg, dieses Ziel für Bachläufe zu erreichen, ist die vollständige Erfassung aller Abwassereinleiter, ihr Anschluß an einen Hauptsammelkanal und die Reinigung des Schmutzwassers in einer zentralen Abwasserbehandlungsanlage. Da unter Anwendung der herkömmlichen abwassertechnischen Verfahren in Kläranlagen eine vollständige Reinigung der Abwässer nicht zu erzielen ist, andererseits aus wirtschaftlichen Gründen in naher Zukunft meist keine weitergehende Reinigungstechnologie (z. B. chemische Stufe) in Aussicht steht, sind Kläranlagen grundsätzlich an den Unterlauf oder die Mündung der Bäche zu verlegen. Allein dort kann mit einer ausreichenden Vorflut für die aufzunehmenden, mit Restlasten behafteten Kläranlagenabwässer gerechnet und ein völliges Freihalten wenigstens der oberhalb liegenden Gewässerstrecken von schädlichen Schmutzbelastungen garantiert werden.

Im Bereich der Groß- und Mittelstädte sind nicht nur umfangreiche, ein weiteres Bevölkerungs- und Wirtschaftswachstum berücksichtigende konventionelle Kläranlagen zu bauen, sie benötigen außer der mechanischen und vollbiologischen Reinigung auch eine chemische Stufe, die die wichtigsten giftigen Substanzen neutralisiert oder herausfiltert. Chemische Fabriken benötigen produktionsbezogene chemische Abwasserreinigungsanlagen, wozu auch der von den Farbwerken Hoechst entwickelte Biohoch-Reaktor gehört, in dem unter Zusatz von Aktivkohle die resistenten und bakteriell nicht abbaubaren Gifte gebunden werden. Wichtig für den Gewässerschutz ist aber auch die Entwicklung neuer Produktionsformen, durch die der Anfall industrieller gewässerschädigender Stoffe von vornherein gemindert wird.

Gewässerprojekt Untermain

Ein senckenbergisches Forschungsprogramm

Der Main in seiner ganzen Länge, besonders aber sein Unterlauf etwa ab Aschaffenburg, ist ein exemplarisches Beispiel für einen durch verschiedenartige Eingriffe des Menschen völlig veränderten und an die Grenze der Belastbarkeit geratenen Wasserlauf.

Ursprünglich strömte der Main im Tertiär und besonders während des Eiszeitalters (Pleistozän) breitflächig in sich ständig veränderndem Flußbett dahin. Auch die Seitengewässer, beim Untermain besonders Nidda und Kinzig, wechselten in ihren breiten Tälern oft ihren Verlauf. Während der Eiszeit hatte die Nidda mit großen Hochwassermassen das Flußbett des Mains nach Süden bis an den Rand des Odenwaldes verlagert. Seinen heutigen Verlauf hat der Fluß vor 5000 Jahren angenommen und seitdem nur noch wenig verändert.

Bis in das 19. Jahrhundert war der Main ein rasch fließender Fluß mit sauberem und sauerstoffreichem Wasser. Er besaß ein breites Flußbett mit kleinen Inseln, Sandzonen, Schilfbänken, natürlichen Wehren und zahlreichen Altarmen. Das dicht bewachsene Ufer war flach, oft sumpfig, es hatte zahlreiche Sandbuchten und Uferteiche. Das Wasser des Mains war hell und durchsichtig, der Boden bestand aus Sand und Kies.

Entsprechend der hohen Wasserqualität und der Vielfalt an Lebensräumen war der Fischreichtum so groß, daß er früher als „Moenus piscosus", der fischreiche Main, genannt wurde. Die Fischfauna bestand aus Wanderfischen (Stör, Lachs, Maifisch, Aal und Neunaugen) und zahlreichen Standfischen.

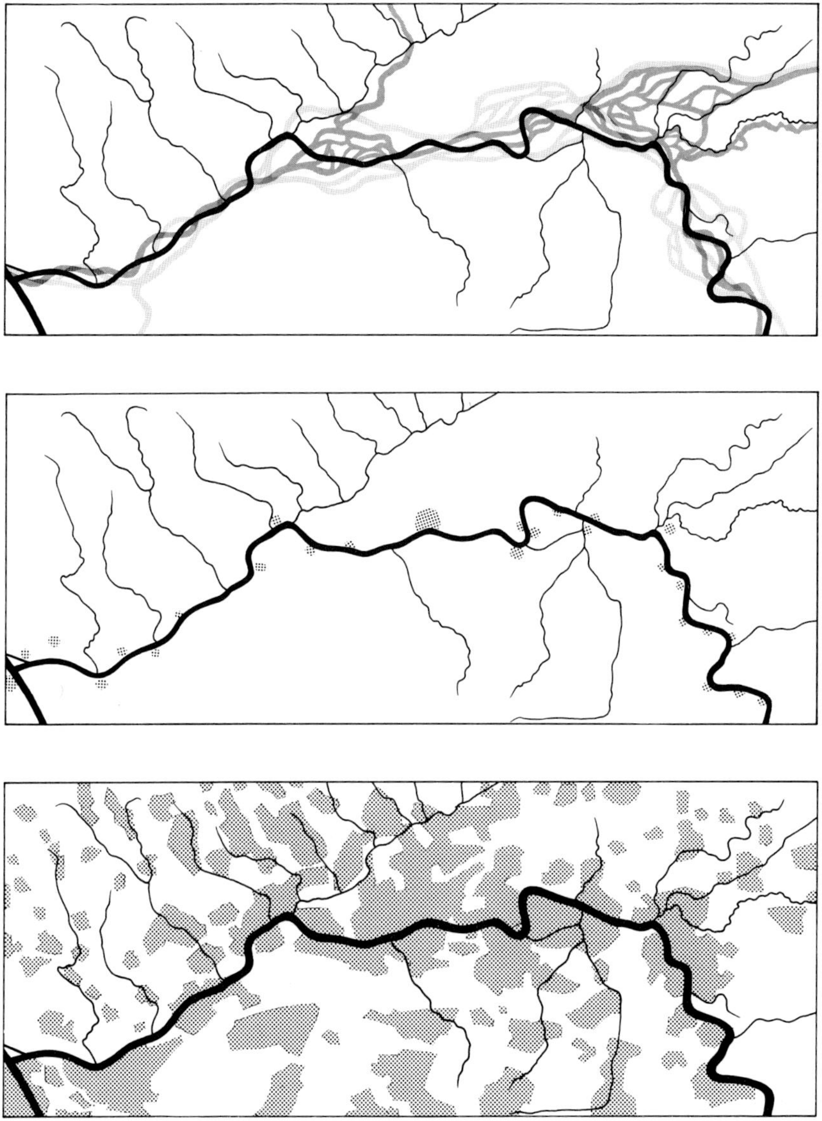

39 Oben: Die Veränderungen der Flußläufe des unteren Mains, der Nidda und der Kinzig während des Eiszeitalters. Mitte: Um 1835 lagen entlang des Untermains nur kleine Ansiedlungen. Unten: Der kommunale und industrielle Ballungsraum entlang des Untermains 150 Jahre später.

Ab Mitte des 19. Jh. mußte der Main in zunehmendem Maße die Abwässer der sich immer schneller entwickelnden Industrien und rasch wachsenden Städte aufnehmen. Der Main wurde zu einem der meist belasteten Flüsse Europas. In manchen Abschnitten verschwand zeitweilig jegliches Leben aus dem Fluß.

Hinzu kamen tiefgreifende wasserbauliche Maßnahmen. Ab 1883 wurde der Main in einen Kanal mit zahlreichen Stauwehren umgewandelt. Durch die Wehre und Schleusen verlor er seinen einstigen Flußcharakter. Kanalisierung und Stauung bewirkten eine Verlangsamung der Fließgeschwindigkeit, Minderung des Sauerstoffgehalts, Trübung des Wassers und Anreicherung des Flußbodens mit Schlamm und Faulschlamm. Ab 1930 erfolgte der Ausbau zur Großschiffahrtsstraße, ab 1970 wird er zum Rhein-Main-Donau-Kanal umgewandelt.

Die Fischfauna veränderte sich im Verlaufe eines Jahrhunderts völlig: Die Wanderfische und die ökologisch empfindlicheren Standfische (Flußbarbe, Nase, Aalrutte usw.) verschwanden völlig. Geblieben sind die anpassungsfähigeren Stillwasserarten (Rotauge, Brachsen usw.).

Der Main dient dem Schiffsverkehr als Wasserstraße, der chemischen und Elektrizitätsindustrie als Wasserreservoir mit hohem Verbrauch sowie den Kommunen und Industriebetrieben als Vorfluter zur Aufnahme der Abwässer. Der Uferverbau, die Wärmebelastungen und die Schmutzwassereinleitungen wirken sich als ökologische Faktoren auf das Vorkommen von Flora und Fauna und die Artenzusammensetzungen des Flusses aus. Wohl nirgendwo sonst in der Bundesrepublik Deutschland haben die Abwasserbelastungen von Haupt- und Nebenflüssen, insbesondere beim unteren Main, nach 1950 ein solches Ausmaß erreicht. In keinem anderen großen Stromgebiet präsentieren sich die Folgen von Flußbegradigungen, Stauregulierungen und Trockenlegung von ehemaligen Überschwemmungsgebieten der Talauen ökologisch, also auch fischereiwirtschaftlich gesehen, so nachteilig wie hier.

Der letzte, um 1845 im Untermain gefangene Stör, der sich im Frankfurter Senckenberg-Museum befindet.

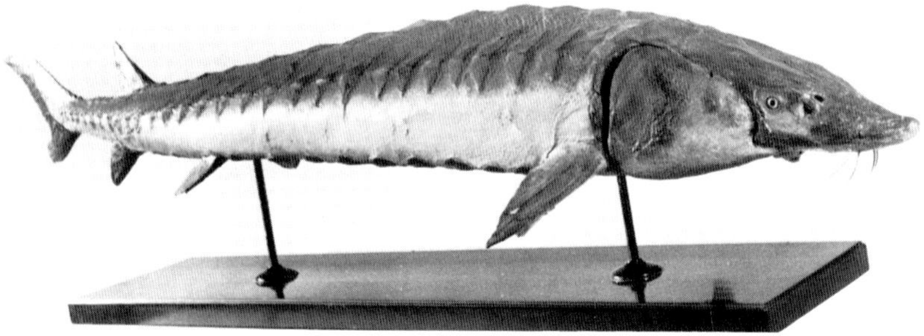

Im Jahre 1970 begannen Wissenschaftler des Forschungsinstituts Senckenberg mit einer umfangreichen biologischen und ökologischen Untersuchung des Untermains. Es ging zunächst um die Aufgabe, Aufschluß zu erhalten über das Vorkommen von Fischen und Wirbellosen und somit die Lebensgemeinschaften (Biozönosen) zu ermitteln. Diese neuen Ergebnisse konnte man vergleichen mit alten Literaturangaben und alten Tiersammlungen, die etwa 150 Jahre alt aus einer Zeit stammten, als der Fluß noch ein völlig natürlicher Lauf war. Bei den senckenbergischen Untersuchungen ging es zunächst um die Frage, welche Tiere (Fische, Krebse, Asseln, Insektenlarven, Muscheln, Schnecken, bestimmte Würmer, Schwämme usw.) noch im Unterlauf zwischen Aschaffenburg und der Mündung vorkommen und welchen Umweltbedingungen sie ausgesetzt sind.

Die Bestandsuntersuchungen ergaben, daß trotz einer erheblichen Einwirkung industrieller und kommunaler Abwässer an vielen Abschnitten des Untermains noch eine Reihe anpassungsfähiger Arten vorkommt. Nur in seinem untersten Bereich war der Main ein nahezu totes Gewässer.

Im Anschluß an diese Bestandsermittlungen wurden durch mehrjährige hydrochemische Analysen des Wassers Rückschlüsse gezogen auf die unterschiedlichen Faunengesellschaften in Beziehung zur jeweiligen Wassergüte. Ein weiteres Projekt dieses langfristigen senckenbergischen Forschungsprogramms stellten Untersuchungen über den Einfluß der Wärmebelastung durch Kraftwerkskühlwasser auf die Biozönose dar. Außerdem werden Möglichkeiten für ökotechnische Maßnahmen zur Verbesserung der Lebens- und Fortpflanzungsbedingungen der Fische und Wirbellosen Tiere untersucht.

Offensichtlich durch den verstärkten Ausbau und Neubau kommunaler und industrieller Kläranlagen konnte seit 1980 eine positive Entwicklung festgestellt werden. Denn sowohl bestimmte chemische Faktoren, insbesondere die Sauerstoffverhältnisse, als auch das Vorkommen von Fischen und Wirbellosen an Stellen, die zuvor weitgehend oder völlig verödet waren, lassen eine Besserung der Wasserqualität erkennen. Bemerkenswert ist das erneute Auftreten von Schnecken, Muscheln, Flohkrebsen, Asseln, Larven von Eintagsfliegen und Köcherfliegen und auch bestimmten Fischarten zwischen Frankfurt und der Mainmündung. Allerdings wird bis zum Erreichen einer größeren Artenmannigfaltigkeit mit ausbalancierten Individuenzahlen eine Zeitlang vergehen. Auch die seit 1981 laufenden Untersuchungen der Ökologie und Schadstoffbelastung der Sedimente des Flußbodens lassen diesen positiven Trend erkennen. Somit hat das senckenbergische Forschungsprogramm nicht nur den ökologisch katastrophalen Zustand des Main-Unterlaufes dokumentiert, sondern auch die positive Wirkung ökotechnischer Maßnahmen, zu denen insbesondere die Einrichtung von Klärwerken zu rechnen ist, nachgewiesen.

Diese Ergebnisse besagen aber nicht, daß das Mainwasser schon wieder eine ausreichende Qualitätsstufe erreicht hat. Da der Bedarf an Oberflächenwasser für den Menschen immer größer wird, ist eine weitgehende Entgiftung erforderlich. Die Anstrengungen zur Verbesserung der Wasserqualität des Mains dürfen nicht erlahmen. Daß der Main auch heute noch zahlreiche, aus kommunalen und industriellen Abwässern stammende Gifte mit sich führt, wurde wiederholt nachgewiesen.

Man sollte auch keinen Fisch aus den belasteten Abschnitten dieses Flusses essen. Die Fische sind nach wie vor durch den hohen Schadstoffgehalt im Fleisch für den Menschen gefährlich. Nach den Angaben des Hessischen Landwirtschaftsministeriums, der Hessischen Landwirtschaftlichen Versuchsanstalt und des Deutschen Verbraucherschutzverbandes weisen die Fische des Untermains in ihrem Körper als gefährliche Umweltgifte u. a. Hexachlorbenzol (HCB), polychlorierte Biphenyle (PCB) und Hexachlorbutadien auf, die aus den industriellen Abwässern stammen und schwer abbaubare, krebserzeugende chlorierte Kohlenwasserstoffe sind. Ähnlich sind die Verhältnisse bei vielen anderen Gewässern mit großen angrenzenden Siedlungen und Industrien.

Keine Hoffnung für den Rhein?

Die Geschichte des Rheins als Fischgewässer

Früher war der Rhein eines der fischreichsten Gewässer Deutschlands. Rheinsalm, Rheinaal, Stör und andere Rheinfische galten als besondere Spezialitäten. Rheinfischer waren stets wohlhabende Leute. Es kam vor, daß an einer Stelle, z. B. bei Benrath, während einer Nacht Lachse im Wert von 3000 Goldmark gefangen wurden. Manche Gemeinde war durch den Fischfang reich geworden.

Bis 1765 war der Rhein so gut wie unberührt. Er hatte ein breites Flußbett mit zahlreichen Nebenarmen, vielen Inseln und weiten Überschwemmungsgebieten. Die natürlichen Verhältnisse des Flusses waren für den Fischbestand ideal (vor allem Rheinsalm, Aal, Stör, Maifisch).

1765–1850: Die Zeit der großen Korrekturen des Flußverlaufs, Begradigung, totale Eindeichung und Uferbefestigung, Verlust vieler Altwässer. Beginnende Erschwernisse für die Fischerei.

1850–1920: Der Rhein wurde zur Großschiffahrtsstraße für den allmählich anwachsenden Dampfschiffahrtsverkehr. Entwicklung der Großstädte und Aufbau der Großindustrie mit großen Mengen ungeklärter Abwässer, die der Rhein aufnehmen mußte. Sehr starke Abnahme der wirtschaftlich wertvollen Wanderfische (Lachs, Stör, Maifisch), mit Ausnahme des Aales, der zunahm.

1920–1945: Weitere industrielle Aufwärtsentwicklung. Abbaggerung der Kiesablagerungen. Der Stör verschwindet ganz. Geschmacksminderung aller noch gefangenen Speisefische.

1945–1955: Nach Kriegsende Wiederaufbau der Industrie. Eutrophierung, Verölung, Vergiftung des Wassers. Der Rheinsalm verschwindet fast völlig; nur noch Aale vorhanden.

Ab 1955: Sehr starke Entwicklung von Industrie und Gemeinden. Jedoch Einführung der ersten Maßnahmen zur Abwasseraufbereitung. Die Verschmutzung nimmt zwar weiterhin zu, im Tempo aber geringer als zuvor.

Ab 1975: Durch neue Kläranlagen kommt es zu einer allmählichen Qualitätsverbesserung des Rheinwassers. Die Voraussetzungen für das Leben vieler Pflanzen und Tiere sind wieder günstiger geworden. Die Fischbestände erholen sich.

Ab 1980: Die ersten Lachse oder Meerforellen und ein Maifisch wurden festgestellt.

1983: Nach Ansicht der Wasserwerke, die Trinkwasser aus dem Rheinstrom gewinnen, muß allerdings noch viel für die Verbesserung der Sauberkeit des Gewässers getan werden, um einwandfreies und qualitativ hochwertiges Trinkwasser zu erhalten.

Rückgang des Lachsfangs im unteren Rheingebiet. (Nach Trahms, verändert.)

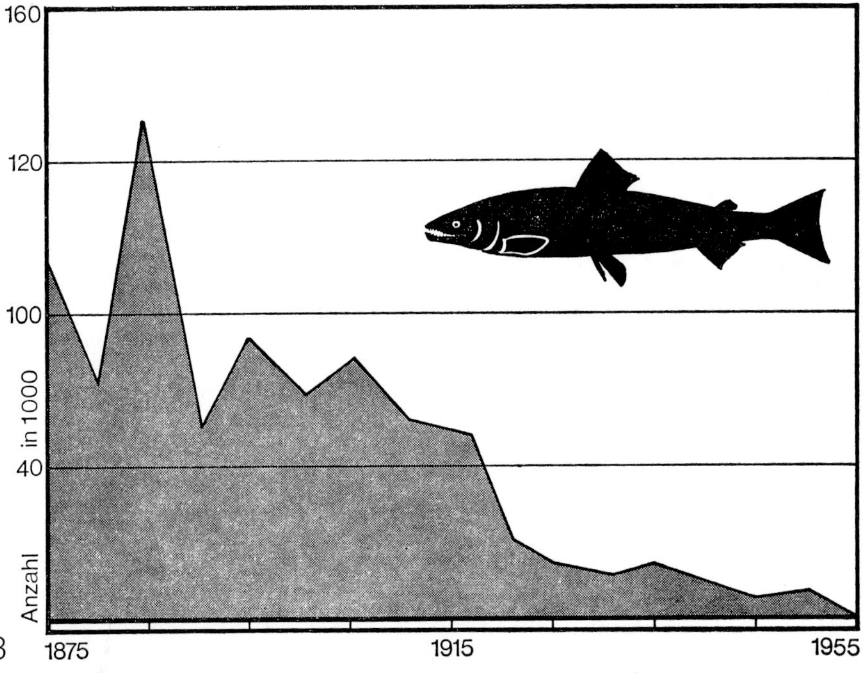

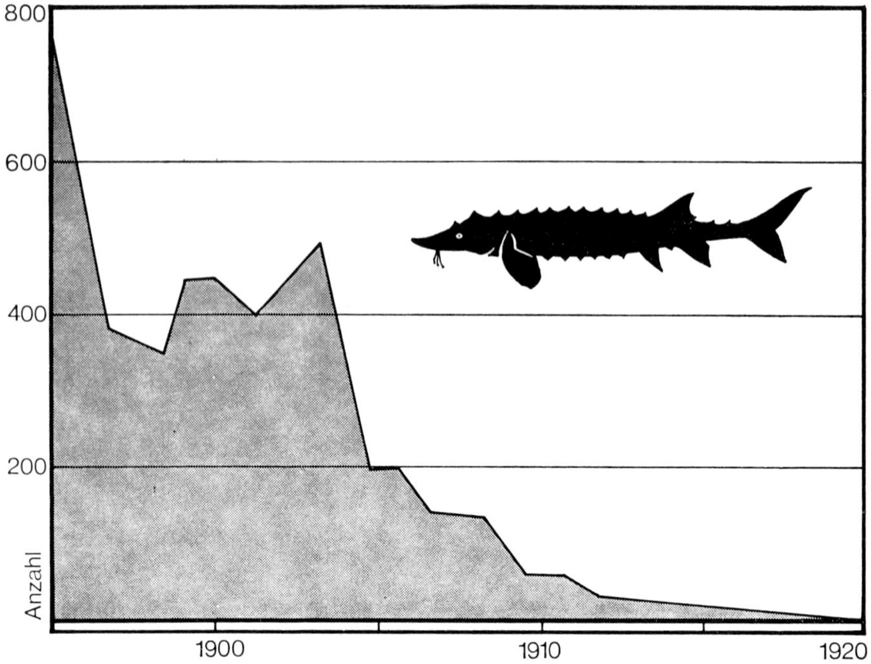

Rückgang des Störfangs der Holländer im Unterlauf des Rheins. (Nach Trahms, verändert.)

Gebt dem Rhein eine Chance!

Vier große Gefahren belasten den Rhein heute:

1. Abwässer der Kommunen und der Industrie (insbesondere der chemisch-pharmazeutischen Industrie).

2. Versalzung des Wassers (Kalibergbau, Landwirtschaft, Steinkohlenbergbau, Soda-Industrien).

3. Mineralöl-Verschmutzung, vor allem hervorgerufen durch Reinigung des Kielraumes (Bilge) der Schiffe im Strom (heute 18000 Schiffe).

4. Kühlwässer, von Industrieanlagen dem Rhein entnommen und dorthin aufgewärmt wieder zurückgegeben.

Diese ständigen Belastungen machen den Rhein, ehemals Lebensader West-Europas, heute zur schmutzigen und gefahrbringenden Abwasserrinne. Hier darf nicht resigniert werden! Rettet vor allem seine Altwässer und Seitenrinnen als die letzten Zonen natürlicher Regeneration.

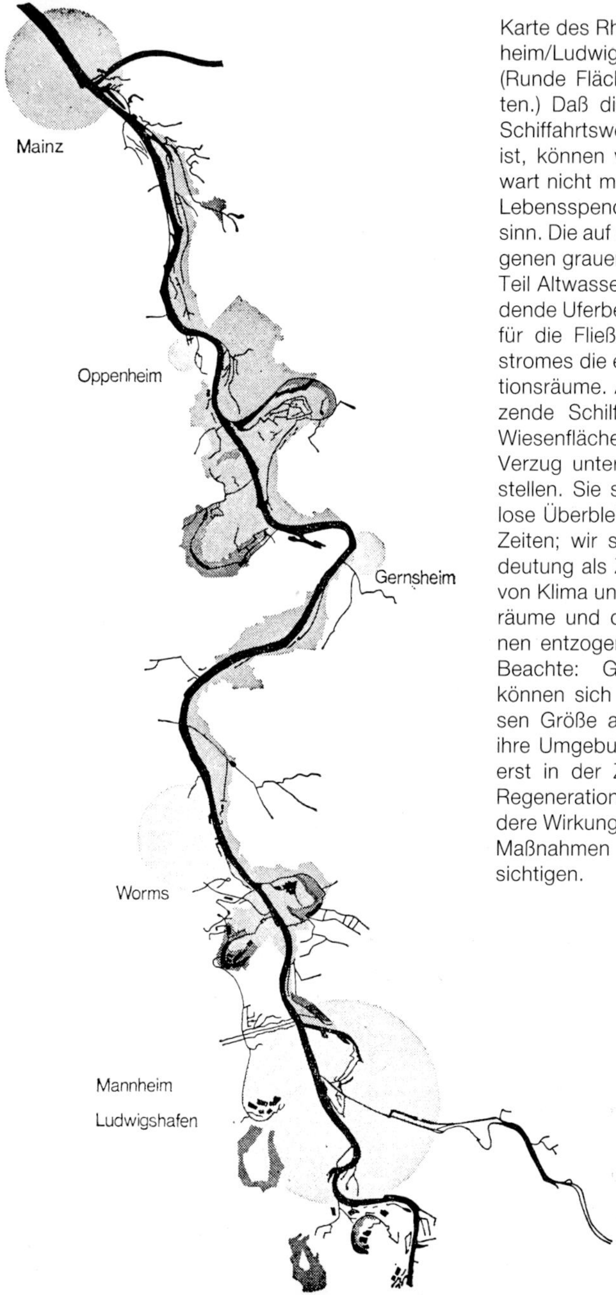

Karte des Rheinstromes von Mannheim/Ludwigshafen bis Mainz. (Runde Flächen = Stadtlandschaften.) Daß dieser große Strom nur Schiffahrtsweg und Abwasserrinne ist, können wir uns in der Gegenwart nicht mehr leisten. Denn er ist Lebensspender im wahrsten Wortsinn. Die auf unserer Karte eingetragenen grauen Flächen, zum großen Teil Altwasserschlingen und verlandende Uferbezirke umgreifend, sind für die Fließgewässer des Hauptstromes die eigentlichen Regenerationsräume. Altwässer und angrenzende Schilffelder, Auwälder und Wiesenflächen sind daher ohne Verzug unter absoluten Schutz zu stellen. Sie sind nicht länger wertlose Überbleibsel aus vergangenen Zeiten; wir sollten sie in ihrer Bedeutung als Zonen der Gesundung von Klima und Wasser und als Freiräume und dem Profit des Einzelnen entzogen ganz ernst nehmen. Beachte: Gesunde Ökosysteme können sich erst von einer gewissen Größe ab entwickeln und auf ihre Umgebung einwirken. So wird erst in der Zusammenlegung von Regenerationsflächen eine gesündere Wirkung ausgehen. Zukünftige Maßnahmen müssen dies berücksichtigen.

Wir zeigen auf unserer Karte die Stromstrecke Mannheim – Mainz. Als Beispiel für viele weitere Strecken wählen wir gerade diesen Stromabschnitt, weil der nördliche Teil der Oberrhein-Ebene in baldiger Zukunft einen der großen städtischen und industriellen Ballungsräume in unserem Lande tragen wird. Dessen Existenz wird aber in erster Linie vom Zustand des Rheins (und im nördlichsten Teil, des Mains) abhängen. Daher sind ständige Anstrengungen auf nationalem und internationalem Gebiet notwendig, um das Wasser des Hauptstromes qualitativ allmählich weiter zu verbessern.

Darüber hinaus sind die Altrheine und ihre Ufergebiete die letzten Zonen einer natürlichen Regeneration. Sie erhalten als intakte Ökosysteme eine ganz neue und wichtige Funktion in unserer geschundenen Landschaft und sind keine überflüssigen und ohne Schaden zu vernachlässigende Areale. Die hier geforderten Maßnahmen zur Gesundung des Oberrheines durch Altrhein-Pflege sind landschaftsgestaltender Art und wirken auf solche Weise auf mehrere Faktoren zugleich ein.

Diese Altrheine und Stillwasserbezirke sind mit ihren Uferzonen

Gebiete der Klimagestaltung und der natürlichen Regelung gestörter Wassertemperaturen; sie sind

Gebiete des Grundwasseraustausches zwischen Fluß und Untergrund der Oberrhein-Ebene; sie sind

Gebiete, in denen der Wasserabfluß verlangsamt und Hochwässer gedämpft werden; sie sind

Gebiete der organischen Regeneration (Phyto- und Zoo-Plankton, Kleinlebewesen, Fischbrut, Vögel, Säugetiere); sie sind

Gebiete der körperlichen und seelischen Erholung des Menschen.

Wir fordern daher: Die Altrhein-Gebiete sollen in dieser zukünftigen Industrielandschaft als ein Verbundnetz gesunder ökologischer Landschaftszellen und lebendiger Inseln angesehen und so behandelt werden. Ihre Zerstörung wäre Selbstmord.

Wir fordern daher im einzelnen:

1. Alle natürlichen und noch mit dem Rhein in Verbindung stehenden Altwässer sind als Ganzes, d. h. mit den dazugehörigen Außendeichgebieten, unter absoluten Schutz zu stellen. Es ist ihre Verbindung mit dem Hauptstrom auf Dauer sicherzustellen.

2. Alle noch vorhandenen, aber ganz oder teilweise vom Hauptstrom abgeschnittenen Altwässer sind als Ganzes unter absoluten Schutz zu stellen, und es ist ihre Verbindung mit dem Hauptstrom wieder herzustellen.

3. Alle in Rheinnähe befindlichen Kiesgruben sind mit dem Hauptstrom in Verbindung zu bringen, zu regenerieren und unter absoluten Schutz zu stellen.

4. Die noch vorhandenen und meistens mit Altwässern in Beziehung stehenden Auwälder und Schilffelder sind unter absoluten Schutz zu stellen und einer strengen Bewachung zu unterziehen.

Gewässerschutz und Ökotechnik

Pflanzen und Tiere, überhaupt das Leben und die Voraussetzungen dazu schützt man am besten, wenn man eine bestimmte Umwelt erhält oder naturgemäß neu gestaltet.

Auf diesem Gedanken basiert letzten Endes der Begriff des „Naturschutzgebietes": Aus der notwendigerweise ökonomisch genützten Landschaft wird ein Teilbereich „unter Naturschutz gestellt" und möglichst der Nutzung entzogen. Man schützt einen Biotop. Dies ist also der ursprüngliche Sinn des Naturschutz-Gedankens; wir sprechen von einem „konservierenden (bewahrenden) Naturschutz" und schützen so das Ganze. Inzwischen hat der Begriff des „Naturschutzgebietes" im Bundesnaturschutzgesetz seine Verankerung gefunden. Viele Tiere, Pflanzen, ganze Landschaften, aufgelassene Steinbrüche, Wasseransammlungen, Bäche usw. sind nur deshalb bis heute erhalten geblieben, weil sie in Naturschutzgebieten liegen und von dort her ihre Existenz gesichert ist.

Ein Idealfall ist es, wenn dieses Naturschutzgebiet groß genug ist, um seine Bedingungen auf Dauer aus sich heraus erhalten zu können (Klima, Wasserhaushalt usw.). Aber nicht immer sind alle ökologischen Elemente im Sinne einer gesicherten Erhaltung aufeinander abgestimmt.

In vielen Fällen sind die ökologischen Bedingungen, denen zuliebe ein Naturschutzgebiet einst eingerichtet wurde, wegen der Eingriffe in die ökonomisch genutzte Landschaft ringsum nicht mehr aufrecht zu erhalten. Das Naturschutzgebiet verändert sich auf Grund der sich in seiner Umgebung wandelnden Verhältnisse: Was ursprünglich geschützt werden sollte, wird durch sich ändernde Bedingungen außerhalb und schließlich auch innerhalb dieses Lebensraums geschädigt und hebt sich schließlich auf.

Um aber ein solches, unter äußeren zerstörerischen Einwirkungen stehendes Naturschutzgebiet ökologisch zu erhalten, muß eingegriffen werden. Dies ist ein für den bewahrenden Naturschutz zunächst irritierendes Beginnen, da ja am Naturschutzgebiet jeder Eingriff vermieden werden will. Solche Eingriffe sind meist bautechnischer Natur, sie sollen durch bauliche Maßnahmen gezielt bestimmte Zustände der Umwelt bewahren (oder neu schaffen). Zweifellos liegt hier ein verantwortliches praktisches Gestalten vor! In Zukunft werden viele Naturschutzgebiete und viele ökonomisch zu nutzende Naturlandschaften lebenswichtige bautechnische Eingriffe nötig haben, wenn sie weiter existieren sollen. Solche Sicherungsvorkehrungen setzen aber voraus, daß man die natürlichen Bedingungen, unter denen die zu schützende Landschaft steht, genau kennt (sogenannter „gestaltender Naturschutz").

Meistens ist dieses Gestalten ein wasserbaulicher Eingriff. Für unsere Landschaften in Mitteleuropa (und weit darüber hinaus) ist die wichtigste Bedingungsänderung, die vorkommen kann, die Abnahme des fließenden und stehenden Wassers in der Landschaft als Oberflächen- und als Grundwasser.

Es ist daher der Angehörige eines Berufes, der eine große Verantwortung für die Erhaltung dieses entscheidenden Landschaftstyps tragen wird, nämlich der Wasserbauingenieur. Bisher war es die Aufgabe dieser Berufssparte, mit natürlichen und künstlichen Mitteln in der Landschaft mit dem vorhandenen Wasser bautechnisch so umzugehen, daß es abgeleitet wird, meistens um den Weg in das Meer zu öffnen. Diese Funktion betrifft jegliches Gewässer, von der kleinen Pfütze und jedem Rinnsal bis zu den großen Strömen.

Wie alle Gestaltung von Ökosystemen, so setzt auch der landschaftsgestaltende Wasserbau von der Seite des Biotops her an. Diese Aufgabe bedeutet für ihn aber bei unserer heutigen Kenntnis wasserökologischer Zusammenhänge vor allem schon von der Planung her ein neues Denken und neues Wissen. War bisher Wasserbau in jeder Planung ausschließlich rechnerisch-technische Disziplin zu einem ökonomischen Zweck, so muß er heute und in Zukunft zusätzlich eine landschaftsgestalterische, und das bedeutet meist eine hydrobiologische Disziplin sein. Diese Erkenntnis sollte sich schon auf die Ausbildung der jungen Wasserbauingenieure an der Hochschule auswirken, und sie betrifft erst recht die Planung für die Praxis.

So ist alle Raumordnung und alle Landschaftsplanung schon jetzt außer dem eigentlichen Anlaß der ökonomischen Teilmaßnahme vornehmlich Wasserbau. Solcher Wasserbau sollte heute nicht mehr trockenlegen, sondern lebensfähige Biotope gestalten; er soll Teilstücke der Hydrosphäre schaffen, die immer in bezug auf ein Ganzes ihre Bedeutung haben. Nicht Denken im Sinne einer technischen Einzelaufgabe, sondern Denken im Räumlichen (d. h. im Sinne ganzer Landschaften); das umso mehr, als der Wasserbau außerdem sichtbar gestaltet und in seiner Wirkung für Jahrhunderte unsere Landschaft zeichnet.

Wir alle kennen die Leistungen des Wasserbaues, wie sie in den letzten zwei Jahrhunderten mit rein ökonomischen Zielen (Abtrocknen der Auegebiete, der feuchten Wiesen und Moorlandschaften, Schiffbarmachen der Ströme auf einer möglichst großen Stromstrecke, Gewinnung von elektrischer Energie, Hochwasserschutz, Abwasserrinne) sich darstellen. Ein solcher Wasserbau ist in jedem Fall ein ökonomisch-produktiver Akt; er sollte aber angewendete biologisch-ökologische, nicht nur technisch-ökonomische Erkenntnis sein. Wir verstehen also abschließend, daß Wasserbau als Landschaftsplanung heute mehr sein muß als Technik, bezogen auf die Quantität des fließenden Wassers, sondern daß hier ganze Landschaften mit ihrem Klima, mit dem Grundwasser, mit dem gesamten Pflanzenwuchs und der Trinkwasserversorgung, also Qualitatives, in Frage stehen. Es muß eine ökonomisch bezogene Hydrotechnik zum Ausgang unseres Jahrhunderts sich wandeln in eine ökologisch gesteuerte Disziplin, wir sagen in eine „Ökotechnik".

„Ökotechnik" heißt: die Anwendung technischer Maßnahmen zur Wiederherstellung ökologischer Bedingungen eines zuvor durch die Technik biologisch entwerteten Lebensraumes. So können z. B. bei einem kanalisierten Fluß durch technische Eingriffe wieder natürliche Laichplätze für die Fische geschaffen werden. Auch kann ein ehemaliger Auenwald durch bestimmte Staumaßnahmen bei

Hochwasser wieder regelmäßig überflutet und somit ökologisch regeneriert werden. Ein jedes effektiv arbeitendes Klärwerk ist eine ökotechnische Einrichtung.

Dieser neue Gedanke im Wasserbau, der in so großem Gegensatz zu den technischen Maßnahmen und Eingriffen des 19. und der bisherigen Dezennien des 20. Jahrhunderts steht und unsere Landschaft so grundlegend gewandelt hat, wird heute in zunehmendem Maße aufgegriffen. So hat die „Gesellschaft für Ingenieurbiologie e. V." auf ihrer Jahrestagung 1980, den „Uferschutzwald an Fließgewässern zweiter Ordnung" behandelt. Doch muß Wasserbau im Sinne einer Ökotechnik über den ökologisch sinnvollen Uferschutz hinaus in ganzen Einzugsgebieten der Gewässer geplant und realisiert werden. Hier müssen die Techniker des Wasserbaus noch viel hinzulernen.

Wie die mitteleuropäischen Ströme mit ihren Naturschutzgebieten für das Gesagte gutes Beispiel sind, so gilt dies für die übrigen Ströme der Erde auch. Seit wenigen Jahren erleben sie fast alle, die zur Bewässerung, zur Schiffahrt, zur Aufstauung, mit einem Wort, „zum Ausbau" mit ihren Auen herangezogen werden, gefährliche Veränderungen. Die in Rede stehenden Ströme durchdringen Savannen und andere Trockenräume in ihrem Mittel- und Unterlauf nur, weil sie ihr Wasser aus Feuchtgebieten und aus Hochgebirgen im Quellgebiet herleiten und weil sie mittels der Hochwasserwellen die hohen Verdunstungsraten in den trockenen Zonen gerade noch auszugleichen vermögen. Kontinentbeherrschende Großströme scheinen in ihren riesigen Ausmaßen stabile und fast unbeeinflußbare Größen zu sein. Doch neue Untersuchungen haben ergeben, daß dies keineswegs der Fall ist: geringfügiges Anzapfen, Umleitungen und künstliche Beeinflussungen im Wasserzulauf und -ablauf, wie sie in der Gegenwart und Zukunft immer häufiger in subtropischen und tropischen Ländern vorgenommen werden, bringen sehr schnell das natürliche Gewässersystem und den Sedimenttransport mit allen Folgen für die Aue- und angrenzenden Urwaldgebiete und sein Klima heillos durcheinander. Wie fast zu erwarten ist, werden heute in Tropen und Subtropen die gleichen Fehler noch einmal gemacht, die in unseren Breiten begangen wurden. Sie wiegen hier noch schwerer, weil in diesen südlichen Breiten die natürlichen Vorgänge schneller und intensiver ablaufen als in gemäßigten Zonen. Meistens sind es zunächst nur Eingriffe in den Sedimenthaushalt oder vielleicht nur in den Galeriewald, die die Fakten verändern (Klima, Wasserhaushalt, Hochwässer, Sedimente und ihre Ablagerung). Erst nach einigen Jahren stellen sich die tiefgreifenden und vielfach irreversiblen Fehler heraus. Dies zeigt: Es fehlt immer noch eine vergleichend-ökotechnische Flußforschung für die Ströme der Erde.

Das Meer – Schatzkammer und Müllschlucker der Erde

Das Weltmeer mit seinen drei Ozeanen und vielen Mittel-, Rand- und Nebenmeeren umfaßt annähernd drei Viertel der Erdoberfläche. Im Durchschnitt ist es etwa 4000 m tief, stellenweise erreicht es über 10000 m Tiefe. Es hat ein Volumen von 1368 Millionen Kubikkilometern.

Für die immer zahlreicher werdende Menschheit hat das Meer in der Zukunft drei Hauptaufgaben:
Als wichtigster Eiweißlieferant für die menschliche Ernährung aufgrund seiner Pflanzen und Tiere;
bedeutendster Rohstofflieferant für die Industrie aufgrund seiner Bodenschätze;
größte Müllkippe aller Kontinente aufgrund seiner riesigen Ausdehnung.

Das Meer – wichtigster Nahrungsspender für die Menschheit?

Manche Ernährungsspezialisten glauben, daß es durch Verwertung der pflanzlichen Eiweißmassen des Meerwassers, durch technische Intensivierung des Fischfangs und durch erweiterte Zuchtmethoden von Meerestieren möglich sein wird, allein aus dem Meer 30 Milliarden Menschen mit genügend Nahrung zu versorgen. Der bisher höchste Ertrag von 64 Millionen t gefangener Fische (1968) soll auf 100–150 Millionen t gesteigert werden. Außerdem sollen verstärkt pflanzliches und tierisches Plankton, Algen, Muscheln, Tintenfische und Krebse für die menschliche Ernährung verwendet werden.

Wie sieht die Wirklichkeit aus?

Durch modernste Fangflotten mit ausgeklügelten Fangtechniken wird die Fischwelt rücksichtslos abgefangen. Diese Ausbeutung des Meeres muß schon in wenigen Jahren zu einem katastrophalen Rückgang des Fischbestandes führen. Mancherorts sind bestimmte, früher häufige Nutzfische schon verschwunden (z. B. an der Südküste Kaliforniens und vor Schottland).

Nach Berechnungen der Organisation für Ernährung und Landwirtschaft in den Vereinten Nationen (FAO) ist 1969 zum ersten Mal seit 25 Jahren der Ertrag der gesamten Weltfischerei rückläufig gewesen.

Durch Verschmutzung und Vergiftung des Wassers wird die Brut mancher Fischarten stark geschädigt.

Durch Aufnahme von Industriegiften sind Nutzfische ungenießbar geworden oder haben gefährliche Giftmengen angereichert (z. B. Quecksilber im Thunfisch vieler Teile der Weltmeere).

Durch Anreicherung von Giften sind Krebse, Muscheln und andere Wirbellose ungenießbar geworden (z. B. die Miesmuschelbänke bei Mellum in der Deutschen Bucht).

Bestimmte Hochseealgen leiden unter Chlorkohlenwasserstoffen und anderen Giften und gehen in ihrem Bestand allmählich zurück.

Die Zucht von Meerestieren ist in vielen Küstengebieten wegen der Verschmutzung der Flachwasserzonen bereits unmöglich geworden.

Wirtschaftlicher Reichtum aus dem Meer

Das Weltmeer ist der größte Vorratsspeicher unseres Erdballs an kostbaren Mineralstoffen. Im Meerwasser befinden sich 50 Billiarden Tonnen gelöster Salze und wertvoller Spurenelemente. Der Meeresboden ist ein schier unerschöpflich erscheinendes Reservat an Bodenschätzen.

Manganerzknollen bedecken in ungeheuren Mengen den Ozeanboden; sie enthalten hauptsächlich Mangan, Nickel, Kobalt und Kupfer.

Im Boden befinden sich Lagerstätten von Erzen, Salzen, Schwefel und Kohle. Erdgas und Erdöl bilden riesige Lager im Meeresboden.

Die einschlägige Industrie baut nicht nur zahlreiche Bohrschiffe, Hubinseln, Plattformen, Greif- sowie Saugbagger und Unterwasser-Sammelgeräte, sie plant sogar die Anlage von Großlabors am Meeresboden.

„Meeresforschung rentiert sich: die Wirtschaft profitiert in Milliarden."

Das Meer als weltweiter Mülleimer

Die Ozeane scheinen bodenlose Kehrichteimer zu sein. Doch die Folgen der bedenkenlosen Anhäufung von Chemikalien, Abwässern, radioaktiven Materialien, Ölrückständen und anderen Abfallstoffen machen sich an vielen Stellen der Welt bemerkbar. Viele Tiere haben in ihrem Körper schon bedenkliche Mengen der Zivilisationsgifte angereichert. Zahlreiche Länder sehen in der Belastung des Meerwassers direkt oder indirekt eine Gefährdung der Menschen.

Besonders starker Belastung sind die halb oder gänzlich von Landmassen umschlossenen Meere ausgesetzt, wie die Nord- und Ostsee, das Mittelmeer und das Schwarze Meer sowie der Persische Golf und der Golf von Mexiko. Wegen des verringerten oder nahezu fehlenden Wasseraustausches mit den Ozeanen, der gerade an diesen Nebenmeeren vorkommenden Massierung an menschlichen Ansiedlungen, der Vermehrung der Erholungs- und Touristengebiete und im besonderen auch der küstennahen Industrien kommt es dort zu einer beträchtlichen Verstärkung in der Belastung, Verschmutzung und sogar Vergiftung des Lebensraumes und seiner Tiere. Die Verschmutzung erfolgt durch belastete Flüsse, die die Fracht ins Meer transportieren, durch direkte Abwassereinleitung der küstennahen Städte und sonstigen Ortschaften sowie der Freizeitzentren, durch Einleiten von vielfach giftigen Abwässern von Industriebetrieben, die sich wegen der angeblich problemloseren Abwasserfrage in jüngster Zeit in zunehmendem Maße an der Küste ansiedeln, ferner durch Verklappen, d. h. Versenken von Müll, Klärschlamm und hochkonzentrierten industriellen Rückständen sowie radioaktiven Abfällen, durch Überbordwerfen von Müll und Einleiten von Öl aus Schiffen und nicht zuletzt durch das Absenken bestimmter Schmutzstoffe aus der Atmosphäre auf die Meeresoberfläche. Hinzu kommen gelegentliche Katastrophenfälle wie Tankerunfälle oder Zerstörung von Ölförderanlagen durch Kriegseinwirkungen in Küstengewässern.

Die Haupt-Meeresverschmutzungen

Nach einer kürzlich erstellten Studie über wissenschaftliche Fragen der Meeresverschmutzung einer internationalen Expertengruppe (GESAMP) der UNESCO und der Internationalen Ozeanographischen Kommission (IOC) bewirken fünf Hauptgruppen die wichtigste Belastung der Meere:

1. **Erdöl**

Jährlich fließen etwa 16 Millionen Tonnen Erdöl in die Weltmeere. Sie werden als „schleichende Ölpest" frei beim Betanken oder Löschen der Tanker, beim Reinigen der Tanks, durch illegales Ablassen von Altöl aus den Schiffen, aber auch durch Unfälle wie Explosionen von Bohrlöchern, Tankerhavarien usw. Manche Komponenten des Erdöls sind für die Meeresorganismen hochgiftig. Besonders gefährdet sind die Tiere und Tiergemeinschaften der Küstenzone, insbesondere des Wattenmeeres. Vögel sterben alljährlich zu Hunderttausenden an Verölung. Oft dringt das Öl in den Boden ein und belastet auch die tiefer gelegenen Lebensgemeinschaften. Zwar wird das Öl mikrobiell abgebaut, doch ist der Prozeß temperaturabhängig. Da aber zunehmend in kälteren Zonen nach Öl gebohrt wird, geht dort die Zersetzung des ins Meer gelangten Erdöls viel langsamer als in den Tropen vor sich.

Die chemische Reinigung des Gefieders verölter Vögel durch Tierfreunde stellt leider keine Hilfe für die Tiere dar. Denn trotz dieser Hilfsmaßnahmen gehen sie elendiglich an inneren Verletzungen zugrunde. Das Öl, das beim Putzen des Gefieders versehentlich heruntergeschluckt wird, zerfrißt die Eingeweide.

2. **Metalle**

Durch das Flußwasser, Industrieeinleitungen, metallhaltigen Klärschlamm, Industrieabfälle und durch die Luft gelangen beträchtliche Mengen an Schwermetallen ins Meerwasser. Ein Teil lagert sich im Sediment ab, ein anderer Teil wird von Kleinlebewesen aufgenommen und gelangt dadurch in den Nahrungskreislauf, der vielfach beim Menschen endet. Durch Abgase, die über das Meer geweht werden, weist die offene See erhöhte Bleikonzentrationen auf.

3. **Kohlenwasserstoffe**

Diese Rückstände chemischer Produktion, der Kunststoffverbrennung und der Insektizidanwendung gelangen durch Flüsse, Abluft und direkte Industrieeinleitung ins Meer. So findet man DDT, PCB und viele andere Stoffe in den Lebewesen aller Ozeane einschließlich der Arktis und Antarktis. Da Kohlenwasserstoffe sich im Organismus der Tiere anreichern und giftig sind, kommt es bei manchen Arten, besonders bei Meeresvögeln, zu deutlichen Schädigungen. Viele Meerestiere weisen einen PCB-Gehalt auf, der weit über der offiziellen Toleranzgrenze für die Gesunderhaltung des Menschen liegt. Solche Tiere sollten daher eigentlich nicht mehr verzehrt werden. Doch wer kennt schon den Vergiftungsgrad von Meerestieren, die auf den Markt gebracht werden.

4. **Radioaktive Abfälle**

Seit 1945 werden radioaktive Rückstände als Abfälle im Meer versenkt. Besonders groß war die Belastung während der Kernwaffenversuche. Viele Länder sind heute hinsichtlich der Einleitung von radioaktiven Abfällen etwas vorsichtiger; es werden an Land Endlagerplätze gesucht und Wiederaufbereitungsanlagen eingerichtet. Doch wird das Meer weiterhin belastet. Für eine Reihe europäischer Staaten ist der 4000 m tiefe „Nordatlantische Graben", etwa 700 km vor der spanischen Küste, seit Mitte der siebziger Jahre die Endlagerstätte für Atomrückstände. Bisher wurden dort etwa 100000 t Atommüll versenkt. Es findet am Meeresboden kein Zerfall der atomaren Rückstände ohne Gefährdung der Umwelt statt. Einerseits sammelt sich die Radioaktivität konzentriert im Sediment an und kann durch Strömung in Küstennähe verfrachtet werden. Andererseits finden sich überdurchschnittlich hohe Konzentrationen radioaktiver Substanzen in den Tieren der Tiefsee; sie befinden sich somit bereits im Nahrungskreislauf. Die Dauerfolgen sind noch nicht absehbar.

5. **Abfälle**

Durch Versenken von Müll und Abfällen vieler küstennaher Städte und Touristenzentren sowie durch das Überbordwerfen von Schiffsabfällen werden manche Küstengewässer und viele Strände stark belastet. Durch die Abfälle gelangen auch giftige Stoffe ins Meer, die von Meerestieren aufgenommen werden. So sind an manchen Stellen die Austern mit lebensgefährlichen Mengen von Schwermetallen, Kohlenwasserstoffen und anderen Stoffen angereichert.

Bisher wenig beachtet wurden die Kunststoffabfälle im Meer. Sie bestehen einerseits aus Plastikgegenständen (Flaschen, Behältern, Tüten usw.), die in ständig zunehmender Zahl von den Schiffen aus über Bord geworfen werden und somit ins Meer und anschließend an die Küsten gelangen; andererseits aus sandkorngroßen Plastikgranulen, die in riesiger Menge von den Fabrikationsbetrieben oder beim Transport ins Wasser gelangen können. Als schwimmende Teilchen bilden sie einen bemerkenswerten Anteil am Meeresplankton. Nahe der Fabrikations- und Verarbeitungsstätten kann dieser feinkörnige Plastikabfall so dicht an der Küste angespült sein, daß man vom „Plastiksand" spricht. Kunststoffe werden von Tieren gefressen und gelangen somit in den Nahrungskreislauf. Wiewohl bereits eine Reihe von Todesfällen bei Tieren durch Plastikabfälle bekannt geworden ist, wurden bisher keine umfassenden Untersuchungen über allgemeine und spezielle Wirkungen und Folgen durchgeführt.

Die Verschmutzung der Nord- und Ostsee

Besonders die Nord- und Ostsee sind in starkem Maße bedroht. Allein durch ein an der Wesermündung gelegenes Titanwerk gelangen täglich 1200 Tonnen schwefelsäure- und eisensulfathaltige Industrieabwasser durch Verklappung (Schiffstransport) nördlich von Helgoland in die Nordsee. Insgesamt gelangen in die Nordsee täglich 20000 Tonnen industrieller und häuslicher Abfälle der Anliegerstaaten. Die Abwasserflut enthält u. a. große Mengen Abfallschwefelsäure und Gipsschlamm, Insektizide, niedrige Fettsäuren, Abwässer aus Galvanisierungsbetrieben, Phenole, Schwermetallsalze usw. Bisher sind keine Anzeichen zu erkennen, daß die Abfallflut vom Land zum Meer in näherer Zukunft nachläßt oder auch nur kontrolliert werden kann.

Jährlich muß die Nordsee 7740 t Blei, 5930 t Kupfer, 3650 t Nickel, 2880 t Chrom, 840 t Cadmium und 44 t Quecksilber aufnehmen, von denen besonders die beiden letztgenannten Schwermetalle sehr giftig sind (Ergebnisse des Brit. Wasserforschungszentrums in Medmenham/Buckinghamshire). Bemerkenswerterweise stammt die Hälfte dieser Schwermetallmengen aus der Atmosphäre, die zweite Hälfte wird von den Flüssen, besonders dem Rhein, in die Nordsee verfrachtet. Metallhaltiger Klärschlamm macht nur 2% der Schwermetallbelastung aus. Der größte Verschmutzer der Nordsee ist Großbritannien, einerseits durch Abwässer der küstennahen Industrie und andererseits durch die Luftverschmutzung.

Am stärksten ist die Verseuchung in der südlichen Nordsee. In dieses Gebiet gelangt etwa die Hälfte der gesamten Schwermetallfracht. Außer dem Rhein

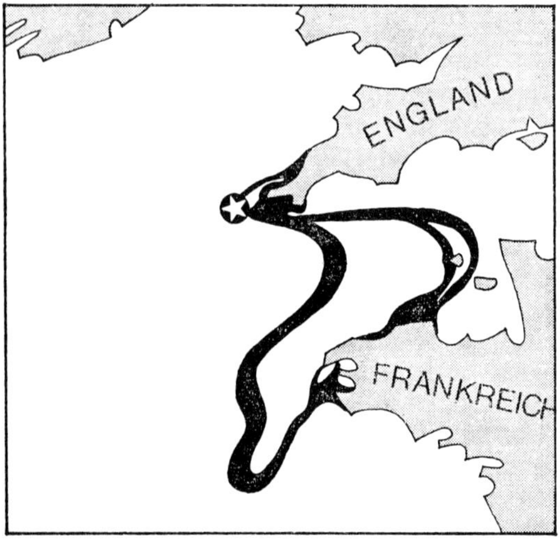

Die Ölverschmutzung (schwarze Bänder) an den englischen und französischen Küsten sowie im Ärmelkanal durch die Havarie (Stern) des Tankers „Torrey Canyon“ im Frühjahr 1967.

Die westeuropäischen Küstengebiete, an denen in der Zeit zwischen 1960 und 1968 starke Ölverunreinigungen festgestellt wurden und stellenweise auch größere Mengen verölter Vögel vorkamen. (Aus Rivon 1968, stark verändert.) Die osteuropäischen Küsten waren nicht erfaßt, es kamen dort aber mindestens ebenso starke Ölverschmutzungen vor.

bringen besonders auch Elbe und Weser riesige Mengen von stark belasteten Industrie- und kommunalen Abwässern sowie Chemikalien der Landwirtschaft in dieses Nebenmeer. Von der Industrie stammen vorwiegend die Schwermetalle Chrom, Kobalt, Nickel, Kupfer, Zink, Arsen, Cadmium, Quecksilber und Blei, außerdem chlorierte Kohlenwasserstoffe und andere giftige Substanzen. Außerdem verklappen (schütten) Müllschiffe große Mengen Chemiemüll in Form von Klärschlamm und Dünnsäure. Die Anrainerstaaten der Nordsee verklappen jährlich 60 Millionen Tonnen Chemieabfälle (von der Bundesrepublik aus darf allerdings seit 1982 keine organische Dünnsäure, seit 1983 auch kein Klärschlamm mehr in der südlichen Nordsee verklappt werden).

Besonders in der südlichen Nordsee leiden die Meerestiere deutlich unter den Schadstoffeinwirkungen. So weisen die nordwestlich von Helgoland und vor der Elbmündung gefangenen Fische stark überhöhte Werte: HCB (Hexachlorbenzol) = 7 ppm (zulässiger Höchstwert für chlorierte Kohlenwasserstoffe 0,5 ppm) und Quecksilber 2 ppm (vorgeschriebener Grenzwert 1 ppm) auf. Viele Fische erkranken in diesem Gebiet an Tumoren und Zellwucherungen. Die Fischbrut ist vielfach irreversibel geschädigt. Manche Arten sind in ihrem Bestand deutlich zurückgegangen. Ein dramatisches Seehundsterben in der westlichen Nordsee wird vorwiegend auf die Einwirkung des PCB (polychlorierte Biphenyle) zurückgeführt.

Der Fang mancher Tiere für die menschliche Ernährung dürfte bald verboten werden. Einige Meeresforscher befürchten, daß auch das Baden an den Küsten der Nord- und Ostsee sowie des Mittelmeeres bald nicht mehr möglich sein wird.

Die Ostsee, die durch die Konzentration an hochindustrialisierten und dicht bevölkerten Anrainerstaaten zu den am meisten verschmutzten Nebenmeeren gehört, weist relativ hohe Konzentrationen an Schwermetallen, chlorierten Kohlenwasserstoffen und anderen Stoffen auf. Der ständige Verzehr mancher Fische ist nicht mehr ungefährlich. Allerdings soll in jüngster Zeit die Konzentration der Umweltgifte DDT, PCB und Quecksilber etwas zurückgegangen sein. Auch sei die Einleitung von Haus- und Industrieabfällen begrenzt worden (Bericht der „Kommission zum Schutz der Ostsee“ in Helsinki 1984). Demgegenüber steige der Phosphorgehalt weiterhin an, was besonders auf den intensiven Kunstdüngereinsatz in Polen und der UdSSR zurückzuführen sei. Trotz des angeblich wirkungsvoll arbeitenden Warnsystems gegen Ölverschmutzung verenden jährlich mindestens 10000 Wasservögel an der Ölverseuchung. 1979 kamen 50000 Enten und Säger um, als in dänischen Gewässern ein Tanker auf Grund gelaufen war. Doch kommen die meisten Vögel nicht durch Tankerunfälle, sondern durch die „schleichende Ölpest“ um, die durch unerlaubtes Ablassen von Öl aus Schiffen und durch die Bohrinseln verursacht wird. Die in den Niederlanden erfolgreiche Flugzeugüberwachung sollte von allen Anrainerstaaten der Nord- und Ostsee übernommen werden.

Senckenberg am Meer

Bei Wilhelmshaven am Jadebusen wurde vor einigen Jahren der für die Bundesrepublik wichtigste Ölhafen eingerichtet. In Wilhelmshaven befindet sich auch die senckenbergische Forschungsanstalt für Meeresgeologie und Meeresbiologie „Senckenberg am Meer“. Zu deren angewandten ökologischen Forschungsaufgaben gehört u. a. die Untersuchung der Einwirkung von Ölrückständen auf die Flora und Fauna des Wattenmeeres sowie des küstennahen Meeresbodens. Außerdem werden die ökologischen Folgen der Anreicherung bestimmter giftiger Substanzen ermittelt, die durch die Abwässer der im Küstenbereich liegenden und noch entstehenden Industriebetriebe anfallen und trotz des Tidestroms in der südlichen Nordsee zunehmen. Untersuchungen haben ergeben, daß die ständig wechselnden Wasserstände durch Ebbe und Flut und durch die damit zusammenhängenden starken Meeresströmungen keinen wesentlichen Abtransport der giftigen Abwässer in das freie Meer bewirken, sondern die Verseuchung in Küstennähe verbleibt, nur allmählich nach Norden verlagert wird und somit auch die Gewässer um die Nordfriesischen Inseln belastet. Durch diesen ausbleibenden Verdünnungseffekt wird das Küstenwasser ständig und in zunehmendem Maße mit Umweltgiften angereichert.

Gefährdeter Lebensraum Wattenmeer

Das Wattenmeer ist eine der Nordseeküste vorgelagerte Flachwasserzone, die dem ständigen Wechsel der Tiden unterworfen ist: Während sich dieser Lebensraum bei Flut unter Wasser befindet und einen Teil des Meeresbodens bildet, fällt er bei Ebbe regelmäßig trocken. Die artenreiche Tier- und Pflanzenwelt dieses Biotops besteht wegen der ständig wechselnden extremen Lebensbedingungen aus hochgradig spezialisierten Formen. Das Wattenmeer der Nordsee in dieser Größe und Artenvielfalt ist einmalig in der Welt.

Durch verschiedene Maßnahmen ist es sehr gefährdet. Schon in den dreißiger Jahren wurden Abschnitte des Wattenmeeres trockengelegt und in Agrarland umgewandelt. Vor der Elbmündung soll es das Fundament eines riesigen Außenhafens für Hamburg werden. Darüber hinaus sammeln sich im Wattenmeer vielfach große Mengen an Ölrückständen und verschiedenartigen Giften an, die besonders die Tiere schädigen und stellenweise schon jetzt zu einem deutlichen Rückgang der Fauna geführt haben. Gefährdet sind nicht nur die im Watt lebenden Wirbellosen, sondern auch die Millionen von Zug- und Brutvögeln, für die das Watt Futter- und Ruheplatz ist.

Vielleicht kann das Wattenmeer als in der Welt einmaliger Lebensraum gerettet werden, nachdem es großräumig zum Nationalpark erklärt wurde.

Ölpest auf allen Meeren

Jährlich gelangen 16 Millionen t Öl in die Weltmeere. Die Folgen sind für die Natur katastrophal. Allein an den Küsten Großbritanniens sterben in jedem Jahr etwa 250000 Seevögel an der normalen Ölverschmutzung; in der ganzen Welt sind es Millionen Vögel.

Bei Tankerhavarien, wie dem Unfall der „Torrey Canyon“ im März 1967 mit einem Verlust von etwa 117000 t Rohöl, werden die Küstenzonen mit riesigen Öllachen bedeckt. Damals gingen in wenigen Tagen 500000 Vögel qualvoll zugrunde.

Das zum Boden abgesunkene Öl vernichtet die Bodenfauna, wie Muscheln, Schnecken, Krebse und viele andere Meerestiere. Nur allmählich wird es von Bakterien abgebaut.

Am 16. März 1978 lief der Supertanker „Amoco Cadiz“ wenige Kilometer vor der französischen Bretagneküste auf Grund und verursachte die bisher größte Tankerkatastrophe. In den darauffolgenden zwei Wochen floß die gesamte Ladung an 223000 t Öl und ein Teil des Bunkeröls in das Meer. Die totale Verschmutzung der Küstengewässer und der Strände durch einen 15000 qkm großen Ölteppich war die Folge.

Anschließend wurde der Verbleib des Öls verfolgt: 18000 t sanken ab und lagerten sich im küstennahen Sediment ab, wo es allmählich durch Bakterien und mechanisch abgebaut wird; 62000 t wurden an der Küste in die Gezeitenzone befördert; 25000 t wurden durch Helfer an den Stränden entfernt, der Rest wird mikrobiell abgebaut. Vor Erreichen der Küste verdampften 67000 t von der Wasseroberfläche aus, wobei es sich besonders um die niedermolekularen, gesättigten und die aromatischen Kohlenwasserstoffe handelt. Das Schicksal der restlichen Ölmenge ist unbekannt geblieben.

„Der Meeresgrund, der für die Tierwelt als Nahrungsreserve dient, ist im Mittelmeer an vielen Stellen durch die Ölverschmutzung unbrauchbar geworden.“
(Centre Scientifique de Monaco)

Besonders die küstennahen Gewässer, in denen die meisten Nutzfische sowie viele Krebse leben und die Austern wachsen, sind durch die Ölverschmutzung erheblich gefährdet. Trotz internationaler Abmachungen und Vorschriften ist die Ölverschmutzung für alle Meere eine ständig zunehmende Gefahr.

Der Persische Golf, ein Opfer der Ölpest

Früher war der Persische Golf ein Flachmeer mit einer reichen tropischen Meeresfauna. Korallenriffe und Korallenfische waren in diesem Meeresgebiet weit verbreitet. Das Wasser war kristallklar.

Heute sind der ganze nördliche und mittlere Teil des Persischen Golfes in einen Ölsumpf, hervorgerufen durch die Erdölförderung, verwandelt. Bodentiere können dort nicht mehr leben. Auch Freiwassertiere sind in dem trüben, milchigen Wasser selten geworden. Korallenriffe und damit auch die Korallenfische sind seit einigen Jahren verschwunden. Die Ölpest dehnt sich immer weiter nach Süden aus. In wenigen Jahren wird der ganze Persische Golf ein totes Nebenmeer sein, zumal durch den irakisch-persischen Krieg eine Reihe von Bohrtürmen zerstört wurde und ständig erhebliche Ölmengen ins Meer fließen.

Aber auch in der Nordsee stellt das Öl als „schleichende Ölpest" einen gefährlichen Verschmutzungsfaktor dar. Es wird geschätzt, daß alljährlich etwa 100000 Tonnen Öl in die Nordsee fließen. Es stammt einerseits von der Erdölförderung der Erdölfelder vor Norwegen und Großbritannien, wo durch Leckagen ständig Öl ins Meer gelangt. Zum zweiten wird trotz Verbots und Kontrollen von Schiffen das Restöl der Tanks und das ölverschmutzte Ballastwasser ins Meer gepumpt. Zum dritten gelangt auch in den Ölhäfen beim Auspumpen der Tanker durch Leckagen stets Öl ins Meer. Somit wird dieses durch Abwasser und Müll bereits erheblich verschmutzte Nebenmeer durch das Öl zusätzlich noch belastet.

Energieerzeugung

Zwar ist der reale physikalische Bereich der Erde ein einziges riesiges Energiesystem mit gewaltigem Potential und mit der Sonneneinstrahlung als wichtigster Energiequelle, von der die Existenz jeglicher lebenden Substanz auf unserem Erdball weitgehend abhängt, doch hat es der Mensch erst sehr spät gelernt, diese Energieströme für seine Zwecke nutzbar zu machen. Jahrtausendelang bildete das von Brennholz gespeiste Feuer die einzige, künstlich geschaffene Energiequelle. Später kamen in begrenztem Maße die Wind- und die Wasserkraft hinzu. Erst im Verlaufe der Technisierung des 19. Jahrhunderts hat man es gelernt, die verschiedenen natürlichen Energiequellen zu nutzen. Dieser Entwicklungsprozeß ist noch nicht abgeschlossen. Die Nutzung der Sonnenenergie befindet sich noch im Anfangsstadium.

Kraftwerke mit fossilen Energieträgern

Die Hauptluftverschmutzer – neben den Kraftfahrzeugen mit ihren sehr ungünstigen Verbrennungsbedingungen und einem hohen Anteil an Abgasbestandteilen (außer hohen Werten an Stickoxiden wird auch viel Kohlenmonoxid abgeschieden) – sind die Kohle und das Erdöl, besonders bei Großfeuerungsanlagen zur Energieerzeugung sowie in nicht minderem Maße durch Gebäudeheizungen.

Alle Brennstoffe enthalten in unterschiedlicher Menge Schwefel, aus dem während des Verbrennungsvorgangs hauptsächlich Schwefeldioxid (SO_2) sowie direkt und indirekt durch photochemische Prozesse das giftigere Schwefeltrioxid (SO_3) entstehen. Sie sowie Stickoxide (NO_x) und Staube werden als Luftverunreiniger in die Umwelt abgegeben. Während Gase, z. B. das Erdgas, beim technischen Einsatz fast schwefelfrei sind, da ihre zuvor durchgeführte Entschwefelung einfach und billig ist (allerdings erfolgt bei diesem Entschwefelungsprozeß eine deutliche Luftverschmutzung durch die Abgabe von SO_2), weisen in folgender Reihe zunehmend schweres Heizöl, Braunkohle und Steinkohle die höchsten Schwefelgehaltswerte auf.

Vermerkt sei, daß das Schwefeldioxid auch in der unbelasteten Luft vorhanden ist. Es entsteht durch Vulkanausbrüche sowie durch die Oxidation von biologisch freigesetztem Schwefelwasserstoff (H_2S). Der SO_2-Gehalt der unbelasteten Luft beträgt 0,002–0,008 ppm. Durch Hausbrand wird der Schwefelgehalt der Luft um das 40- bis 100fache auf 0,2 bis 0,3 ppm erhöht. Bei allen Verbrennungsprozessen mit Kohle, Öl und Erdgas wird die Luft mit Schwefel erheblich belastet, der SO_2-Gehalt steigt um das 175- bis 700fache auf 1,4 bis 1,5 ppm.

Zwar sollen aufgrund der 1984 in Kraft getretenen Großfeuerungsanlagen-Verordnung neue Kohlekraftwerke möglichst mit Rauchgas-Entschwefelungsanlagen ausgerüstet werden (im Gegensatz zur DDR und CSSR, die aus kostensparenden Gründen bisher auf solche Einrichtungen verzichtet haben), doch ist die luftreinigende Wirkung noch nicht vollauf befriedigend. Außerdem ist die Großfeuerungsanlagen-Verordnung, wie der Fall des staatlichen Kraftwerks Buschhaus gezeigt hat, mit so vielen Ausnahmeregelungen versehen, daß eine befriedigende Reinigung der Abluft nicht gesichert ist. Der nachträgliche Einbau von Abgasentschwefelungsanlagen bei älteren Kohlekraftwerken ist kostenmäßig und technisch mit erheblichen Schwierigkeiten verbunden. Immerhin vermeldet die Vereinigung Deutscher Elektrizitätswerke, daß in der Bundesrepublik knapp 80% aller Steinkohle- und Braunkohle-Kraftwerke der öffentlichen Versorgung mit einer Gesamtleistung von rund 37500 Megawatt (1 Megawatt = 1 Million Watt) mit Anlagen zur Rauchgasentschwefelung nachgerüstet werden. Die restlichen 20% mit 10000 Megawatt werden stillgelegt. Vermerkt sei, daß die Kosten für eine befriedigende Entschwefelung von schwerem Heizöl fast die Hälfte der Heizölpreise ausmachen können.

Wie groß der Verschmutzungsgrad durch ein konventionelles Kohlekraftwerk ist, läßt sich aus folgendem Beispiel ersehen: Ein kohlebefeuertes Kraftwerk mit einer elektrischen Leistung von 1000 Megawatt, das etwa 2 Millionen Tonnen Steinkohle pro Jahr verbraucht, gibt in diesem Zeitraum etwa 70000 Tonnen Schwefeldioxid, 10000 Tonnen Stickoxide, 3500 Tonnen Staub und 7000000 Tonnen Kohlendioxid in die Umwelt ab.

Die Folgen der Luftverschmutzung durch Schwefelverbindungen sind vielfältig. So bewirken beträchtliche Mengen an Schwefeldioxid eine großräumige Veränderung der Atmosphäre. Außerdem können schon Konzentrationen von wenigen Milligramm SO_2 im Kubikmeter Luft bestimmte Pflanzen in verhältnismäßig kurzer Zeit empfindlich schädigen. Je nach der einwirkenden Dosis kommt es in der betroffenen Pflanze zu Veränderungen und Ausfall der Syntheseleistungen, zur Membranschädigung von Geweben und Zellen sowie zur Störung von Wachstum und Entwicklung bis hin zum Austrocknen und Absterben. Das Schwefeldioxid als Schadgas wird als die Hauptursache für das weiträumige Absterben der Nadelbäume angesehen. Zwar scheint der Mensch höhere SO_2-Konzentrationen als Pflanzen zu vertragen, trotzdem bewirkt auch bei ihm – ebenso wie bei Tieren – Schwefeldioxid Reizungen der Schleimhäute der Atemwege und eine Beeinträchtigung der Atemfunktion. Ein Zusammenhang zwischen Bronchialerkrankungen und SO_2-Einwirkungen wurde medizinisch nachgewiesen.

Wenn auch die der Verbrennung nachgeschaltete Entschwefelung gesetzlich gefordert wird, so weist dieses Verfahren doch erhebliche Nachteile auf und stellt langfristig keine Lösung dar. Es fallen nämlich durch den chemischen Neutralisierungsvorgang des Schwefels riesige Mengen an Gips als festem Abfallstoff an, außerdem besteht ein großer Wasserbedarf. Hinzu kommen ein beträchtlicher Verbrauch an neu produzierter elektrischer Energie für diesen Rauchgasreinigungsvorgang und die hohen Investitionskosten für den Bau der Anlage.

Neue Kohletechniken

In den Vereinigten Staaten von Amerika ist nach Beendigung der Kernkraftwelle die Kohle wieder zum billigsten und zugleich begehrtesten fossilen Energieträger geworden. Allerdings kommt sie nicht im konventionellen Verfahren, sondern in neuen Techniken zur Anwendung. An erster Stelle steht die **Kohlevergasung** mit nachgeschaltetem Kombiprozeß (Gas- und Dampfturbine). Die Luftbelastung einer solchen Anlage liegt weit unter den von der amerikanischen Umweltbehörde festgelegten Höchstwerten. Auch sind die Investitionskosten deutlich niedriger als die eines konventionellen Kohlekraftwerks mit nachgeschalteter Rauchgasentschwefelung.

Eine andere neue Kohletechnik ist das Wirbelschichtverfahren. Es ist ebenfalls umweltfreundlich und wirtschaftlich. Bei verhältnismäßig niedrigen Temperaturen ist der Stickoxid-Anteil der Abluft gering, während der Schwefel bei der Verbrennung durch Kalkzugabe an die Asche gebunden wird.

Ein weiteres Verfahren stellt die Kohleverflüssigung dar, also die Umwandlung der Kohle in einen sauberen flüssigen Brennstoff. Allerdings ist diese Technik noch zu kostspielig, um das Öl zu ersetzen und eine breite wirtschaftliche Anwendung zu finden. Doch wird an Verbesserungsmöglichkeiten gearbeitet.

In den USA geht man davon aus, daß durch die neuen Techniken die übrigen Energieträger Öl, Erdgas und Kernenergie weit zurückgedrängt werden und bis zum Jahr 2000 etwa 70% der benötigten Energie aus Kohle gewonnen werden. In dieser Hinsicht muß unsere Energiewirtschaft noch umdenken. Auch volkswirtschaftlich und arbeitskräftemäßig wäre die Reaktivierung der Kohle durch neue Techniken ein echter Fortschritt in der Bundesrepublik.

Kernkraftwerke

Seit der 1955 unter dem programmatischen Titel „Atoms for peace“ in Genf abgehaltenen internationalen Atomkonferenz wurden in vielen Ländern umfangreiche Atomenergieprogramme mit entsprechender staatlicher Förderung aufgestellt. Es wurden große Hoffnungen geweckt und die Atomenergie als unerschöpfliche, saubere und insbesondere sehr billige Energiequelle aufgefaßt und propagiert. Mancher sah anfangs in der Atomenergie eine Alternative zu landschaftszerstörenden Wasserkraftwerken und luftverschmutzenden Kohle- und Ölkraftwerken.

Kernkraftwerke werden als umweltfreundlich dargestellt, da sie insbesondere die Luft nicht sichtbar belasten wie dies bei konventionellen Kraftwerken der Fall ist. Denn während ein kohlebefeuertes Kraftwerk riesige Mengen von Schwefeldioxid, Stickoxiden, Staub und Kohlendioxid in die Umwelt abgibt, fallen solche Verschmutzungen beim Kernkraftwerk nicht an. Trotzdem belasten auch Kernkraftwerke die Umwelt, wenn auch äußerlich nicht sichtbar und somit ganz unauffällig.

Im Atomreaktor findet eine gesteuerte Kernspaltung statt. Die dabei freigesetzte Energie wird zum Antrieb einer Dampfturbine verwendet. Aus elementa-

Kernkraftwerke in Europa und Asien (Stand 1984).

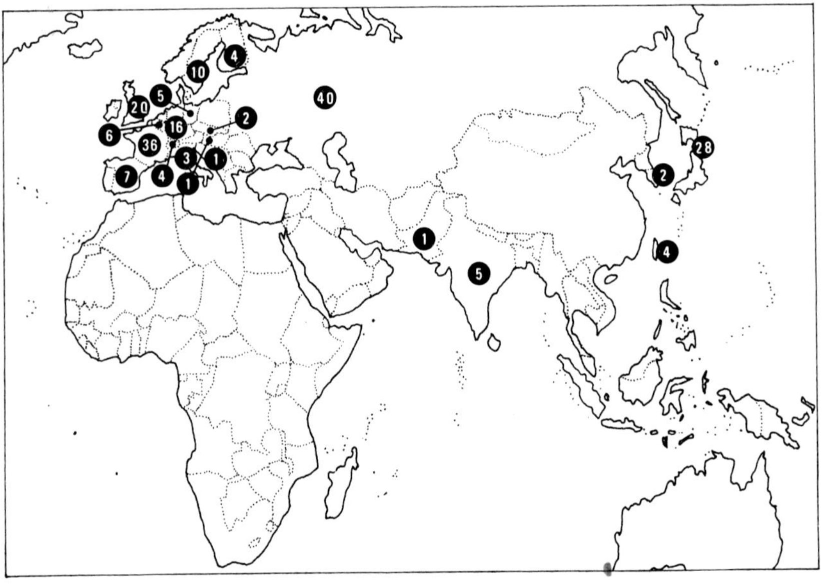

ren kernphysikalischen Gründen entsteht bei der Nutzung der Atomenergie eine Vielzahl radioaktiver Stoffe – Spalt- und Aktivierungsprodukte sowie Transurane. Bei der Weiterverarbeitung dieser Substanzen im Bereich der Kernindustrie kommt es im Routinebetrieb zwangsläufig zu radioaktiven Emissionen in Luft und Wasser.

Die Frühzeit der Kerntechnik

Obwohl sich die Reaktortechnologie noch im Experimentierstadium befand und viele ungeklärte Fragen enthielt, begannen die Amerikaner sehr früh und ohne große Bedenken mit dem Bau von Kernkraftwerken. Doch machten sich sehr bald die Folgen der Überstürzung bemerkbar. Es waren nicht nur baulich das Sicherheitsrisiko und technisch die Störanfälligkeit der Anlagen ungenügend berücksichtigt worden, man hatte auch die Belastung der Umwelt durch radioaktive Spaltprodukte, die mit Abgasen und Abwässern abgeschieden werden, vernachlässigt. Die Mengen dieser in die Umwelt gelangenden radioaktiven Substanzen sind zwar stets so gering, daß es beim Menschen nicht zu einer akuten gefährlichen Strahlung kommen kann, trotzdem sind diese Emissionen bedenklich. Bestimmte Lebewesen nehmen aus ihrem Lebensraum radioaktive Substanzen auf, speichern sie in ihrem Körper und lassen somit diese Radio-Isotope in den Nahrungskreislauf gelangen.

Durch die anfängliche Vernachlässigung der Umweltbelastung kam es in den USA zu beträchtlichen radioaktiven Anreicherungen in der Biosphäre.

Ein Beispiel aus der Frühzeit der Kernenergietechnik:

Radioaktivität der Wasserlebewesen des Columbia-River bei Hanford, Washington, unterhalb eines Kernkraftwerks:

Flußwasser	– Radioaktivität spurenhaft
Plankton	– Radioaktivität 2000-fach verstärkt
Fische	– Radioaktivität 15000-fach verstärkt
Enten	– Radioaktivität 40000-fach verstärkt
junge Schwalben (mit Wasserinsekten gefüttert)	– Radioaktivität 500000-fach verstärkt
Eidotter von Wasservögeln	– Radioaktivität 1000000-fach verstärkt.

Wegen der hohen Radioaktivitätsanreicherung durften nach solchen Feststellungen in den USA mancherorts keine Fische und keine Enten mehr gefangen und gegessen werden.

Hinzu kamen im technischen System der Kraftwerke zahlreiche Störfälle, die nicht selten zum Abschalten der Kraftwerke für längere Zeit und auch zum Freiwerden radioaktiver Spaltprodukte führten. Außerdem kam die Frage der Gefährdung der Atomreaktoren durch Erdbeben auf. So erfuhr in den USA die Reaktortechnik völlige Veränderungen und nachträglich die Berücksichtigung zahlreicher kostspieliger Sicherheitsmaßnahmen.

Zu einem weiteren Problem entwickelte sich die Flußwasser-Erwärmung. Kernkraftwerke benötigen für ihren Betrieb große Mengen Kühlwasser, die meist einem benachbarten Fluß entnommen werden. Die Folgen sind die beträchtliche Erwärmung des Flusses, dadurch Verringerung des Sauerstoffgehalts im Wasser bei gleichzeitiger Erhöhung des Sauerstoffbedarfs der Wasserorganismen. Damit wird die biologische Selbstreinigung des Gewässers verringert, es kommt zu Fäulnisprozessen im Wasser. Bei starker Erwärmung (z. B. durch mehrere hintereinanderliegende Kernkraftwerke) ist die Aufheizung des Flußwassers so groß, daß viele Wasserlebewesen abgetötet werden und es zu einer völligen Veränderung der Lebensgemeinschaften des Flusses kommt.

Da sich diese Flußwassererwärmung als unzuträglich erwiesen hat, erhielten die Energiegesellschaften die Auflagen zum Bau von Kühltürmen, was die Einrichtung eines Kernkraftwerks zusätzlich erheblich verteuerte.

So ist insgesamt der Bau von Kernkraftwerken viel teurer und unwirtschaftlicher geworden, als in der Frühzeit der Kerntechnik angenommen wurde.

In Europa entstanden in den sechziger Jahren ebenfalls ehrgeizige Atomenergie-Programme. So waren in der Bundesrepublik allein am Ober- und Mittelrhein und seinen Nebenflüssen 15–16 Kernkraftwerke geplant, von denen Biblis nur den Anfang bildete. Allerdings wurden bei der Planung und beim Bau sogleich die Erfahrungen der Amerikaner berücksichtigt und dementsprechend von vornherein Sicherheitsmaßnahmen eingeplant und verwirklicht.

Seit vielen Jahren befaßt sich die Reaktortechnik auch mit dem Versuch der Energiegewinnung durch die Verschmelzung (Fusion) von leichten Atomkernen. Da die Forschungen zu diesem Verfahren der Kernfusion aber technisch sehr aufwendig und außerordentlich teuer sind, haben sich 1986 die Europäische Gemeinschaft, die USA und Japan zu einer Zusammenarbeit der drei größten Fusions-Forschungseinrichtungen entschlossen. Es werden Wissenschaftler und Fachergebnisse ausgetauscht. Die drei Fusionsreaktoren arbeiten nach einem in der Sowjetunion entwickelten technischen Prinzip.

Gefahren der Kernenergie

Die Nutzung der Atomenergie bringt jedoch trotz verschiedenartiger Sicherheitsmaßnahmen eine Reihe spezifischer Gefahren von der Urangewinnung bis zur langfristigen Deponie mancher Abfälle mit sich (ganz zu schweigen von den engen Nahtstellen zwischen friedlicher und militärischer Atomtechnik im Bereich der Urananreicherungs- und Wiederaufbereitungsanlagen).

1. Urangewinnung

Bereits die Urangewinnung bildet ein ernstes Umweltproblem, da die in großen Halden abgelagerten Abfallerze langlebige natürliche Radionuklide enthalten, die auf diese Weise in die Biosphäre gelangen. Hier sind in erster Linie das Radium (Halbwertszeit, d. h. bis sich die Hälfte der radioaktiven Masse in nichtstrahlende Materie umgewandelt hat = 1600 Jahre) sowie sein Tochterprodukt, das radioaktive Edelgas Radon-222 zu nennen . Dieses Radionuklid ist die Hauptursache der erhöhten Lungenkrebssterblichkeit von Uranbergleuten.

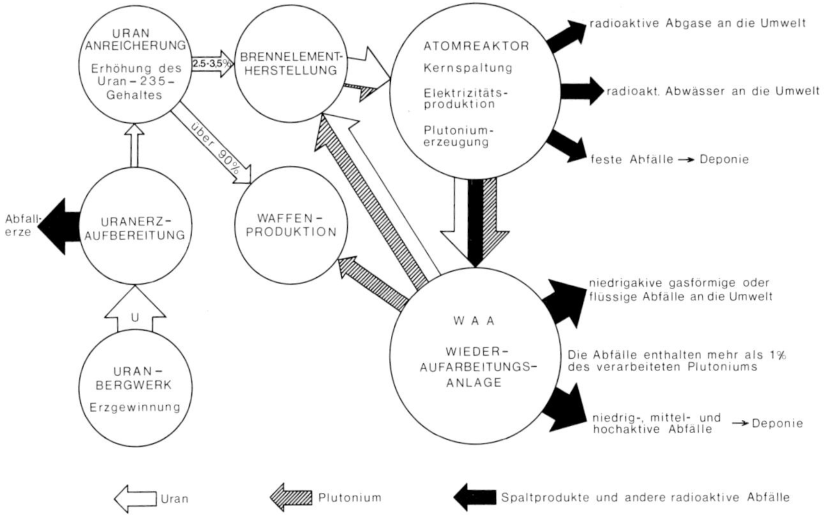

Darstellung des nuklearen Brennstoff-„Kreislaufs". (Nach Weihs.)

2. Radioisotope im Nahrungskreislauf

Verschiedene Radionuklide entsprechen in ihren chemischen Eigenschaften lebenswichtigen Spurenelementen und werden im Mineralstoffwechsel von Pflanzen und Tieren wie diese Spurenelemente aufgenommen und angereichert. So wird beispielsweise Radiojod aus der Umwelt (Wasser bzw. Nahrung) aufgenommen und in der Schilddrüse gespeichert. Strontium-90 verhält sich ähnlich dem Calcium und findet sich daher angereichert in den Skelettsubstanzen, aber auch in der Milch. Cäsium-137 ist dem Kalium chemisch verwandt und wird daher im Fleisch angereichert. Plutonium wird in der Leber, der empfindlichen Knochenhaut und in den Keimdrüsen gespeichert.

Die langsame Anreicherung der Umwelt insbesondere mit langlebigen radioaktiven Stoffen kann ein schwer abschätzbares Gesundheitsrisiko bedeuten.

3. Radioaktive Gefährdung des Menschen

Von amerikanischen Medizinern konnte nachgewiesen werden, daß u. a. Krebs, Leukämie, genetische Defekte und Mutationen Folgen geringer, aber wiederholter radioaktiver Bestrahlung sein können.

Akute Strahlenschäden, wie sie etwa nach den Atombombenabwürfen in Hiroshima und Nagasaki und bei Strahlenunfällen aufgetreten sind und die nach wenigen Tagen oder Wochen zum Tode führen, erfordern eine gewisse Strahlen-Mindestdosis, unterhalb derer sie nicht auftreten. Im Gegensatz dazu gibt es aber für Strahlen-Spätschäden wie Leukämie und Krebs keine unschädliche Strahlendosis. Das gleiche gilt auch für Mißbildungen und Erbkrankheiten, die erst bei den Nachkommen in Erscheinung treten. Jede zusätzliche, auch geringfügige Bestrahlung kann das Risiko des Auftretens solcher Gesundheitsschäden erhöhen.

Eine besondere Gefahrenquelle können auch Störfälle darstellen, bei denen durch technische Pannen im Reaktorsystem größere Mengen von Spaltprodukten freigesetzt werden, die aber noch als zulässig für die Umwelt angesehen werden. Demgegenüber werden bei einem Reaktorunfall große Mengen an Spaltprodukten, deren Dosisgrenzwerte überschritten werden, an die Umwelt abgegeben. Der bisher größte Störfall, aus dem aufgrund mehrerer technischer Fehler fast ein großer Reaktorunfall geworden wäre, ereignete sich 1979 bei Harrisburg in Pennsylvania (USA). Das Kernkraftwerk wurde nicht mehr in Betrieb genommen.

Die Katastrophe von Tschernobyl

In der Nacht zum 26. April 1986 kam es in der Sowjetunion im Kernkraftwerk von Tschernobyl, 130 km nördl. von Kiew, zu dem bisher größten Reaktorunfall: Einer von 4 Reaktoren ist durch Überhitzung explodiert. Bei diesem GAU wurden große Mengen radioaktiver Substanz in die Luft geschleudert. Mindestens 200 im Kraftwerk tätige Personen wurden akut strahlengeschädigt, davon etwa 20 lebensgefährlich. Über 80000 Personen wurden evakuiert.

Durch Windfahnen wurden die in die Luft geschleuderten Wolken mit radioaktiv strahlenden Aerosolen nach Nord-, Mittel- und Südosteuropa verfrachtet. In der Bundesrepublik stieg zunächst die Radioaktivität der Luft erheblich an: Von 0,5–1,6 Becquerel als Normalwerte für die Intensität radioaktiver Strahlung auf z.B. in Essen 20,6, Norderney 27, München 34 und Regensburg 55 Bq. Katastrophale Werte wurden nach den ersten Regenfällen am Boden und auf Pflanzen gemessen, z.B. in Bayern Petersilie mit 17500 und Schnittgras bis 33000 Bq., in Nordwestdeutschland sogar Bodenwerte von über 50000 Bq. Als radioaktives Material wurden besonders die Isotope Jod-131 (Halbwertzeit 8 Tage), Caesium-137 und Strontium-90 (beide HWZ etwa 30 Jahre) festgestellt.

Während die Internationale Atomenergiebehörde (IAEAI) in Wien noch am 30.4. erklärte, daß die radioaktive Strahlung keine unmittelbare Bedrohung für Länder außerhalb der Sowjetunion darstelle und auch die Bundesregierung mit großer Bestimmtheit erklärte, daß trotz erhöhter Radioaktivität keine akuten Gefahren für die Bevölkerung bestünden, wurden ab 2. Mai umfangreiche Vorsorgemaßnahmen beschlossen. Denn krebserzeugende Dauerfolgen (bes. Leukämie oder „Blutkrebs", Schilddrüsen- und Knochenkrebs) mußten durch das Einatmen strahlender Spaltprodukte oder durch die Nahrungsaufnahme befürchtet werden. Daher wurden obere Grenzwerte für Gemüse (250 Bq./kg) und Milch (500 Bq./Liter), jeweils auf Jod-131 bezogen, von der Bundesregierung festgelegt (einige Bundesländer setzten noch niedrigere Werte an). Diese Werte wurden vielfach bei Freilandgemüse, Salaten und Wildpilzen sowie in der Milch überschritten. Auch wurden viele Spielplätze, Sport- und Freizeitanlagen wegen der Bodenbelastung geschlossen. Die Bevölkerung war sehr beunruhigt und verunsichert.

Zwar wurde die Sowjetunion wegen ihrer zurückhaltenden Informationspolitik heftig kritisiert, doch hat auch der Westen eigene Störfälle verheimlicht. Erst am 30. 4. 1986 wurde ein vertraulicher Bericht des Kongresses der USA veröffentlicht, nach dem es zwischen 1974 und 1984 weltweit 151 größere Reaktorstörfälle in 14 Ländern gegeben habe, die bisher der Öffentlichkeit nicht bekannt gegeben worden waren.

Kernenergie – ökonomisch gesehen

Ökonomisch hat sich die auf Kernkraftwerke spezialisierte Energiewirtschaft in zwei Bereichen entscheidend geirrt: im Stromverbrauch und im Strompreis.

Als in der Bundesrepublik durch den Wiederaufbau und das galoppierende wirtschaftliche wie städtebauliche Wachstum in den fünfziger und sechziger Jahren sich der Stromverbrauch pro Jahrzehnt verdoppelte, hatte die Fachwelt für das Jahr 2000 den acht- bis zehnfachen, für das Jahr 2020 einen dreißigfachen Strombedarf vorausberechnet. Mit diesen Hochrechnungen hatte die Energiewirtschaft einen beschleunigten Bau zahlreicher Kernkraftwerke begründet und gefordert. Andernfalls würde es nicht nur zu einer weltweiten Stromverteuerung und Stromverknappung kommen, sondern sogar zur Energiekatastrophe, zumal die Internationale Atomenergie-Organisation das drohende nahe Ende des Erdöls und des Urans als wichtigste Rohstoffreserven prophezeite (was, wie sich inzwischen herausstellte, nicht den Tatsachen entspricht).

Der Ölpreisschock von 1973 hat zu einer völligen Veränderung des Verbraucherverhaltens geführt. Das Wachstum des Stromverbrauchs von jährlich 7% in 1972 ist zehn Jahre später auf 1–3% gefallen. Heute sind die vorhandenen Kraftwerke nicht einmal voll ausgelastet. Zusätzliche Kraftwerke mit atomarer oder konventioneller Energieherstellung sind so gut wie nicht notwendig (es sei, daß alte, stark umweltbelastende Stromerzeuger durch technisch verbesserte Einrichtungen ersetzt werden sollen).

Bezüglich des Strompreises nahm man ursprünglich an, daß die Kernkraft eine besonders billige Energiequelle sei. Doch ist der Bau von Kernkraftwerken viel teurer geworden, als in der Frühzeit der Kerntechnik veranschlagt wurde. Nicht nur die Inflation, die steigenden Baukosten und die hohen Zinsen des Kapitalmarktes, sondern insbesondere auch die inzwischen erheblich verschärften Sicherheitsbestimmungen, die besondere Störanfälligkeit vieler Anlagen und in den USA sogar die Folgekosten für krebskrank gewordene Mitarbeiter haben den Strompreis in unerwartete Höhen getrieben. So sind in Frankreich (das in Europa im Verlaufe des vergangenen Jahrzehnts die meisten Atomstromanlagen gebaut hat) allein die Erstellungskosten für Kernkraftwerke um 60% gestiegen, in der Bundesrepublik um mehr als 100%, und in den USA hat sich der Baupreis sogar innerhalb von zehn Jahren verdreifacht.

Während 1960 nur 1000 Megawatt an Atomstrom erzeugt wurden, gibt es heute in 25 Ländern (einschließlich des Ostblocks) mehr als 300 Kernkraftwerke mit einer Leistung von über 200000 Megawatt. Dazu befinden sich in 29 Ländern etwa 300 weitere Kernkraftwerke mit über 200000 Megawatt im Bau. Doch hat sich dieses üppige Wachstum deutlich verlangsamt. In Westeuropa ist die Zahl der Atomkraft-Projekte seit 1978 nur um etwa zehn Prozent gestiegen, davon am meisten in Frankreich, hingegen in der Bundesrepublik und in England nur leicht. In Spanien, Schweden und Italien sowie in der Schweiz hat die Rolle der Kernenergie sogar abgenommen. Ebenso verliert sie in den USA, in denen seinerzeit das Zeitalter der Atomenergie begonnen hatte, deutlich an Boden; dort wurden eine Reihe von Plänen wieder aufgegeben oder gar Bauaufträge zurückgenommen. Die Kerntechnik verliert in den USA ständig an Boden. Seit dem Unfall im Kernkraftwerk Three Mile Island werden keine neuen Kernkraftwerke mehr gebaut und ältere Betriebe entweder völlig eingestellt oder auf konventionelle Brennstoffe umgerüstet. Zur Stromgewinnung hat in den USA die Kernenergie ausgedient.

Auch die Wiederaufarbeitung von verbrauchtem Kernstoff verliert ständig an Dringlichkeit. Daher haben die Vereinigten Staaten 1983 ihr Brüterprojekt gestrichen, während die Sowjetunion den Bau ihrer beiden neugeplanten großen Brüterkraftwerke auf unbestimmte Zeit vertagt haben.

„Nirgendwo sind so krasse Fehlprognosen gemacht worden wie auf dem Energiegebiet, sowohl hinsichtlich der Technik als auch des Verbrauchs und der Reserven. Andererseits hat kein Ereignis so befruchtend auf die Energietechnik gewirkt und das ‚Energiebewußtsein' so sehr geweckt wie der Schock der Rohöl-Preiserhöhungen der Opec-Staaten seit Ende 1973."

Kurt Rudzinski

Der Fall Windscale

Die verbrauchten Brennelemente der Kernkraftwerke werden in Wiederaufbereitungsanlagen verbracht, um die als „Atommüll" bezeichneten radioaktiven Spaltprodukte vom unverbrauchten Uran und vom Plutonium zu trennen.

Die größte Wiederaufbereitungsanlage der Welt ist Sellafield, liegt in Großbritannien an der Irischen See in Windscale, einem kleinen Küstenort in der Grafschaft Cumbria und gehört der staatlichen Firma British Nuclear Fuels Ltd. (BNF). Sie übernimmt radioaktive Spaltprodukte aus vielen Ländern und gewinnt Uran und Plutonium. Etwa 3,5 Millionen Liter radioaktiv angereicherten Abwassers pumpt das Werk täglich durch eine 3 km lange Rohrleitung in das angrenzende Meer.

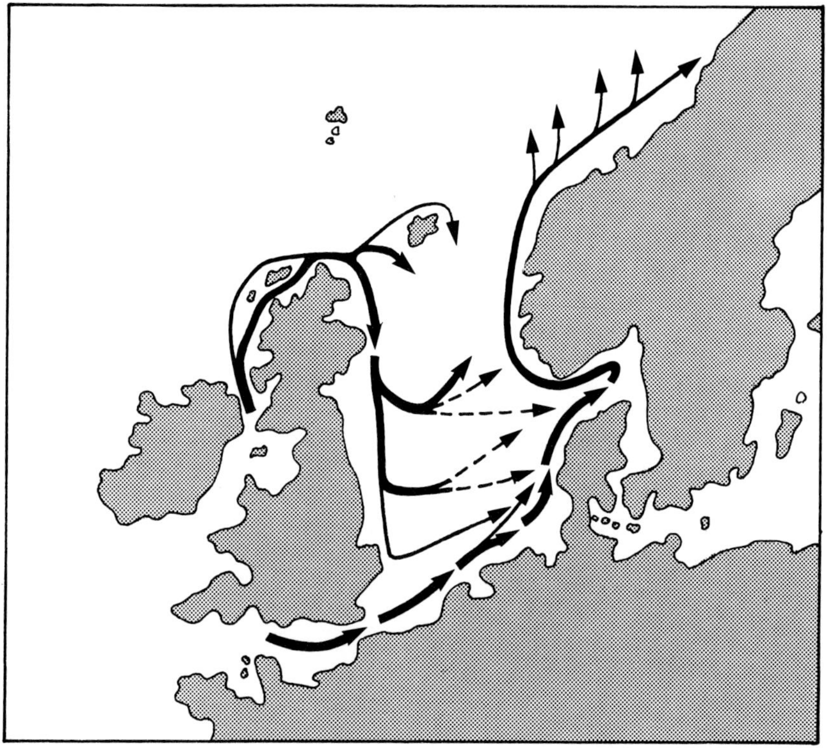

Transportwege der radioaktiven Abwässer aus den Wiederaufbereitungsanlagen La Hague in Frankreich und Windscale in Großbritannien (umgezeichnet nach Kautsky 1977).

Inzwischen hat sich herausgestellt, daß die radioaktiven Reste des Atommülls nicht nur auf den Meeresgrund absinken, sondern von Strömung und Wellen wieder ans Land zurückverfrachtet werden, sich durch die Brandung an der Küste ablagern und in getrocknetem Zustand sich durch die Luft verbreiten. Geigerzählermessungen ergaben hohe radioaktive Werte des Meeresbodens, des Sandstrands der cumbrischen Küste und sogar im Hausstaub der umliegenden Ortschaften. Darüber hinaus hat eine hochrangige, unter der Leitung des früheren Präsidenten der Königlich-Britischen Ärztevereinigung stehende Ärztekommission in den fünf Dörfern rund um die Wiederaufbereitungsanlage Sellafield eine ungewöhnlich hohe Anzahl von Fällen an Leukämie (Blutkrebs) bestätigt. An dieser meist tödlich ausgehenden Krankheit, die auf radioaktive Strahlung zurückzuführen ist, sterben dort zehnmal so viele Kinder wie im Landesdurchschnitt. Darüber hinaus wurde in der Umgebung des Werkes Sellafield eine erhöhte Zahl von genetischen Mißbildungen an Kälbern nachgewiesen.

Trotz solcher Feststellungen leugnen das Werk wie auch die britische Regierung bisher einen Zusammenhang zwischen den Leukämie- und Lymphom-Fällen und der Aktivität des Nuklearbetriebs. Sie erklären das regional vermehrte Auftreten als zufällige Häufung im Rahmen der normalen Variationsbreite der Krankheit. Es bestünden keine ernsthaften Gefahren für die Bevölkerung.

Die britische Regierung hat die zeitweilig gesperrten Strände wegen Unbedenklichkeit für die Öffentlichkeit wieder freigegeben. Demungeachtet hat der oberste englische Staatsanwalt das Staatliche Britische Nuklearunternehmen BNF wegen Verseuchung von Badestränden an der Nordwestküste Englands durch die Wiederaufbereitungsanlage Sellafield in Windscale angeklagt.

Auch aus der Wiederaufbereitungsanlage La Hague in Nordfrankreich gelangen radioaktiv angereicherte Abwässer in den Ärmelkanal. Diese, besonders Caesium-137 mitführenden Abwässer werden nicht rasch verdünnt, sondern driften mit dem Tidenstrom entlang der Küste in nordöstlicher Richtung in die Deutsche Bucht. Während ein Teil der Isotope an den Flachküsten dort in den Nahrungskreislauf der Tiere gelangt oder sich an der Küste ablagert, wandert ein weiterer Teil der radioaktiven Abwässer weiter nach Norden bis zur norwegischen Küste.

Alternativer Strom: Erzeugung von regenerativer Energie

Während viele unserer Politiker immer noch für die Kernenergie werben, auch die Presse teilweise auf diese Entwicklung eingeschworen ist und bei uns die Energiewirtschaft weiterhin Atomkraftwerke plant und baut, zeichnet sich in der Neuen Welt ein tiefgreifender Wandel in der Energiefrage ab. Zwar hat man allgemein geglaubt, daß das teure Öl, dessen Preis 1973 um das Vierfache gestiegen war, von der Kernenergie abgelöst werden könnte, doch hat sich dieser Weg inzwischen als eine Fehlentwicklung erwiesen. Nicht die Umweltbelastung und nicht andere gefährdende Momente sind der Grund, sondern nackte Kalkulationen. Nachdem sich dieser Kraftwerkstyp als besonders kostspielig erwiesen hat (einschließlich unerwarteter Folgekosten) und sich allgemein eine geringe Rentabilität ergab, nachdem ferner der Stromverbrauch kaum noch ein Wachstum aufweist, hat sich in den USA Wall Street und damit der entscheidende Geldgeber von der Nuklearenergie abgewendet und investiert inzwischen für neue Entwicklungen.

Zwar stehen im Energiehaushalt der Welt die fossilen Energieproduzenten Öl, Kohle und Erdgas an den ersten drei führenden Plätzen, doch spielen auch heute noch das Holz und die Wasserkraft als die führenden „erneuerbaren" oder regenerativen Energieträger eine bedeutende Rolle. Diese regenerativen Energieerzeuger werden also nicht wie die fossilen Energieproduzenten ohne jegliche Regenerationsmöglichkeit aufgebraucht, sondern vermögen sich ständig zu erneuern. Dies gilt für das Holz (wenn die abgeholzten Wälder wieder aufgeforstet werden) und Agrarprodukte, für das Wasser (wenn der Gewässerlauf nicht durch kurzsichtige Wasserwirtschaft oder landschaftliche Vernichtung versiegt) und insbesondere für die Sonnenenergie.

Es wird geschätzt, daß die derzeitige Energieproduktion durch erneuerbare Energieträger auf der ganzen Welt insgesamt einem Äquivalent von 1,81 Milliarden Tonnen Kohle oder etwa 16% des gesamten Energieverbrauchs entspricht. Nach amerikanischen Berechnungen wird zugleich angenommen, daß bis zum Jahr 2000 der Verbrauch an erneuerbarer Energie um mehr als das Doppelte anwachsen wird. Denn regenerative Stromproduzenten haben eine Reihe von Vorteilen, die auch in heutiger Zeit, da die Tendenz der Zentralisierung auch auf dem Energiesektor übermächtig ist, der Berücksichtigung wert sind:

1. Da erneuerbare Energiequellen oder -erzeuger im Land selbst hergestellt werden, ist man wirtschaftlich unabhängig von internationalen Entwicklungen, außenpolitischem Druck und außenwirtschaftlichen Diktaten (wie sie z. B. die Opec längere Zeit ausübte). Es kann durchaus möglich sein, daß eines Tages Hausbesitzer mit Ölzentralheizungen in einer Ölkrise dankbar wären, wenn ihre Öfen sich zumindest vorübergehend mit Kohle oder Holz versorgen ließen.

2. Viele erneuerbare Energiequellen sind weitgehend inflationssicher. Wenn ein eingerichtetes Wasserkraftwerk läuft, bleiben die Kosten für den erzeugten Strom weitgehend gleich. Auch ein Sonnenkraftwerk oder Sonnenkollektoren auf einem Dach bleiben kostenmäßig unabhängig von steigenden Öl- und Kohlepreisen.

3. Mit Ausnahme der Sonnenkrafttechnik, die sich noch in der Entwicklungsphase befindet, ist das Erstellen von Einrichtungen zur Produktion erneuerbarer Energie relativ billig und zeitsparend.

4. Die Technologien, die zur Entwicklung von Einrichtungen zur Produktion erneuerbarer Energien notwendig sind, basieren in vielen Fällen (mit Ausnahme der Sonnenenergie) auf vorhandenen Techniken, z. B. profitieren Windgeneratoren von der Luftfahrttechnik, geothermale Entwicklungen (Erdwärmenutzung) stehen mit den Techniken der Ölbohrungen in Verbindung.

5. Im allgemeinen bedeutet die Umstellung auf erneuerbare Energien auf Dauer eine deutliche Minderung der Stromkosten.

6. Umstellung auf erneuerbare, in der Region oder gar an Ort und Stelle produzierte Energie bedeutet Unabhängigkeit von überregionalen Systemen der

Energieversorgung, die einerseits in Krisenzeiten außerordentlich anfällig sind und andererseits einen weit über den Herstellungskosten liegenden Strompreis diktieren können. Für bestimmte Mittelbetriebe, isoliert liegende Bauernhöfe oder Wohnblocks sowie einzeln stehende Wohnhäuser können eigene energieproduzierende Anlagen mit erneuerbaren Energieträgern, insbesondere wenn sie Strom und Warmwasser liefern, von großem Nutzen sein. Besonders in den USA ist dieses System in bedeutend stärkerem Maße bereits realisiert als in der Bundesrepublik.

Energie aus Müll und Stallmist

In der Zeit der Diskussionen um Kernkraftwerke wird oft übersehen, daß Müll ein wichtiger Energieerzeuger ist. Denn organische Abfälle können durch verschiedene technische Verfahren in verwendbare Energie umgewandelt werden. Die erfolgreichsten Methoden sind einerseits die Verbrennung und andererseits das Umsetzen in Methangas, Alkohol oder andere speicherungsfähige Kraftstoffe. Besonders in Europa ist die Umwandlung von Müll in elektrische Energie weiter verbreitet als allgemein angenommen wird: Dreiviertel der 262 Müll-Energieanlagen, die es in der Welt gibt, stehen in Europa. So erzeugt München 12% seines Elektrizitätsverbrauchs aus Hausmüll und anderen Abfällen. Eines der größten Müll-Kraftwerke der Welt steht in Paris, wo jährlich 1,7 Mio t Großstadtmüll durch Verbrennen in Dampf verwandelt wird, der sowohl Elektrizität erzeugt als auch als Fernheizung verwendet wird; hierdurch werden pro Jahr über 50 Millionen Liter Öl eingespart. Bei Rotterdam steht eine Müll-Energieerzeugungsanlage, in der jährlich mit mehr als 1 Mio t Müll ein 55 Megawatt-Elektrizitätswerk betrieben wird. Auch im Ruhrgebiet befinden sich große Müll-Kraftwerke. In den USA werden organische Rückstände der Zuckerproduktion sowie andere Nebenprodukte der Käseherstellung und Früchte- und Gemüseverarbeitung in zunehmendem Maße in Brennstoff-Alkohol umgewandelt. Außerdem wird in Brooklyn derzeit ein riesiges Müll-Heizkraftwerk gebaut, in dem in Zukunft ein Teil der täglich anfallenden 20000 t Müll New Yorks in kostbare Energie umgewandelt werden soll: Die erste Anlage soll 1986 in Betrieb genommen werden, täglich 2700 t Müll verarbeiten und damit jährlich 160000 cbm Heizöl einsparen. Dort sind zehn weitere Müll-Kraftwerke geplant.

Ein großes Problem, das allgemein für die Müllverbrennung gilt, stellt die Luftbelastung durch die beim Verbrennungsprozeß entstehenden Abgase dar. So können an Schadstoffen außer Stickstoffoxiden und Kohlenmonoxid u. a. durch das Verbrennen von Kunststoffen auch hochgiftige chlororganische Substanzen an die Umwelt abgegeben werden. Energieerzeugung in Verbindung mit der Müllverbrennung wird erst dann vollauf befriedigend sein, wenn es gelingt, eine optimale Emissionsminderung sicherzustellen.

Auch in der Dritten Welt ist diese Form der Energieerzeugung von großer Bedeutung, da einerseits besonders im Bereich der Großstädte riesige Müllmengen anfallen, die auf konventionelle Weise nicht mehr verarbeitet werden können, und andererseits diese Staaten ständig unter Energiemangel leiden; außerdem fehlt es in den entwaldeten Ländern an Holz.

Ein besonderes Verfahren der Energieerzeugung aus Müll und Abfällen wird in China verwirklicht, wo besonders aus Dung, Jauche und anderen organischen Abfällen Methangas hergestellt wird. So befanden sich in der Provinz Setschuan 1974 etwa 30000 Biogas-Anlagen, 1979 schätzte man in ganz China etwa sieben Millionen; für 1985 waren 20 Millionen Biogas-Anlagen vorgesehen. Viele Anlagen dienen nur dem Bedarf einer oder weniger Familien, größere Anlagen werden von Kommunen betrieben. Als Ausgangsmaterial dient eine Mischung aus tierischen und menschlichen Exkrementen, die mit Stroh oder anderen Ernteabfällen vermischt werden. In einer luftdicht abgeschlossenen Kammer entsteht durch mikrobielle Gärung Gas, das zu 50–75% aus Methan besteht. Eine Kammer von 10 cbm kann täglich 2 cbm Biogas liefern. Die kleinen Anlagen dienen als Energielieferer vorzugsweise zum Kochen und zur Beleuchtung, mit den größeren Anlagen der Kommunen werden zusätzlich Pumpen und Motoren für Bewässerungsanlagen und Mühlen betrieben. Derzeit laufen Versuche zur Umwandlung des Gases in Treibstoff für kleinere Traktoren und andere Fahrzeuge. Zur fachlichen Absicherung dieser Anlagen wurden in jüngster Zeit in China Hunderttausende von Biogastechnikern ausgebildet. Als Rückstand des Gärungsvorgangs bleiben Stickstoff, Phosphor und andere Pflanzennährstoffe, die zweimal jährlich der Kammer entnommen werden und für die Landwirtschaft einen wertvollen Dünger bilden.

In Europa ist Dänemark am fortschrittlichsten in der Biogas-Herstellung; dort gibt es bisher etwa 20 Biogas-Anlagen, in denen vorwiegend flüssige und feste Stallabfälle in Methangas umgewandelt werden. So erzeugt das Dorf Vester Hjermitslev nahezu seinen gesamten Energiebedarf mit einer eigenen Biogas-Anlage.

In den USA wird von einsam liegenden Tierfarmen in zunehmendem Maße Biogas erzeugt, wofür die großen Mengen an Exkrementen der konzentrierten Tierhaltung zur Verfügung stehen. Auch bei uns sollten die Tierfarmabfälle in ähnlich sinnvoller Weise verwendet werden und durch entsprechende technische Einrichtungen der Energieerzeugung dienen.

In den Faultürmen der Abwasserklärwerke wird vielfach Methangas als Energieträger erzeugt. (Allerdings besteht begründete Hoffnung, daß nach einem vor kurzem entwickelten Verfahren bald Klärschlamm in Öl und Kohle verwandelt werden kann.)

Eine besondere Form von „Müll“ und zugleich ein weiterer Energiesparer ist die industrielle Abwärme, die bei vielen technischen Verfahren in sehr großer Menge anfällt, bisher in die Luft geblasen wurde und nun in Fernwärme verwandelt wird. Mit Abwärme kann nicht nur die eigene Heizung der Großbetriebe versorgt werden, sie wird in zunehmendem Maße auch für private Zwecke genutzt. So wird an der Saar die Stadt Völklingen mit Fernwärme versorgt, was jährlich zu einer Einsparung von 25000–30000 t Steinkohleeinheiten führt. Im

Ruhrgebiet verläuft eine Fernwärmeschiene von Moers über Duisburg bis Dinslaken über eine Strecke von 28 km und beheizt 46000 Wohnungen.

Holz als Energieerzeuger

Während vor der Ölkrise das Holz als Energieträger an Bedeutung beträchtlich verloren hatte, erfährt es seit 1973 eine bemerkenswerte Aufwertung. Heute wird Holz nicht nur vermehrt zum Kochen und Heizen verwendet, sondern sogar als Wärmeerzeuger für industrielle Prozesse und zur Produktion von Strom genutzt. Dies geschieht einerseits in mit Wald gesegneten Staaten, andererseits werden in manchen Ländern Wälder speziell für Brennholz zur Energieproduktion angelegt und aufgeforstet.

Sogar Industrienationen, besonders jene mit großen Waldreserven, greifen seit 1973 zunehmend auf ihre Holzbestände zurück. So liegt in den USA der Holzverbrauch bei 2,6% der nationalen Energieerzeugung. In amerikanischen Wohnungen sind im Winter etwa acht Millionen Öfen in Betrieb, die vorwiegend mit Holz geheizt werden. Etwa 10% aller US-Wohnungen werden mit Holz beheizt, in manchen Staaten wie Vermont, New Hamshire und Maine sind es gar 20%. Auch bei uns hat in den vergangenen Jahren die Ofenindustrie einen unerwarteten Aufschwung erlebt und konnte vielfach der Nachfrage nur mit Verzögerungen gerecht werden. In den USA haben sich auch viele kleinere oder mittlere Industriebetriebe von Öl auf Holz umgestellt, z. B. in New England etwa 150 Betriebe vom Papierhersteller bis zu Großgärtnereien. Die US-Zellstoff- und Papierfabrikation deckt über 50% ihres gesamten Energiebedarfs durch Abfallholz ab. In Kanada hat die Regierung 1978 ein Fünfjahres-Programm mit 150 Millionen Dollar erlassen, um die Industrie zum Umrüsten von Öl und Gas auf Brennholz zu veranlassen. Auch in Finnland übt die Regierung Druck auf die Industrie im Sinne einer Umstellung auf Holz als Energieerzeuger aus, um somit eine Einsparung hoher Ölkosten zu erreichen.

Selbstverständlich können sich solche Maßnahmen nur Länder mit großen Waldbeständen und Holzvorräten sowie mit gesicherter Wiederaufforstung leisten. Andernfalls muß die Entwaldung und damit die Entblößung der Landschaft vom Lebensraum Wald zur ökologischen Katastrophe führen, die den Wasserkreislauf zusammenbrechen läßt und die Landschaft allmählich in eine Steppe oder gar Wüste verwandelt. Energieproduktion durch Holz darf nicht zur Verkarstung und Versteppung eines Landes und zu landschaftlichen Verhältnissen führen, wie sie heute im einst reich bewaldeten Mittelmeerraum anzutreffen sind.

Energie aus Agrarprodukten

Das Konzept, Energie aus Feldfrüchten herzustellen, ist verhältnismäßig neu und eine Folge der Erdölkrise der frühen siebziger Jahre. In einer Welt, die einerseits unter Mangel an Nahrungsmitteln und geeignetem Ackerland leidet, die andererseits die letzten großen Naturlandschaften zerstört, noch zusätzlich Agrarprodukte für die Energieherstellung anzubauen, stellt eine ökologische und für die hungernde Bevölkerung auch eine soziale Konfliktsituation dar. Daher sollte es sich bei diesem Anbau von Agrarprodukten um die Nutzung weniger fruchtbaren Landes oder um die Verwendung von Ernte- und anderen biologischen Produktionsabfällen für die Energiegewinnung handeln.

Flüssiger Kraftstoff kann aus Pflanzen gewonnen werden entweder durch Umwandlung von Stärke und Zucker in Alkohol oder durch Gewinnung pflanzlicher Öle mit einem natürlichen hohen Anteil an Kohlenwasserstoffen. Seit Jahrhunderten wird Äthylalkohol (Äthanol) aus Früchten und Getreide für berauschende Getränke hergestellt.

Der wichtigste Ausgangsstoff für die Produktion von Bio-Äthanol sind Zukkerfeldfrüchte wie Zuckerrohr, Zuckerrübe und Zuckerhirse, ferner Wurzelknollen, besonders die sehr großen, stärkereichen Knollen des Maniokstrauches, und Getreide. Von diesen Agrarprodukten erzeugt Zuckerrohr die größte Menge an Energie pro Hektar, gefolgt von der Zuckerhirse.

Die Möglichkeit, Bio-Äthanol als Kraftstoff zu verwenden, wurde in Brasilien bereits in den frühen Tagen des Automobils entdeckt. Aber erst 1975 wurde Brasiliens Alkohol-Brennstoff-Programm verabschiedet. Es hat das Fernziel, durch Energiegewinnung aus Agrarprodukten den gesamten Kraftstoff für die Verkehrsmittel im Lande herzustellen. Zwischen 1975 und 1979 ist in Brasilien die biologische Alkoholgewinnung um das Vierzehnfache gestiegen. Heute stammen etwa 20% des Kraftstoffverbrauchs vom Bio-Alkohol. Während bis 1979 in Brasilien als Kraftstoff ein Gemisch von Alkohol und Benzin verwendet wurde, gibt es seit 1980 Automobile, die nur mit Alkohol angetrieben werden.

Auch in den USA wurde ein Bio-Äthanol-Programm zur Verwendung von Agrarprodukten zur Energieerzeugung in großem Umfang entwickelt. Dort gibt es bereits Tausende von Tankstellen, die „Gasohol", ein Gemisch aus Bio-Alkohol und Benzin, anbieten. Heute werden etwa 2% des US-amerikanischen Kraftstoffbedarfs durch Alkohol abgedeckt. Hierzu werden etwa 20 Millionen Tonnen Getreide verwendet, die als Überhang aus dem Getreideanbau stammen. Bemerkenswerterweise befassen sich besonders die Firmen der Mineralölwirtschaft mit diesen Programmen. Mit 5% Bio-Alkohol im Benzin kann man auch das Blei zur Erhöhung der Klopffestigkeit ersetzen.

Sogar in Afrika wird Kraftstoff aus landwirtschaftlichen Rohstoffen hergestellt. So produziert man in Zimbabwe und Kenia Alkohol aus Molasse, einem Abfallprodukt der Zuckerfabrikation. In Kenia werden jährlich 180000 t Molasse in Äthanol umgewandelt und in Nairobi als Alkohol-Benzin-Gemisch für den Kraftfahrzeugverkehr verwendet.

In verschiedenen Forschungsprogrammen wird derzeit geprüft, ob Wasserpflanzen, wie z. B. die in den Tropen in riesigen Mengen vorkommende Wasserhyazinthe, und auch Seetang zur Herstellung von Äthanol und Methan geeignet sind. Hier scheinen sich wichtige Energieprojekte in den Tropen und Subtropen zu entwickeln.

Aber auch in Deutschland wird neuerdings besonders von den Bauernverbänden nach Möglichkeiten der Erzeugung von Bio-Äthanol gefragt. Infolge der Verdoppelung der Getreideproduktion in den vergangenen 20 Jahren bei gleichgebliebener Anbaufläche und ständig fallenden Preisen, wird nach Wegen gesucht, die Überproduktion ökonomisch sinnvoll zu verwenden. Anstatt das Getreide in die Hungerländer Afrikas zu transportieren oder wieder ökologischen Landbau einzuführen, wird die Gewinnung von Bio-Äthanol angestrebt. Man ist darum bemüht, den gegenüber den USA, Brasilien und Japan bestehenden Entwicklungsrückstand aufzuholen. Derzeit werden 35 Millionen DM für die Forschung zur Verwendung nachwachsender Rohstoffe als Energieträger zur Verfügung gestellt – ein winziger Betrag im Vergleich zu den Milliardenbeträgen für die Erforschung und Entwicklung der Kernenergie und der Kohleverflüssigung.

In Österreich besteht seit 1979 in Horitschon ein Bioenergiekonverter zur Produktion von Biogas aus Traubentrestern. Die Ergebnisse dieser Versuchsanlage können von Interesse für alle weinproduzierenden Länder sein.

Wasserkraftwerke

Während die Fließkraft des Wassers bereits vor mehr als 2000 Jahren im Orient verwendet wurde, um mit Hilfe des Wasserrades Getreide zu mahlen, Holz zu sägen und auch Webstoffe herzustellen, entdeckte man erst im späten 19. Jahrhundert die Möglichkeit, elektrische Energie durch Antreiben einer Turbine zu erzeugen, die als Generator mechanische in elektrische Energie umwandelt.

In der Stromerzeugung durch Wasserkraft stehen heute die Vereinigten Staaten von Amerika mit 71 000 Megawatt im Jahr an erster Stelle, gefolgt von der Sowjetunion mit 47 000 MW und Kanada mit etwa 40 000 MW. In der Dritten Welt werden erhebliche Anstrengungen unternommen, um die Fließkraft der dort vorhandenen Flüsse für die Gewinnung elektrischer Energie zu nutzen und auf diese Weise Öl oder anderen fossilen Brennstoff und somit kostbare Devisen zu sparen. Der spektakulärste Fall ist der Assuan-Staudamm in Ägypten, dessen Kraftwerk 2 100 MW erzeugt (allerdings hat sich diese Anlage gesamtökologisch, landwirtschaftlich und bezüglich des Wasserhaushalts des Landes als Fehlkonstruktion erwiesen, so daß heute von manchen Fachleuten in Ägypten bereits wieder der Abriß des Staudamms gefordert wird). Weitere nennenswerte Anlagen sind in Afrika der Kariba-Staudamm am Sambesi-Fluß in Simbabwe (Rhodesien) mit 1 300 MW und der Volta-Stausee am Volta-Fluß in Ghana (wofür 8 000 Quadratkilometer Naturlandschaft unter den Fluten verschwinden mußten). In Südamerika, wo bereits einige kleinere Stauseen mit Wasserkraftwerken bestehen, u. a. der Brokopondo-Stausee in Surinam, verfolgt derzeit Brasilien den Plan, den unerschöpflich erscheinenden Wasserreichtum des 7 Millionen qkm großen Amazonas-Beckens für die Energieerzeugung zu nutzen und baut bereits eine Reihe von riesigen Stauseen mitten im brasilianischen Urwald.

Als Nahziel bis zum Jahre 2000 ist die Produktion von 22000 Megawatt vorgesehen. Die größte, im Bau befindliche Anlage ist der Tucurui-Damm am Unterlauf des Tocantin-Flusses, dessen Stausee etwa 2000 qkm Waldfläche bedekken wird und zunächst 4000 MW, später bis 8000 MW Strom liefern soll. China plant durch den Bau von vier Stauseen am Gelben Fluß (Huangho) und am Jangtse-River die Energiegewinnung von 32000 MW durch Wasserkraftwerke.

Wenn Staaten wie die Schweiz und Japan die Möglichkeit der Energiegewinnung durch die vorhandene Wasserkraft weitgehend ausgeschöpft haben, so könnten andere Länder das bisher brachliegende hydroelektrische Potential um ein Vielfaches ausnutzen. So könnte z. B. das kleine Königreich Nepal am Südhang des Himalaya-Gebirges mit seinen zahlreichen Gebirgsflüssen so viel hydroelektrische Energie erzeugen wie heute die USA und Kanada zusammen. Insgesamt könnten auf der ganzen Welt durch ausbaufähige Wasserkräfte noch über 3900 Gigawatt (= Mio. kW oder Milliarde Wattstunden) elektrischer Energie zusätzlich erzeugt werden, wobei die größten Ausbau- und Entwicklungsmöglichkeiten für Asien und Afrika bestehen.

In jüngster Zeit werden aber nicht nur gigantische Stauseen mit Wasserkraftwerken gebaut, auch kleine hydroelektrische Anlagen werden zunehmend verwirklicht oder geplant. So wurden in den USA mehr als 50000 gestaute Gewässer festgestellt, die der Wasserspeicherung, Grundwasseranreicherung und Hochwasserregulierung sowie als Freizeitgewässer für die Fischerei und Erholung dienen, aber noch keine hydroelektrische Nutzung erfahren. Besonders auch in Frankreich ist die private Nutzung der Wasserenergie zahlreicher Fließgewässer durch kleine und kleinste Kraftwerksanlagen vorgesehen. Daß solche kleinen Wasserkraftwerke auch für China von großer Bedeutung sind, versteht sich von selbst.

Welches aber sind die ökologischen Folgen solcher Eingriffe in die Natur und die natürlichen Wasserläufe?

Einerseits ist die Anlage von Stauseen positiv für den Wasserkreislauf und den Wasserhaushalt, da hierdurch das Wasser nicht rasch abfließt, sondern zurückgehalten wird und auch das Grundwasser in bedeutendem Maße angereichert und der Boden stärker durchfeuchtet wird. Auch kann ein künstlich angelegter See, sofern er nicht nur für Wassersport und andere Freizeitbetätigungen genutzt wird, zu einem wichtigen Biotop für Wasservögel und die übrige Wasserfauna und die Wasserflora werden.

Andererseits stellt ein Stausee für die ursprüngliche Fließwasser-Tierwelt einen gewaltsamen, meist vernichtenden Eingriff dar. So gab es noch vor wenigen Jahren in den schnell fließenden Gebirgsgewässern der Karpathen Rumäniens den hochgradig angepaßten Barsch *Romanichthys valsanicola,* der nur dort und an keiner anderen Stelle der Welt vorkam. Nachdem die Gebirgsflüsse zur Gewinnung elektrischer Energie gestaut wurden und die natürlichen Fließgewässer in Seen umgewandelt sind, scheint diese seltene Fischart ausgestorben und für die Nachwelt nur mit wenigen Museumsstücken erhalten geblieben zu sein.

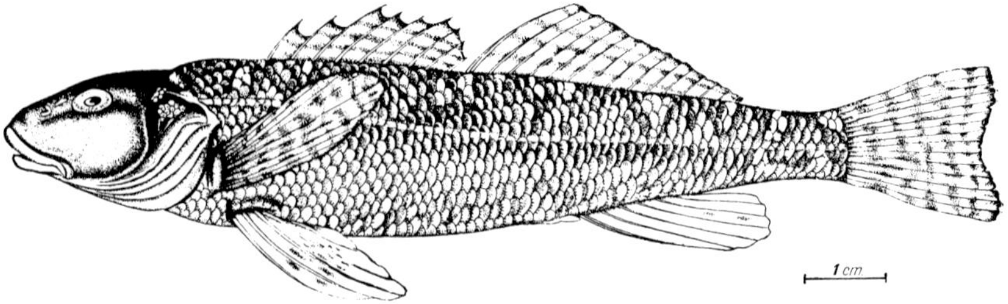

Der an schnell strömende Gebirgsbäche angepaßte Karpathenbarsch (Romanichtys valsanicola) wurde erst 1957 entdeckt, scheint aber inzwischen durch die Anlage von Stauseen für Wasserkraftwerke ausgerottet zu sein. Aus Dumitrescu, Banarescu & Stoica.

An der Donau besteht nicht nur die Gefahr, daß in Österreich durch den Bau des Wasserkraftwerks Hainburg bei Wien ein wesentlicher Teil der Auwälder dieses Gebietes zerstört wird. Viel gravierender ist das weiter donauabwärts, östlich von Preßburg, auf slowakischem und teilweise ungarischem Gebiet liegende Donauprojekt Gabčikovo-Nagymaros, das bald fertiggestellt sein wird. Hier entsteht ein 200 Millionen Kubikmeter fassender Stausee, durch den die ein Naturschutzgebiet umfassenden großen Auwälder der Donau vernichtet werden. Wegen der notwendigen Vertiefung der Fahrrinne werden die abwärts des Stausees verbleibenden Auwälder infolge Austrocknung und fehlender zeitweiliger Überschwemmung zugrunde gehen. Nicht in Österreich, sondern dort wird durch die Nutzung der Wasserkraft das letzte geschlossene Auwaldgebiet Mitteleuropas zerstört.

Auch hat sich der vielgepriesene Assuan-Staudamm in Ägypten als eine große Fehlplanung erwiesen. Denn erstens fehlen heute den Bauern die bei den früheren Überschwemmungen als wichtige Mineraldünger dienenden Nilschlämme, die nun durch bedeutend schlechtere und teure Kunstdünger ersetzt werden müssen; zweitens füllen diese Schlämme nun allmählich den Stausee auf und werden ihn zum Austrocknen bringen (wenn nicht ständig ausgebaggert wird); drittens ist die Verdunstungsrate des Sees größer als der Wasserzufluß, so daß das Seenwasser allmählich versalzt; viertens ist durch das Fehlen der nährstoffreichen Schwebstoffe des Hochwassers an der Nilmündung die Fischfauna beträchtlich zurückgegangen und die dortige Fischerei zusammengebrochen.

Im übrigen besteht für die meisten der neuen Stauseen in den Tropen die Gefahr einer baldigen Versalzung, da durch die starke Sonneneinwirkung die Verdunstungsrate deutlich höher liegt als der natürliche Wasserzufluß. So dürften in absehbarer Zeit aus diesen „technischen Meisterleistungen" bald „Tote Meere" werden, die auch nicht mehr der Energieerzeugung dienen können.

Nutzung der Windkraft

In Persien wurde schon 600 v. Chr. die Energie des Windes zum Wasserpumpen verwendet. In Europa entstanden die ersten Windmühlen im 12. Jahrhundert. Durch die Luftbewegungen wurden die meist vierflügeligen Räder in Drehbewegung gesetzt und auf diese Weise die kinetische Energie des Windes zum Antrieb eines Mahltriebwerks oder anderer Hilfsmaschinen ausgenutzt. Mit Hilfe der Windmühle wurde jahrhundertelang hauptsächlich Getreide gemahlen und Grundwasser gefördert.

Während der Wirkungsgrad der klassischen Windmühle energetisch verhältnismäßig gering ist, können moderne, nach den Gesetzen der Aerodynamik gebaute Windkraftanlagen einen Wirkungsgrad von 80% erreichen. Sie sind besonders in schwach besiedelten Gebieten ohne engmaschige Stromversorgung von Nutzen und können in stets stark windigen Gebietsabschnitten bei einer mittleren Windgeschwindigkeit von mindestens 4 m/sec. im Jahresdurchschnitt wirtschaftlich betrieben werden. Wirtschaftlich nutzbare Windenergie findet sich vorwiegend entlang bestimmter Küstenlinien und Gebirgspässe, so z. B. an der Nordküste Großbritanniens, der Süd- und Westküste Australiens und entlang der arktischen Küstenlinie der Sowjetunion.

In der Entwicklung moderner Windkraftanlagen sind heute Schweden, Dänemark und insbesondere die USA führend: Schweden und Dänemark sind arm an Öl, aber reich an Wind. Zum Studium der Energieerzeugung durch die kinetische Energie der Luftströmung wurde in Dänemark im Rahmen eines staatlichen Windkraft-Programms nahe der Nordseeküste bei Ulfborg eine Kraftanlage mit dem in der Welt größten Windgenerator errichtet. Auch in Schweden wird seit 1975 zur alternativen Erzeugung elektrischer Energie mit verschiedenen Modellen von Windkraftanlagen experimentiert, da errechnet wurde, daß 3300 große Windgeneratoren, die nahe der Westküste errichtet werden, den Strom von 7 großen Kernkraftwerken erzeugen können. Viele dieser „Windlader" mit zwei- oder vierflügeligen Propellern werden an Akkumulatoren angeschlossen, um in windstarker Zeit erzeugte Überschußenergie für windschwache Zeiten zu speichern. In Dänemark sind bisher etwa 1500 Windmühlen als Energieerzeuger installiert. Zahlreiche weitere dieser dänischen Windenergie-Konverter sind im Bau und in der Planung oder werden im Ausland, besonders in den USA, in Indien und China, errichtet.

In der Bundesrepublik wird schon seit 1957 unter der Leitung der Studiengesellschaft Windkraft e. V. eine Windkraftanlage bei Geislingen in der Schwäbischen Alb betrieben, um die günstigsten physikalischen Bedingungen zur bestmöglichen Nutzung der Windkraft zu ermitteln. Dort wurde festgestellt, daß bei einem Flügeldurchmesser von 34 m in 24 m Höhe und einer Windgeschwindigkeit von 8 m/sec. die günstigsten Bedingungen zur Erzeugung einer Nennleistung von 100 kW gegeben sind. Wegen des fast ständig wehenden, recht starken Windes ist für Helgoland ein Windkraftwerk geplant, durch das der Bedarf der Insel an elektrischer Energie teilweise gedeckt werden soll.

In den USA werden sämtliche Größen von Windgeneratoren von 2 kW bis 2,5 MW Leistung untersucht. Die 2–10 kW-Windmaschinen haben sich für die Erzeugung von elektrischer Energie einzelner Häuser, Bauernhäuser und von Farmkomplexen durchaus bewährt. Viel Erfahrung wurde auch schon bei mittelgroßen Windkraftanlagen zur Erzeugung bis 200 kW Strom gesammelt. Es gibt aber auch bereits ein Pilotprogramm zum Bau von 2–2,5 MW-Windgeneratoren: Im Staate Washington wurden an der Windschlucht des Columbia-River drei 2,5 MW-Windturbinen errichtet. Jeder der von Boeing gebauten Propeller hat eine Spannweite von über 90 m. Die drei Windgeneratoren erzeugen Elektrizität für etwa 2500 Wohnungen und geben ihre produzierte Energie an das örtliche Kraftwerk ab, das dementsprechend weniger Öl oder Kohle zur Stromerzeugung verbraucht.

Moderne Windkraftanlagen können aber auch ökologische Probleme zur Folge haben. Einerseits können sie mitten in einer Naturlandschaft ein verunstaltendes Element darstellen, andererseits verursachen sie erhebliche Geräuschbelästigungen.

Erdwärme als Energiequelle

Bekanntlich nimmt unter der Erdoberfläche mit zunehmender Tiefe auch die Temperatur der Erde zu. Eine beträchtliche Wärmeenergie wird im Erdkörper beim Zerfall radioaktiver Stoffe entwickelt. In der unteren Kontinentkruste rechnet man mit etwa 1000 °C. Ein wesentlicher Teil dieser Erdwärme wird unter der kühlen Erdkruste gespeichert. Zwar gibt es noch keine vollständige Ermittlung des gesamten geothermalen Potentials der Erde, doch kennt man die wichtigsten Wärmezonen einerseits durch vulkanische Aktivitäten und andererseits durch geologische Informationen.

Der Versuch, durch Tiefbohrungen diese Erdwärme zu erreichen, an die Oberfläche zu befördern und zu nutzen, hat bisher keine positiven Ergebnisse erbracht. Somit scheint es nicht möglich zu sein, dieses Energiepotential der Erde technisch zu verwerten. Hingegen liegen an manchen Stellen lokal hohe Wärmekonzentrationen vor, besonders bei heißen Quellen, Fumarolen und aktiven Vulkanen. Durch Bohrungen an solchen Stellen tritt überheißer Dampf aus, der als Energiequelle verwendet werden kann. Somit ist bisher die Nutzung der Erdwärme als Energiequelle nur an bestimmten Stellen möglich und regional begrenzt. Die wichtigsten geothermalen Felder befinden sich in Italien, Neuseeland und in den USA.

Die gewonnene Erdwärme wird auf zweierlei Weise genutzt:

1. durch direkte Verwendung des heißen Dampfes als Heizung für Häuser und Gewächshäuser sowie für bestimmte industrielle Prozesse. So werden z. B. 65% der Wohnhäuser auf Island durch aus dem Erdinnern stammendes heißes Wasser beheizt. Auch werden fast alle Gewächshäuser auf dieser nordatlantischen Insel geothermal beheizt. Auch die beiden US-Städte Klamath Falls in

Oregon und Boise im Staat Idaho werden zu einem großen Teil mit Erdwärme versorgt. In Ungarn und in der Sowjetunion hält man in zunehmendem Maße Gewächshäuser geothermal warm. In der Tasman Pappen- und Papierfabrik in Kawerau auf Neuseeland wird seit etwa 1950 der Produktionsprozeß durch geothermale Energie betrieben.

2. Stromerzeugung stellt die zweite, indirekte Form der Anwendung der Erdwärme dar. Mittel- oder langfristig wird sie der wichtigere Teil der geothermalen Energieerzeugung sein. Elektrische Energie durch umgewandelte Erdwärme wird bereits im Bereich einer Reihe von geothermalen Gebieten produziert, besonders in den USA, in Italien, Neuseeland und Japan. Die gesamte genutzte geothermale Kapazität betrug 1980 etwa 1500 Megawatt. Allein in den USA hofft man, sie bald auf 1800 MW erhöhen zu können. Bis zum Ende dieses Jahrhunderts wird durch technischen Ausbau und weitere Nutzung vorhandener Erdwärme sogar mit einer geothermalen Energieproduktion in Japan bis 48000 MW und in den USA bis 27000 MW gerechnet. In Zukunft dürften im Bereich der geothermal nutzbaren Gebiete energieabhängige Industrien entstehen. In der Sowjetunion ist auf der Halbinsel Kamtschatka ein geothermales 5000 MW-Kraftwerk geplant, in dem der Avaschinski-Vulkan bis in 3,5 km Tiefe angebohrt und dessen Erdwärme gewonnen und als Energiequelle genutzt werden soll. Insgesamt kann die Erdwärme aber nur einen kleinen Teil des gesamten Energiebedarfs abdecken. Nach den bisherigen Erkenntnissen und Ergebnissen geologischer Forschung werden auch in Zukunft die Hauptindustriegebiete keinen Anteil an diesem Energiepotential der Erde haben.

Sonnenenergie

Während trotz gelegentlicher Neufunde von Lagerstätten das zeitliche Ende der Versorgung mit den fossilen Energieträgern Öl, Kohle und Gas einigermaßen voraussehbar oder gar vorausberechenbar ist, besteht die Notwendigkeit, großtechnische und zugleich billige Verfahren zu entwickeln, die eine unbegrenzte Energiegewinnung und zugleich eine wirtschaftliche Unabhängigkeit gewährleisten. Denn die Ölkrise war für die Industrienationen mit der schockartigen Erkenntnis verbunden, daß die absolute Abhängigkeit von den weit entfernt liegenden ölproduzierenden Ländern wirtschaftlich unverantwortlich ist. Aber auch das Erdgas ist mit Abhängigkeiten verbunden. Zwar schafft die Kernenergie nationale Unabhängigkeit, doch ist sie mit vielerlei Nachteilen verbunden. So muß ein zuverlässiger, möglichst regenerativer Energieerzeuger gefunden werden. Er befindet sich in unserem Planetensystem.

Die Sonne ist durch ihre ständigen Ausstrahlungen eine nicht endende Energiequelle. Die Sonnenenergie ist nach Auffassung der amerikanischen Geologen A. N. und A. H. Strahler schätzungsweise etwa 100000mal größer als die gesamte vorhandene technisch-elektrische Leistungsfähigkeit. Das technische Problem der Gewinnung dieser Energie stellt die weite Ausbreitung der Sonnenstrahlen dar, die zur Nutzung auf engem Raum gebündelt werden müssen. Wollte man ohne solche Bündelung eine 1 000 Megawatt-Sonnenenergiestation einrichten (was einem konventionellen Großkraftwerk entspräche), müßte man, da im Idealfall zwei Grammkalorien Solarenergie auf einen Quadratzentimeter in der Minute auftreffen, die Sonnenstrahlen einer Fläche von 42 qkm mit Sonnenkollektoren einfangen. Wenn auch technisch und räumlich eine solche Riesenanlage mit einer seitlichen Länge von jeweils 6,5 km in Wüstengebieten möglich ist, so wäre ihre Installation derzeit viel zu teuer, um in dieser Form realisiert zu werden.

Außer dieser geringen Energiedichte an der Erdoberfläche besteht noch das große Problem, daß Sonnenenergie nicht in jenen Gebieten in größerer Menge anfällt, wo sie besonders gebraucht wird: in den gemäßigten nördlichen Breiten, wo durch starke Wolkenbildung das Sonnenlicht abgeschirmt wird.

Bisher wurden drei technische Verfahren zur Gewinnung der Sonnenenergie entwickelt. Sie alle befinden sich aber noch im Versuchsstadium und somit im Prozeß der technischen Ausreifung.

Der größte bisherige Mangel am gesamten System ist in unseren Breiten das Fehlen leistungsfähiger, billiger und kleiner Wärmespeicher, in denen die Elektrizität zur Überbrückung der sonnenarmen Zeit gespeichert werden kann. In der Solartechnik selbst ist bisher das erforderliche Zubehör noch zu teuer, die Anlagen sind noch störanfällig und die Rate an Energieverlust ist zu hoch. Noch sind die technischen Verfahren nicht voll ausgereift, doch wird damit gerechnet, daß bis zum Ende dieses Jahrhunderts die Sonnenenergie der zukunftsträchtigste technische Energielieferant sein wird.

Sonnenkollektoren

Diese technischen Einrichtungen, die dem Einfangen und Bündeln der Sonnenenergie dienen, können je nach dem Aufgabenbereich aus Hohlspiegeln, Flachspiegeln, Vakuumzylindern oder kastenähnlichen Gebilden bestehen.

Die einfachsten Anlagen zur Nutzung der Sonnenstrahlen sind die Solarkollektoren auf den Hausdächern. Sie bestehen aus mit Glas abgedeckten, kastenähnlichen Absorbern oder aus Vakuumzylinder-Kollektoren und dienen zum Einfangen der Sonnenenergie für Heizzwecke. Sie erzeugen Niedertemperaturwärme zur Raumheizung und insbesondere für die Warmwasserbereitung und haben hauptsächlich in den Sommermonaten eine wichtige Aufgabe durch das Einsparen von Öl oder Elektrizität. Es versteht sich, daß Dachkollektoren in Ländern mit intensiver Sonneneinwirkung, wie z. B. in Südfrankreich und den übrigen Mittelmeerländern, ferner in den südlichen USA usw., am rentabelsten sind.

Den weitaus häufigsten Einsatz von Sonnenkollektoren sowohl in privaten Haushalten als auch an öffentlichen Gebäuden weist Israel auf. Mehr als ein Zehntel aller Haushalte hat solare Warmwassersysteme und ist somit weitgehend unabhängig von Öl, Gas oder elektrischer Heizung. In den USA nimmt seit dem Ölschock von 1973 der Einsatz von Solarheizungen ständig zu. Während 1974 nur etwa 130000 Quadratmeter Sonnenkollektoren auf den Dächern der Häuser installiert waren, ist der Umfang bis 1983 auf weit über 12 Millionen qm angestiegen. Da in den USA etwa 33% aller Energie für Heizzwecke verwendet werden, spielt die Nutzung der Sonnenenergie zunehmend eine wesentliche Rolle. In Japan, dem Land der aufgehenden Sonne, wird Sonnenenergie in sehr stark wachsendem Maße genutzt. Im Jahre 1980 waren über 1,6 Millionen Gebäude mit solaren Heizsystemen, besonders für die Warmwasserbereitung, versehen, seit 1984 sind es etwa 4 Millionen Gebäude (Wohnhäuser, Fabriken und öffentliche Gebäude). In Europa wächst besonders in Frankreich das Interesse an Sonnenkollektoren. Während 1979 nur etwa 20000 solare Heißwassergeräte in Betrieb waren, werden jetzt jährlich etwa 500000 Sonnenkollektoren hergestellt (allerdings vielfach auch exportiert). Demgegenüber nimmt sich der Anteil in der sonnenarmen Bundesrepublik recht bescheiden aus: bis 1984 wurden etwa 20000 Solaranlagen mit über 200000 qm Kollektorfläche installiert. Immerhin helfen diese Anlagen, jährlich etwa 6 Millionen Liter Heizöl einzusparen. Auch befindet sich Europas größte Solarkollektoranlage in der Bundesrepublik: zur Erwärmung des Schwimmbeckenwassers im Freizeit-Wellenbad Ahaus/Westfalen. Die Anlage besteht aus 1750, mit Glas abgedeckten Solarkollektoren und 500 nicht abgedeckten Energieabsorbern, die direkt vom Beckenwasser durchflossen werden. Die Gesamtfläche der Solarkollektoren und Absorber beträgt 2350 qm. Je nach Wetterlage wird jährlich mit einer Gesamt-Energieersparnis im Wert von 60000–80000 DM gerechnet. Die höchstgelegene Solarkollektoranlage Deutschlands befindet sich auf der Zugspitze und dient mit 48 Sonnenkollektoren der Richtfunkstelle der Deutschen Bundespost.

Sonnenkraftwerke

Im Stadium der Entwicklung befinden sich die riesigen Anlagen von Kraftwerken, die die Sonnenenergie in Strom umsetzen. Wegen der dispers verteilt auf der Erdoberfläche auftreffenden Sonnenstrahlen wird allerdings eine große Fläche zum Auffangen der Solarenergie benötigt. Das bisher größte Sonnenkraftwerk, „Solar 1“, befindet sich in der kalifornischen Mojave-Wüste. Mit 1818, jeweils 40 Quadratmeter großen Spiegeln werden die einfallenden Sonnenstrahlen gebündelt auf einen 91 m hohen Turm reflektiert. Durch diese gebündelte Energieeinwirkung wird Wasser auf 516 °C erhitzt und verdampft, wodurch eine Turbine Strom für 5000 Haushalte erzeugt. Allerdings gehen auf dem Umweg über die Dampferzeugung etwa 80% jener Energie, die zuvor durch die Spiegel eingefangen wurden, wieder verloren. Ein weiteres Problem ist die Störanfälligkeit der beweglichen Teile wie der Spiegel dieser verhältnismäßig komplizierten Anlage.

Die drei europäischen solarthermischen Kraftwerke, die mit deutscher Beteiligung bei Almeria in Südspanien und auf Sizilien gebaut wurden, haben unter dem Dunstschleier und der auch dort noch recht oft auftretenden Wolkendecke zu leiden, da diese Schwächung oder gar gänzliche Abfilterung des Sonnenlichtes zu kräftigem Leistungsabfall oder völligem Ausfall dieser Kraftwerke führt. Solare Großkraftwerke dieser Art können somit nur in Gebieten mit intensiver und lang anhaltender Sonneneinwirkung (über 3600 Stunden im Jahr) errichtet werden.

Sonnenzellen-Anlagen

Elektrizität kann aus der Sonnenenergie auf zweierlei Weise geschaffen werden: Konzentriertes Sonnenlicht wird auf Wasser gelenkt, das, in Dampf umgewandelt, einen elektrischen Generator zur Herstellung von Strom antreibt. Wenngleich dieses Verfahren im Versuchsstadium läuft, hat es sich bisher als sehr kostenintensiv, technisch überaus aufwendig und störanfällig erwiesen. Darüber hinaus besteht eine sehr hohe Verlustrate (80–90%) der zuvor aufgefangenen Sonnenenergie. Es ist daher fraglich, ob die nach diesem Prinzip arbeitenden Sonnenkraftwerke über das Versuchsstadium hinausgelangen.

Die zweite Methode ist von der Sonnenzelle oder Silizium-Solarzelle abhängig. Die als Photozellen fungierenden dünnen Siliziumplättchen haben den Vorteil, daß sie das Sonnenlicht direkt in Strom umwandeln können und auch bei bewölktem Himmel noch Energie produzieren.

Im Jahre 1954 wurde in den USA von dem deutschen Physiker Dr. Bernd Ross entdeckt, daß ein Silikonplättchen elektrischen Strom erzeugen kann, wenn es vom Sonnenlicht berührt wird. Wenn ein Lichtquant (Photon) auf ein Siliziumatom mit genügend Wucht auftrifft, um ein Elektron zu aktivieren, entsteht eine diffuse Form von Elektrizität. In einer Siliziumzelle wird die entstehende Elektrizität in einen abführenden Draht geleitet. Der dadurch entstehende Gleichstrom wird entweder in Wechselstrom umgewandelt oder er wird in energiesparender Weise zu Gleichstrom-verarbeitenden Geräten geleitet.

Die erste kommerzielle Silizium-Solarzelle wurde bereits 1955 hergestellt. Die Sonnenzellen bestehen stets aus sehr dünnen Siliziumplättchen unterschiedlicher Form und Größe. Taschenrechner haben normalerweise eine einzelne Zelle von etwa einem Zentimeter Seitenlänge; sie arbeiten schon bei normalem Tageslicht oder sogar bei Kunstlicht. Siliziumzellen können auch in Reihen angeordnet auf einem Hausdach angebracht werden und somit Solarenergie für's Eigenheim produzieren. Seit etwa 1965 werden regelmäßig Siliziumzellen für das elektrische System der Satelliten verwendet und haben sich dort sehr bewährt.

Während die Anwendbarkeit der Sonnenzellen-Technik heute außer Frage steht, stellen die Kosten noch ein Hindernis für einen häufigeren Einsatz dar; erfreulicherweise fallen aber die Preise ganz beträchtlich. Während 1973 eine Silizium-Solarzelle für den Skylab-Satelliten noch 300 Dollar pro Watt Höchstleistung kostete, wurden 1976 für dieselbe Energiemenge 45 Dollar gefordert, 1978 sogar nur noch 7–11 Dollar. Für 1986 wird mit einem Preisabfall auf 50 Cent pro Watt gerechnet (bei uns erwartet man sogar einen Preisabfall auf etwa

80 Pfennig pro „solare“ Kilowattstunde im Jahre 1986). Die Bundesregierung hat darüber hinaus 1985 für ein Forschungsprogramm zur Weiterentwicklung billiger Solarzellen 375 Millionen DM bereitgestellt. Einerseits soll die Verwendung von gegossenem polykristallinem Silizium fortgeführt werden, andererseits wird an der Entwicklung dünner Silizium-Bänder gearbeitet, die die Herstellungskosten erheblich verringern dürften.

In Japan wurde ein experimentelles Solarkraftwerk mit 788 Solarzellen aus Galliumarsenid eingerichtet. Zwar ist Galliumarsenid teurer als Silizium, hat aber einen deutlich höheren Wirkungsgrad. Mit Hilfe von Linsen wird die Lichtintensität auf mehr als das Zweihundertfache gesteigert.

Die ersten größeren Sonnenzellen-Anlagen dürften in der Dritten Welt entstehen, um Dörfer zu elektrifizieren, die fern von Überlandleitungen liegen und bisher keinerlei Elektrizität kennen. Das erste, ausschließlich mit Solarzellen elektrifizierte Dorf ist Schuchuli im Papago-Indianerreservat im US-Staat Arizona. Diese 1978 eingerichtete Anlage erzeugt maximal 3,5 Kilowatt Strom für 96 Einwohner. Die überschüssige Elektrizität wird für die Nacht in Batterien gespeichert. Außerdem wurde in einem Dorf in Obervolta eine 1,8 Kilowatt erzeugende Sonnenzellen-Anlage installiert, die besonders Wasserpumpen und Getreidemühlen mit Strom versorgt. In einem abgelegenen Fischerdorf auf den Philippinen stammt der Strom für das Kühlhaus aus Solargeneratoren, das gleiche gilt für Wasserpumpen in Ägypten; im Roten Meer blinken solargespeiste Bojen. Derzeit wird mit einer Reihe von Projekten der Einsatz dieser Technik in unseren sonnenarmen Breiten getestet. Hierzu gehört u. a. ein allein auf Sonnenzellennutzung beruhendes Kraftwerk mit einer Leistung von 300 Kilowatt auf der deutschen Nordseeinsel Pellworm. Es wird damit gerechnet, daß bis zum Ende unseres Jahrhunderts die Sonnenzellen-Technik eine der führenden Energieproduzenten sein dürfte.

Stadtökologie

In den Städten, besonders den modernen Großstädten, aber auch in umfangreichen Industriebetrieben und manchen Verkehrsanlagen ist die ursprüngliche, natürliche Pflanzenwelt mit ihren charakteristischen Tieren vollkommen beseitigt. Der Boden ist durch Gebäude, Straßen- und Parkplatzbelag usw. weitgehend mit Baustoffen versiegelt. Diese Versiegelung bedeutet, daß kein Wasser und kein Sauerstoff mehr von außen ins Erdreich einzudringen vermag, daß der Stoff- und Energieaustausch mit der Atmosphäre unterbunden ist und daß das Bodenleben weitgehend vernichtet wurde.

Hinzu kommen als weitere Kennzeichen der modernen Stadt die sehr dichte und individuenreiche Ansammlung der menschlichen Bevölkerung, eine große Zahl von Fahrzeugen und anderen technischen Anlagen sowie die durch Technik bedingte starke Verunreinigung der Luft; überdies vielfach ein hoher Geräuschpegel. Außerdem weist die Stadt ein vom Umland deutlich abweichendes Klima auf. Diese Faktoren machen insgesamt die Stadtökologie aus.

Stadtklima: Die **Temperatur** innerhalb einer Stadt wird deutlich durch die Bauwerke beeinflußt. Denn durch die dichtstehenden Gebäude und das Zurückwerfen der Sonnenstrahlen von Hauswand zu Hauswand ist in einer Stadt die Strahlenreflexion (die Albedo) in die Atmosphäre deutlich geringer als im begrünten Umland. Dadurch und durch die verstärkte Absorptionsfähigkeit vieler Baustoffe ist in der Stadt ein auffälliger wärmespeichernder Effekt gegeben. Hinzu kommt die Energiefreisetzung durch den Menschen (Wohnraumheizungen, Kraftfahrzeugverkehr, Industrie usw.). Außerdem fällt durch die erheblich verminderte Vegetation die Kühlung durch die Transpiration der Pflanzen kaum ins Gewicht. Diese Faktoren bewirken, daß das Stadtklima durch eine deutlich höhere Temperatur als das Umland gekennzeichnet ist. Städte sind also Wärmeinseln innerhalb der sie umgebenden Landschaft. Die Temperaturdifferenz beträgt normalerweise einige Grade und kann bei vegetationsarmen Innenstädten mehr als 10° C Unterschied ausmachen. In den warmen Sommermonaten ist die Temperaturdifferenz geringer als im Winter. Je stärker ein Stadtbezirk begrünt ist und je mehr eine Stadt durch Grünflächen aufgelockert ist, um so geringer ist die lokale Erwärmung und um so schwächer ist der Temperaturunterschied zum Umland.

Auch unterscheidet sich der **Wasserhaushalt** der Stadt von dem des Umlandes. Da die Stadtluft reich an Staub und Aerosolen ist, bilden diese feinsten Partikel Kondensationskerne für den Wasserdampf, also mikroskopisch kleine Teilchen, an denen sich die Feuchtigkeit der Luft ansetzt. Hierdurch entstehen Dunst oder Nebel in einer Stadt häufiger als in der umgebenden Landschaft. Je größer die Luftverschmutzung ist, z. B. in einem Industriegebiet mit erheblicher Staubemission oder im Winter während der Heizperiode mit beträchtlicher Rußbildung, um so stärker ist die Dunst- oder Nebelbildung in der Stadt.

Da durch die erhöhte Stadttemperatur auch die darüber liegende Atmosphäre bis in 300 m Höhe beeinflußt und aufgeheizt wird, führen dort die mit der erwärmten Luft aufsteigenden Kondensationskerne zur Wolkenbildung und zu erhöhter Niederschlagstätigkeit; gegenüber dem Umland kann der erhöhte Niederschlag einen Unterschied von 5–10% ausmachen.

Allerdings vermag das Regenwasser im Bereich der Städte kaum in den Untergrund einzudringen: ein Großteil des Bodens ist zugebaut oder mit parkenden Fahrzeugen zugestellt. Die Kanalisation nimmt rasch den weitaus größten Teil des Niederschlagswassers auf und hindert es am Versickern. Außerdem ist der freie Boden vielfach so stark verdichtet, daß er kaum Wasser aufzunehmen vermag. Nur im Bereich der Gärten in locker bebauten Stadtbezirken und der

Parkanlagen mit einer stärkeren Humusschicht kann das Regenwasser versikkern und wird für längere Zeit im Boden zurückgehalten.

Städtischer Boden: Ein für das Pflanzenwachstum und für die Bodenfauna optimaler Zustand ist dann gegeben, wenn das Erdreich je zur Hälfte aus fester, erdiger Substanz und aus Bodenhohlräumen besteht. Diese Bodenhohlräume sollten je zur Hälfte mit Wasser und Luft gefüllt sein. Im Erdreich selbst befindet sich eine sehr große Zahl an Bodenbakterien, Pilzsporen und anderen Lebewesen bis hin zu den Regenwürmern. Sie alle sind entscheidend für die Humusbildung, die Anreicherung des Bodens mit Mineralien, für sonstige Stoffkreisläufe und für die Auflockerung des Erdreichs.

Bodenverdichtung mindert nicht nur die Wasseraufnahmefähigkeit, sondern verringert auch den Luftaustausch des Bodens mit der Atmosphäre und somit den Sauerstoffgehalt des Erdreichs. Geringer Wassergehalt und Sauerstoffmangel sind kennzeichnend für den Boden in den Städten. Denn viele freie Flächen, z. B. Parkräume zwischen Bäumen werden durch ständige Fahr- und Trittbelastung so stark verdichtet, daß ein Pflanzenwuchs nicht mehr möglich und die Oberfläche nahezu versiegelt ist.

Belastung der Stadtpflanzen

Da durch die Verdichtung des Erdreichs in weiten Teilen der Städte der Boden ein erhebliches Defizit an Wasser und Sauerstoff aufweist, haben die Pflanzen, besonders die Bäume einen sehr ungünstigen Lebensraum. Daher wachsen die Straßenbäume in den Städten meist bedeutend langsamer als normal und bleiben insgesamt Kümmerformen, sie werfen im Jahresrhythmus nicht nur früher die Blätter ab, sondern altern auch insgesamt bedeutend rascher und sind außerdem gegen Krankheiten und Schädlinge viel anfälliger.

Um diese Symptome und krankhaften Entwicklungen zu verhindern oder zu mindern, muß dafür gesorgt werden, daß nicht die ganze Bodenfläche um einen Baum durch Baustoffe oder andere Bodenverdichtung versiegelt wird. Um einen Baum sollte möglichst eine größere, dem Umfang der Krone entsprechende Fläche frei und unbegehbar sein. Bei Reihen von Straßenbäumen sollten die Zwischenräume gegen Begehen oder Befahren (auch Benutzung als Parkflächen) durch Schutzeinrichtungen (Gitter usw.) gesichert werden. Besonders vorteilhaft ist zwischen Baumreihen das Anlegen von Unterpflanzungen mit Bodendeckern oder Sträuchern. Dort bildet sich einerseits leichter eine Humusschicht und kommt es rascher zur Auflockerung des Bodens, andererseits fungieren Büsche als Luftfilter in geringer Höhe über dem Boden, was besonders Kindern zugute kommt, die normalerweise an Verkehrsstraßen am stärksten durch Staubbelastung und Giftanreicherung der Atemluft gefährdet sind. Ausgedehnte Baumunterpflanzungen stellen daher eine dringend erforderliche Maßnahme zum Schutz der Bäume und zur Verbesserung der luftökologischen Bedingungen der Stadt dar.

Trotz solcher Maßnahmen kann aber beileibe nicht jeder Baum in der Stadt gedeihen. Ein Stadtbaum muß verhältnismäßig hohe Sommertemperaturen, eine intensivere Sonnenbestrahlung und ein vermindertes Wasserangebot vertragen können. Er muß also trockenresistent sein, sozusagen ein Steppengewächs, das durch Verdunstungsschutz der Blätter gegen Austrocknung gesichert ist.

Hinzu kommt die große Zahl anthropogener, also direkt oder indirekt vom Menschen erzeugter Umweltfaktoren, die innerhalb einer Stadt die Pflanzen erheblich beeinträchtigen. Hierzu gehört einerseits besonders die Verschmutzung und Vergiftung der Luft und andererseits im Winter die Anwendung von Streusalz. Durch diese Einwirkungen gibt es nur verhältnismäßig wenige Baumarten, die in einer Stadt zu überleben vermögen.

Luftverunreinigungen: Nicht nur im Wald, noch viel mehr leiden die Pflanzen in der Stadt, besonders die Bäume, an der Belastung der Luft mit Stäuben, Gasen, Rauchgasen, Aerosolen usw. Auch hier greifen diese Substanzen einerseits Blätter und Nadeln an, andererseits können sie mit dem Regenwasser in den Boden eindringen und das Wurzelwerk schädigen. Ständige und beträchtliche Luftverunreinigungen führen bei Stadtpflanzen zur Minderung der CO_2-Assimilation und somit zum Stoffverlust, zu Wachstumsschädigungen und Mißbildungen, zu chronischem Siechtum und nicht zuletzt zum frühzeitigen Absterben.

Allerdings sind nicht alle Pflanzen gleichermaßen empfindlich gegenüber städtischen und industriellen Luftverunreinigungen. So sind Laubhölzer weniger immissionsanfällig als Nadelhölzer, unter diesen ist die Eibe am widerstandsfähigsten. Von den Laubbäumen weisen die Robinie (fälschlich meist als Akazie bezeichnet) sowie die Schwarz- und Grauerle die geringste Immissionsempfindlichkeit auf.

Pflanzen können einen erheblichen ausgleichenden Einfluß auf die klimatischen Bedingungen einer Stadt haben. Außerdem haben sie die Wirkung eines Filters für die beträchtlich mit Staub angereicherte Luft. Des weiteren dienen Pflanzen, besonders Bäume und Büsche, als Lebensraum für zahlreiche Tiere, die als „Kulturfolger“ in der einen oder anderen Weise an das Stadtleben angepaßt sind.

Streusalz: Salz wurde zum ersten Mal im Winter 1962/63 in größeren Mengen zum Auftauen von Eis und Schnee auf den bundesdeutschen Straßen gestreut. Davor wurden zum Aufrauhen der glatten Oberfläche nur Sand, Split und Asche verwendet. Als Streumittel wird Kochsalz (Natriumchlorid NaCl) benutzt.

Streusalz bewirkt erhebliche Korrosionsschäden (Rost) an Kraftfahrzeugen, greift den Straßenbelag an und gefährdet das Leben der Straßenrandpflanzen durch Versalzung des Bodens. An manchen Straßenrändern ist infolge des hohen Salzgehalts im Boden die ursprüngliche Vegetation weitgehend verschwunden und durch salzverträgliche Arten (Halophyten) ersetzt.

Beim Auftausalz ist besonders der Chlorid-Anteil für die Pflanze giftig. Die Chloride werden durch die Wurzeln vom Boden aufgenommen und greifen sowohl die Blätter als auch den Splintholzteil des Baumstammes an, wodurch der Transport von Wasser und Nährsalzen sowie die Speicherung von Reservestoffen deutlich gemindert wird. Der Baum altert früh und stirbt vorzeitig ab.

Um dieser Gefährdung der Stadtbäume entgegenzuwirken, muß das Streuen mit Kochsalz erheblich verringert oder völlig aufgegeben werden. Die Autofahrer müssen bei Eis und Schnee wieder lernen, vorsichtig und rücksichtsvoll zu fahren (was sie eigentlich immer tun sollten).

Tiere der Stadt

Stets sind die Tierarten, die ursprünglich jene Lebensräume bewohnten, in denen städtische Ansiedlungen entstanden sind, völlig verschwunden. Ökologisch hochgradig spezialisierte „Kulturflüchter“ sind auch nicht in den städtischen Randbezirken anzutreffen. Die im Lebensraum einer Stadt regelmäßig vorkommenden Tiere müssen als „Kulturfolger“ einen hohen Grad an Anpassungsfähigkeit besitzen, sie müssen euryök sein.

Umweltfaktoren einer Stadt, die für Tiere belangvoll sind, sind insbesondere die Gebäude, die Ansammlungen von Menschen und Fahrzeugen, der Lärm, das Wasserangebot, die Bepflanzung, die klimatischen Bedingungen, die Luftverschmutzung und das Nahrungsangebot. Manche Arten, wie der Turmfalke, finden als ursprüngliche Felsbrüter in Türmen und Nischen der Hochhäuser gute Nistmöglichkeiten, doch holen sie sich ihre Nahrung von den Feldern und Wiesen des Stadtrandes. Auch Mauersegler finden an den hohen Gebäuden geeignete Brutplätze, fangen aber ihre Insektennahrung im Stadtbereich. Die Amsel erweist sich bei jeder kleinen Grünanlage als außerordentlich anpassungsfähig an das Stadtmilieu. Verhältnismäßig gute Lebensbedingungen findet auch der Haussperling. Unter den Säugetieren haben sich besonders die Wander- und Hausratte an das Leben in der Großstadt angepaßt und kommen stellenweise in sehr großen, dichten Populationen vor, besonders bei reichem Nahrungsangebot wie an Mülldepots usw. Bei stark aufgelockerten Städten mit vielen Gärten und Grünanlagen kommt auch der Igel recht häufig im Stadtgebiet vor. In England ist sogar der Fuchs in manchen Städten regelmäßig anzutreffen. Unter den Gliederfüßern sind besonders die Fliegen zu nennen, ferner zahlreiche Vorratsschädlinge. Auch hat sich eine Reihe von Spinnenarten an das Leben in der Stadt angepaßt.

Je umfangreicher die Grünanlagen, möglichst gar mit Wasseransammlungen in einem Stadtgebiet sind, um so größer ist die Zahl der Tierarten, die sich an den städtischen Lebensraum mit seinen besonderen Bedingungen angepaßt haben. Insgesamt sind aber die Zahl der Tierarten einer Stadt verhältnismäßig klein und die Diversität des städtischen Ökosystems gering, verglichen mit den Artengemeinschaften ursprünglicher Naturlandschaften.

Stadtökologie und Mensch

Die modernen Städtebauer glaubten, mit Hilfe technisch raffinierter Hochhausanlagen und vieler Freizeiteinrichtungen (Klimaanlagen, Schwimmbäder, Saunas, Solarien usw.) den Stadtmenschen frei und unabhängig von der Natur beglücken zu können. Inzwischen hat sich gezeigt, daß sie die „inhumane Stadt“ schufen. Denn auch für den Menschen spielt die Stadtökologie eine wichtige Rolle.

Es wurde festgestellt, daß dicht bebaute, pflanzenarme oder gar pflanzenlose Stadtgebiete als Wohnbereiche bedeutend weniger angenommen werden als begrünte. Hierbei spielt nicht nur eine gefühlsmäßige Neigung eine Rolle, sondern auch eine Reihe ökologischer Fakten wie die frischere Luft, der kühlende Schatten, die mögliche Beobachtung von Tieren usw. Daß Jugendliche, die in vegetationslosen Satellitenstädten aufwachsen, bedeutend aggressiver als andere junge Menschen sind und häufiger zu kriminellen Handlungen neigen, ist ein Phänomen des modernen Stadtlebens und gehört auch zum Thema Stadtökologie.

Darüber hinaus bewirken größere und systematisch angelegte Anpflanzungen innerhalb der Stadt eine deutliche Minderung von Schadstoffpartikeln in der Luft. Je größer die begrünte Fläche ist, um so stärker ist deren Filterwirkung. Der UV-Anteil des Sonnenlichts ist weniger stark herausgefiltert, so daß die photochemische Wirkung zur Bildung von Vitamin D im menschlichen Körper nicht verhindert wird. Außerdem sind bei umfangreichen Grünanlagen die Sommertemperaturen in der Stadt weniger hoch, so daß gesundheitsschädliche Einwirkungen auf das Atmungssystem deutlich gemindert, sowie Herz und Kreislauf weniger belastet sind und der Hitzestress geringer ist.

Lärm

Der durch technische Prozesse bedingte Lärm als umweltschädigender Faktor ist kein gesamtökologisches Problem, da er in keiner Weise die Stoffkreisläufe der Natur oder andere natürliche Bereiche belastet. Somit ist die Lärmfrage kein Thema für den Biologen oder Ökologen. Dieses Problem bezieht sich fast ausschließlich auf die Umwelt des Menschen und ist in erster Linie eine Aufgabe für Mediziner, Psychologen und Soziologen.

Eine objektive Bewertung des Lärms als Umweltschaden ist wegen sehr unterschiedlicher Reaktionen der Menschen schwierig: die Wahrnehmung von Geräuschen als Lärm ist sehr subjektiv. Menschen der Entwicklungsländer sind weniger lärmempfindlich als Angehörige der Industrienationen. In Europa sind die Bewohner der Mittelmeerländer „geräuschfreundlicher" als die Mittel- und Nordeuropäer. Innerhalb eines Landes sind die Empfänger niedriger Löhne weniger geräuschempfindlich als Angehörige der mittleren und „gehobenen" Schichten. Junge Menschen sind subjektiv bedeutend weniger lärmempfindlich als ältere.

Beim Einzelmenschen gibt es konditionsbedingte Unterschiede in der Reaktion: im Zustand der Überanstrengung, Gereiztheit, Nervosität, psychischen Labilität, eines beginnenden Infekts oder anderer Erkrankungen werden Geräusche als störender Lärm empfunden, die im Normalzustand toleriert oder gar nicht wahrgenommen werden.

Ein weiterer individueller Faktor ist die psychologische Einstimmung zur Lärmquelle: der bellende eigene Hund, das schreiende eigene Kind oder der eigene laute Fernsehapparat werden nicht als störend empfunden im Gegensatz zum gleichen Lärmverursacher des ungeliebten Nachbarn.

Neuerdings liegt eine Reihe medizinischer Arbeiten vor, in denen unabhängig vom persönlichen Empfinden die psychischen, vegetativen und organischen Wirkungen bestimmter Schallreize ermittelt werden.

Einige Beispiele für die Lautstärke von Schallreizen (in DIN-Phon, nach G. Jacobs):

Normale Umgangssprache 50; mittlere Wohngeräusche 40; Motorrad 65–105; Lastkraftwagen (7 m entfernt) 85–100; Preßlufthammer (2 m entfernt) 120; viermotor. Verkehrsflugzeug (50–100 m Höhe) 90–100; Flugzeugdüsenmotoren (im Prüfstand) mindestens 140.

Verschiedene Belastungsstufen und Reaktionsweisen des menschlichen Organismus auf unterschiedlich laute Schallreize (in DIN-Phon, in Anlehnung an G. Jacobs):

- bis 23: ungestörter Schlaf,
- 30–60: Belästigung, psychische Wirkung, besonders im oberen Bereich dieser Stufe,
- 60–90: Gefährdung der Gesundheit, psychische und vegetative Wirkungen,
- 60–120: Gesundheitliche Schäden, psychische, vegetative und otologische Wirkung und Folgen,
- über 120: Schmerzhafte Wirkungen und bleibende Schäden.

Psychische Folgen erhöhter Lärmeinwirkung sind rasche Ermüdungserscheinungen, Leistungsminderung, Anstieg der Fehlerquote, Konzentrationsverringerung, Depressionen, Arbeitsunlust, ungenügende Schlafqualität usw.

Vegetative Folgen sind Störungen der Magen-Gallen-Funktion, Muskelverspannung, erhöhter Stoffwechsel, gesteigerte Darmtätigkeit, Belastung des Blutkreislaufes, Schlaflosigkeit usw.

Organische Schäden können die gleichen Symptome zeigen, ferner Herz- und Gefäßerkrankungen, dauernde Blutdrucksteigerung, beträchtliches Nachlassen der Sehkraft, dauernde Hörschädigungen u. a.

Die junge Generation leidet in verstärktem Maße an den Folgen von Dauerschallreizen (die psychisch nicht als Lärm empfunden werden) durch die hohe Phonzahl in Discotheken. Diskjockeys und bestimmte Musiker werden früh schwerhörig oder gar taub. Das gleiche gilt für Menschen, die ständig mit Preßlufthämmern und anderen sehr lauten Maschinen zu tun haben.

Gesamtökologische Betrachtungen

Zwar ist in den führenden Kreisen wie auch in der Bevölkerung seit 1970 ein gewisses „Umweltbewußtsein" entstanden, und doch ist der derzeitige Erkenntnisstand noch ausgesprochen unbefriedigend. Ein echtes „ökologisches Gewissen" ist bisher nicht vorhanden. Unsere anthropozentrisch orientierte Gesellschaft hat nur wenig Verständnis aufbringen können für Fragen des Landschafts- und Naturschutzes sowie für die Folgen der Umweltbelastung in der Organismenwelt.

Ein Umweltbewußtsein ist in der allgemeinen Öffentlichkeit nur in bezug auf den Menschen entstanden. So sind auch bisher die amtlicherseits einsetzenden Gegenmaßnahmen – mit Ausnahme des Waldes – ausschließlich auf den Menschen bezogen. In der Wissenschaft wurde der Begriff der „Humanökologie" geprägt, dessen Denkstrukturen weitgehend dieser Tendenz entsprechen.

So wichtig diese Beziehung zum Menschen ist – andernfalls wäre schon längst jeglicher Umweltschutz vergessen –, so notwendig erscheint es den Ökologen, immer wieder die größeren Zusammenhänge darzulegen und ein ganzheitliches ökologisches Denken anzuregen. Es muß der Öffentlichkeit klar werden, daß die Menschen mit ihrer Kulturlandschaft eingebettet sein müssen in eine Naturlandschaft, die weniger die Funktion eines Freizeitraumes haben darf als vielmehr die Bedeutung eines ökologischen Reservats zur biologischen Regeneration der Gesamtlandschaft mit ihren natürlichen Stoffkreisläufen und Erholungsprozessen haben muß. In solchen Taburäumen werden die nötigen Wasserreserven geschaffen, wird für einen normalen Wasserkreislauf gesorgt, wird der notwendige Sauerstoff produziert, wird die bodennahe Luft gefiltert und laufen viele andere ökologisch wichtige Prozesse ab. Diese Regenerationsräume müssen auch jene seltenen Tiere und Pflanzen enthalten, um deren Schutz es weniger wegen der Art an sich geht, als vielmehr um die Bedeutung als Leitformen für den gesamtbiologischen Zustand und die ökologische Funktionstüchtigkeit solcher Regenerationsräume in ihrer Vielfältigkeit.

Was not tut in aller umweltbezogenen Planung ist das Zurückdrängen der durch die Wirtschaft und zivilisatorische Entwicklung gegebenen, rein technologischen Denkweise und entsprechender Maßnahmen (auch wenn sie als angeblich umweltfreundlich deklariert werden, z. B. von der Wasserwirtschaft) und die Einführung biologisch-ökologischer Denkkategorien und Verhaltensprinzipien. Von der Regulierung eines Bachlaufes bis zur Entwicklung industrieller Produktionsprozesse ist die Einbeziehung der vielfältigen ökologischen Komponenten, die zumindest gleichwertig neben den wirtschaftlichen, soziologischen, medizinischen und politischen Faktoren berücksichtigt werden sollten, für die Erhaltung der gesamten Biosphäre, in die auch der Mensch eingeschlossen ist, eine dringend notwendige Forderung.

„Napoleon hat den Satz geprägt, daß Politik Schicksal sei. Es entsprach dem Geist des beginnenden zwanzigsten Jahrhunderts, daß Walter Rathenau sagen konnte: Wirtschaft ist Schicksal. Es würde uns und unseren Zeitgenossen gut anstehen, wenn wir erkennen wollten: ‚Biosphäre ist Schicksal'." (E. Holtzmann)

Lebensqualität

„Qualität des Lebens" ist ein von den Amerikanern geprägter und heute viel verwendeter Begriff, der sich ausschließlich auf den Menschen bezieht. Im allgemeinen wird unter diesem Schlagwort nur eine quantitative Zunahme bestimmter Lebensgüter verstanden: mehr Verdienst, mehr Freizeit, mehr Stabilität, mehr Komfort, mehr Sicherheit, mehr medizinische Betreuung, mehr technische Entwicklung und mehr wirtschaftliches Wachstum. In Wirklichkeit muß unter diesem Begriff, so wie ihn auch die Amerikaner verstehen, ein korrelatives Gefüge zwischen der Lebensweise des Menschen und seiner Umwelt verstanden werden.

Weiterer technischer und wirtschaftlicher Fortschritt in der bisher aufgefaßten und durchgeführten Form hat letztenendes nicht mehr Komfort und Lebenssicherheit zur Folge, sondern eine Zunahme der negativen Entwicklungen: mehr Luft- und Wasserverschmutzung, mehr Trinkwasserverbrauch, mehr Geräuschbelästigung, mehr Müllanfall, mehr psychische Belastung, mehr Zivilisationskrankheiten, mehr Verkehrsunfälle mit mehr Toten und Verletzten, mehr Streßtote, ein weiteres Anwachsen der Kriminalität, mehr Fälle von Emphysem, Bronchitis und Krebs, weniger Plätze der Ruhe und Besinnung, weniger persönliche Freiheit. Technisch-ökonomischer Fortschritt stellt also faktisch eine echte Verschlechterung der Lebensqualität dar. Die „Qualität des Lebens" befindet sich geradezu in einem Gegensatz zu den bisherigen Vorstellungen vom „Lebensstandard".

Um eine Qualität des menschlichen Lebens zu erreichen, muß ein optimaler und ausbalancierter Standard von Produktion, sozialen Leistungen und persönlicher Entfaltung angestrebt werden, der in jedem Fall unterhalb des technisch möglichen Maximums liegt, da er die Negativeffekte der Umweltbelastung ausgleichend berücksichtigt und möglichst gering hält. So gesehen, hat die „Lebensqualität" doch einen gesamtökologischen Aspekt, da eine echte Verbesserung dieses Faktors nicht durch ein weiteres wirtschaftliches Wachstum, sondern nur durch die Zurückdrängung und Verminderung der Umweltbelastung erreicht werden kann.

„Wir zweifeln, ob dies gut für Menschen sei: immer breitere Straßen für immer mehr Autos. Immer größere Kraftwerke für immer mehr Energiekonsum. Immer aufwendigere Verpackung für immer fragwürdigere Konsumgüter. Immer größere Flughäfen für immer schnellere Flugzeuge. Immer mehr Pestizide für immer reichere Ernten. Und, nicht zu vergessen, immer mehr Menschen auf einem immer enger werdenden Globus. Denn wir haben in den letzten Jahren gelernt, daß dies auch bedeutet: immer schlechtere Luft; immer widerlichere Schutthalden; immer unerträglicheren Lärm; immer weniger sauberes Wasser; immer gereiztere Menschen". (G. Eppler)

Ökologie und Umweltschutz

Im Jahre 1866 prägte der Zoologe Ernst Haeckel den Begriff der „Oecologie", worunter er die Lehre von der Lebensweise der Tiere und ihren vielfältigen Beziehungen zur belebten und unbelebten Umwelt einschließlich des Verhaltens und der Verbreitung verstand. In jüngster Zeit hat die Ökologie, die sich unterdessen zu einem wohlfundierten Forschungszweig der Biologie entwickelt hat, im Zusammenhang mit der Umweltbelastung eine abgewandelte und erheblich erweiterte Bedeutung erhalten. Zur Ökologie werden heute auch die großen biologischen und energetischen Kreisläufe, die Wechselwirkungen zwischen Lebensraum und Organismus, die Beziehungen zwischen Landschaft und Wasser sowie die biologischen Folgen technologischer Eingriffe auf das Gefügesystem der Natur und der Umwelt gerechnet.

So gesehen, ist die Ökologie aber nicht nur das Forschungsgebiet bestimmter Spezialisten im Bereich der biologischen Wissenschaften, sondern ein Thema, das den Landschaftsplaner, den Straßenbau-Ingenieur, den Wasserwirtschaftler und Gewässer-Ingenieur, den Städteplaner und Architekten, den Industrie-Ingenieur und nicht zuletzt auch den Politiker und den Wirtschaftler in gleicher Weise angeht. Denn diese Berufsgruppen bewirken in erster Linie direkt oder indirekt jene folgenschweren Eingriffe in den Naturhaushalt, durch die die Landschaft verwandelt, der Wasserkreislauf beeinträchtigt, die Luft belastet und die Zusammensetzung der Organismenwelt der Kontinente und der Meere verändert wird.

Aus diesem Grunde sollte heute die Ökologie nicht nur Bestandteil der Ausbildung angehender Biologen sein; sie müßte in gleicher Weise als Lehrfach für die Gebiete der Technik und der Politologie eingeführt werden. An vielen Universitäten und Hochschulen sind unterdessen Arbeitsgruppen oder Forschungsabteilungen „Umweltschutz“ mit meist interdisziplinärem Charakter entstanden, doch sind die Arbeitsrichtungen weitgehend technologisch, politologisch oder soziologisch orientiert; es fehlt meist das Lehrfach Ökologie und somit die biologische Grundlage, derer sich heute ein Techniker ebenso bewußt sein sollte wie ein Biologe.

Im übrigen sollte man angesichts der heute so oft unsachlichen Verwendung des Begriffs „Ökologie“ in Politik und Wirtschaft nie vergessen, daß „ökologisch“ kein Synonym von „umweltfreundlich“ oder gar „menschenfreundlich“ ist. Wer solches behauptet, hat nie begriffen, was Ökologie im strengen, wissenschaftlichen Sinne bedeutet.

Die Biosphäre

Der französische Naturforscher Lamarck hat zu Beginn des vorigen Jahrhunderts den Begriff „biosphère“ geprägt, worunter er die Gesamtheit aller Lebewesen auf der Erde verstand. Die Definition des Begriffs Biosphäre von F. Vester (1972) lautet: „Der gesamte natürliche Lebensraum der Erde mit der Tier- und Pflanzenwelt, dem gesamten Meeresleben und allen Mikroorganismen. Nötige Voraussetzungen für das irdische Leben sind Wasser, Luft, Energiequellen (Sonnenlicht) und Grenzflächen zwischen fester, flüssiger und gasförmiger Materie.“ Die Gesamtheit der Lebewesen und der biotischen sowie abiotischen Faktoren bildet ein überaus kompliziertes System, dessen Zusammenspiel „mit geradezu unglaublicher Perfektion abläuft“ und dessen einzelne Glieder und Teilgebiete sich gegenseitig regulieren und weiterentwickeln. Die Biosphäre bildet also ein Regelkreissystem mit Verkettungen und Rückkoppelungen. Auch der Mensch ist ein Teil der Biosphäre und von dieser abhängig.

Wenngleich der Mensch Teil der Biosphäre ist, so besitzt er doch die Fähigkeit und die Macht, durch seine technologischen Einwirkungen die Gesamtheit oder Bereiche der Biosphäre mit ihrem komplizierten System der Verkettung und Rückkoppelung zu beeinflussen und gegebenenfalls zu beeinträchtigen. Nach F. Vester ist die Einwirkung des Menschen auf diese Prinzipien des biologischen Gleichgewichts eine Verletzung, „die uns Menschen plötzlich vor fast unüberwindliche finanzielle und organisatorische Schwierigkeiten gestellt hat und die uns dessen Existenz nunmehr auf recht schmerzhafte Weise bewußt macht.“

Der amerikanische Ökologe B. Commoner sieht die Folgen der Einwirkungen des Menschen auf die Biosphäre noch viel düsterer: „Die Biosphäre, die die Erdkugel als dünne Haut aus Wasser, Luft und Erdboden umgibt, ist der Wohnort des Menschen wie auch aller anderen Lebewesen. Wie jeder lebende Organismus hängt der Mensch als Lebewesen von Dingen ab, die die Biosphäre bildet: Wasser, Sauerstoff, Nahrung und Schutz. Wenn die Biosphäre nicht weiterhin diese Lebensnotwendigkeiten bietet, kann die Menschheit mit all ihren Aktivitäten nicht überleben.“

Die Ökosphäre

Dieser gelegentlich in der ökologischen Literatur gebrauchte Begriff wurde 1958 von dem Amerikaner C. Cole folgendermaßen definiert: Der Gesamtbetrag aller Lebensformen der Erde zusammen mit der globalen Umwelt und der Gesamtheit der Hilfsquellen (resources) der Erde".

Die wichtigsten dieser Hilfsquellen sind die Sonnenenergie, das Wasser sowie die Elemente Sauerstoff, Kohlenstoff, Wasserstoff, Stickstoff und Phosphor.

Energiekreisläufe

Die **Sonnenenergie** macht 99,9998% des natürlichen Gesamtenergieaufkommens der Erde aus. Jährlich erhält unser Planet eine Sonnenenergiemenge von 13 x 10^{23} gcal, was einem ständigen Kräftestrom von 2,5 Trillionen (mit 18 Nullen) PS entspricht. Ein Drittel dieser auftreffenden Sonnenenergie wird sofort wieder reflektiert (Albedo). Die übrigen zwei Drittel werden von der Atmosphäre und der Erde absorbiert und spielen eine beträchtliche Rolle für die Erwärmung der Erdoberfläche. Nur 0,04% der auftreffenden Sonnenenergie werden für die biologischen Stoffwechselprozesse verwendet, und zwar praktisch ausschließlich auf dem Wege der Photosynthese. Die Fähigkeit des grünen Blattes, durch Aufnahme von Energie aus dem Sonnenlicht Kohlehydrate als Nährsubstanz zu produzieren, stellt die nahrungsmäßige Grundlage jeglichen höheren Lebens dar. Bei der anschließenden Weitergabe der im pflanzlichen Organismus gespeicherten Strahlungsenergie kommt es innerhalb der Nahrungskette allerdings zu einem deutlichen Energieverlust. Wenn eine Alge 1000 Kalorien speichert, verbleiben für den algenfressenden Kleinkrebs nur noch 150 Kalorien, für den krebsfressenden Kleinfisch 30, für den Raubfisch 6 und für den Menschen, der diesen Fisch ißt, nur noch 1,2 cal. Je länger eine Nahrungskette, um so größer ist der Energieverlust. Pflanzenfresser, ob Insekt oder Rind, vermögen noch etwa 50% der in der Pflanze gespeicherten Energie zu gewinnen. Vom Energiehaushalt her gesehen sind also Vegetarier die weitaus ökonomischsten Verbraucher.

Auf welche Weise kann sich die Technologie des Menschen auf die für die Erde und das Leben wichtige Sonnenenergie auswirken? Es seien nur die drei wichtigsten Punkte genannt.

1. Seit 1880 nimmt der Gehalt an Kohlendioxid (CO_2) der Atmosphäre infolge der Verbrennung fossiler Brennstoffe (Kohle, Öl) ständig zu. Dadurch könnte auf der Erde ein sogenannter Treibhauseffekt entstehen, weil das CO_2 die von der Erde zurückgeworfene Wärmestrahlung festhält.

2. Seit etwa 100 Jahren nimmt auch die Anreicherung der Atmosphäre mit feinen Staubteilchen in steigendem Maße zu. Heute überzieht schon ein weit in die Höhe reichender Schleier von schwebenden Verunreinigungen den ganzen

Planeten. Dieser immer dichter werdende Staub- und Dunstfilm fängt bereits in der Höhe einen Teil der Sonnenstrahlen ab, reflektiert sie und läßt sie nicht bis zur Erdoberfläche vordringen. Die Folge ist einerseits eine verringerte Menge an Sonnenenergie für die biochemischen Prozesse der Organismenwelt, andererseits eine mögliche Klimaveränderung im Sinne einer allmählichen Abkühlung (die hinsichtlich der Durchschnittstemperatur der Erde tatsächlich bereits vorliegt).

3. Regional kann durch anhaltende Bildung von Nebel (gegebenenfalls durch Kühltürme künstlich erzeugt) in Verbindung mit Staub und chemischen Abgasen (Smog) in einem Talkessel die Wirkung der Sonnenenergie beträchtlich verringert werden.

Der **Wasserkreislauf:** Er ist von entscheidender ökologischer Bedeutung. Global gesehen ist er ausgeglichen: Jährlich verdunsten insgesamt knapp 500000 Kubikkilometer (km^3) Wasser von der Gesamtoberfläche unseres Plane-

Stark vereinfachte Darstellung des Wasserkreislaufs der Erde. Beim weltweiten Wasserhaushalt weisen Verdunstung und Niederschlag insgesamt ausgeglichene Werte auf. Die Zahlen entsprechen den Jahres-Durchschnittswerten in Kubikkilometern. (Nach Ambroggi 1977, verändert.)

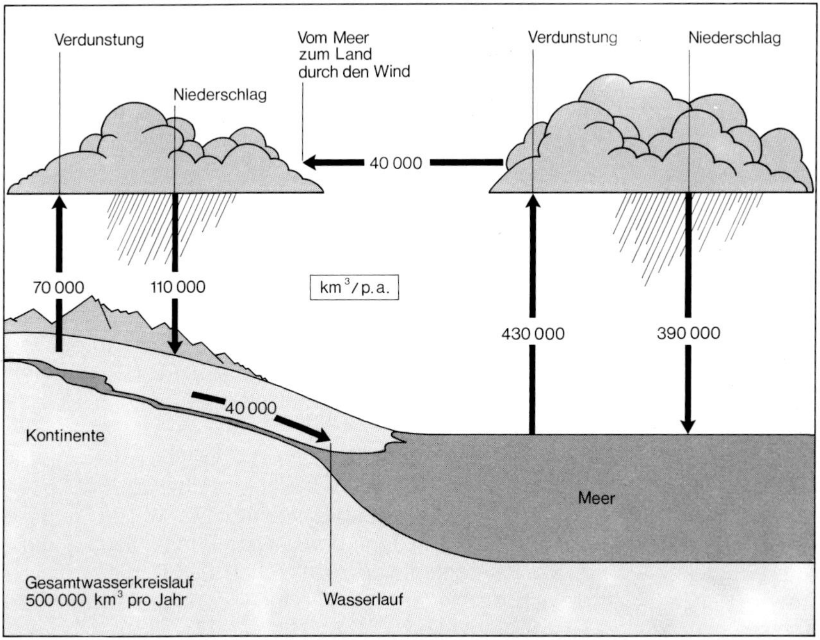

ten, die gleiche Menge geht als Regen über dem Festland und den Meeren nieder. Täglich sind es etwa 1050 km^3. Diese Wassermengen bilden einen ständigen Fließkreislauf. Das über dem Land abgeregnete Wasser fließt als Oberflächengewässer und als Grundwasserstrom zum Meer zurück, oder es verdunstet. Die Verdunstung stellt einen lebenswichtigen Prozeß für die Pflanze dar. Denn sie benötigt etwa 450 g Wasser, um 1 g Trockensubstanz aufzubauen. Genauso kommt aber auch kein Tier ohne Wasser aus.

Das Wasser selbst wird in vielfacher Form durch technische Einwirkungen belastet: Abwässer aus Industrie und Haushalt, Wärmebelastung, ausgespülte Düngemittel und Pestizide, Niederschlag mit Rückständen aus Abgasen, Versikkern giftiger Stoffe in das Grundwasser usw.

Wenn auch der Wasserkreislauf global ausbalanciert ist, so kann er regional durch Eingriffe stark verändert werden: Je geringer die Vegetationsdecke, um so geringer und unausgeglichener ist das Angebot an Regenwasser, um so geringer ist auch das Reservoir an Grundwasser und um so stärker ist die Tendenz zur Versteppung einer Landschaft.

Biochemische Kreisläufe: Durch das Niederschlagswasser werden jährlich dem Gestein und dem Boden u. a. etwa 3,5 Millionen Tonnen Phosphor, 100 Millionen t Kalium und 10 Millionen t gebundenen Stickstoffs entzogen. Sie stellen Teile einer Reihe lebenswichtiger biochemischer Kreisläufe dar, die in Form komplizierter netzförmiger Zyklen ablaufen. Sie stellen ein aufeinander eingependeltes biochemisches und energetisches Beziehungsgefüge dar. Der Mensch reichert durch künstliche Düngung und durch Waschmittel die Erdoberfläche und die Gewässer mit erheblichen Mengen von Stickstoff und Phosphor an. Es läßt sich noch nicht mit Sicherheit voraussagen, ob diese zusätzlichen Anreicherungen nachteilige Auswirkungen für das Gesamtleben mit seinen Ökosystemen haben wird; lokale katastrophale Folgen durch die Überdüngungswirkung (Eutrophierung) in Binnengewässern sind seit längerem bekannt.

Der Sauerstoff ist das auf unserem Erdball am weitesten verbreitete Element von entscheidender biologischer Wirksamkeit. Er spielt eine wesentliche Rolle für zahllose biochemische Prozesse und natürliche Produktionsvorgänge. Er entsteht beim Atmungsprozeß der Pflanzen und wird für den Zellstoffwechsel der Tiere benötigt. Der Kohlenstoff ist ein anderes wichtiges Element. Er befindet sich u. a. im Kohlendioxid, das bei der Atmung der Tiere und Pflanzen entsteht und ein wichtiger Faktor für die Photosynthese der Pflanzen und somit für die stoffliche Grundlage jeglichen Lebens ist.

In den USA ist schon heute der Sauerstoffverbrauch durch die Atmung der Menschen und insbesondere durch technische Abläufe größer als die Sauerstoffproduktion durch die Pflanzen dieses Subkontinents. Die weitere Vermehrung der Menschen, eine ständige Zunahme der Industrie und eine unaufhaltsame Zurückdrängung und Vernichtung der natürlichen Landschaft mit ihrer ursprünglichen Pflanzenwelt vermindert auch in den übrigen Erdteilen die lebensnotwendige Sauerstoffproduktion.

Natürliche Ökosysteme

Die Wissenschaft vom Zusammenwirken der Einzellebewesen mit ihrer belebten und unbelebten Umwelt wird als **Autökologie** bezeichnet. Das Studium der Wechselbeziehungen der Individuen einer Art untereinander ist die **Populationsökologie** oder **Demökologie.** Die Erforschung der Gesamtheit der Beziehungsgefüge der Populationen verschiedener pflanzlicher und/oder tierischer Arten heißt **Synökologie.** Das Zusammenwirken aller autökologischen, populationsökologischen und synökologischen Wechselbeziehungen innerhalb eines Lebensraumes ist ein **Ökosystem.**

Jedes Ökosystem hat ein charakteristisches Artengefüge und eine bestimmte Artenvielfalt. Dieses Arten- und auch Individuenmuster eines Ökosystems nennt man **Diversität.** Je günstiger die Umweltbedingungen eines Ökosystems sind, um so größer ist dessen Artenzahl und um so zahlreicher sind auch die Einzeltiere. Ökosysteme mit großer Diversität sind der tropische Regenwald und die tropischen Korallenriffe; beide Lebensräume bieten optimale Umweltbedingungen für jeweils viele Tier- und Pflanzenarten. Ökosysteme mit mittlerer Diversität sind einheimische Mischwälder und auch unbehandelte Wiesen bei günstigen Bodenbedingungen („Ökowiese“). Ökosysteme mit extremen Lebensbedingungen, die von den tierischen und pflanzlichen Bewohnern eine hochgradige Anpassung erfordern, weisen eine geringe Artenzahl und somit eine geringe Diversität auf. Beispiele sind Wüsten-Biotope mit hohen Temperaturen und geringem Wasserangebot; Moosrasen an exponierter Stelle mit extremen ökologischen Schwankungen zwischen Überflutung, völliger Austrocknung und starker Vereisung; an der Nordseeküste das Watt mit täglichem Wechsel zwischen Überflutung und Trockenfallen; ferner Hochgebirgszonen, Eisrandgebiete, Permafrostlandschaften usw. Aber auch in solchen Biotopen mit extremen Lebensbedingungen strebt die Natur die größtmögliche Diversität, also Artenfülle an.

Natürliche Ökosysteme zeichnen sich stets durch einen relativ geringen Anfall an Schädlingen und Krankheiten aus, einerseits da die natürlichen Stoff- und Energiekreisläufe die für das biologische Gleichgewicht der jeweiligen Lebensräume und Lebewesen notwendigen, relativ stabilen Zustände gewährleisten, andererseits da durch die Diversität der Ökosysteme die Individuen einer Art im allgemeinen so weit voneinander entfernt sind, daß natürliche Ausbreitungsschranken für Schädlinge und Krankheiten gegeben sind. Außerdem sind in natürlichen Ökosystemen gegenüber „Schädlingen“ normalerweise auch regelmäßig natürliche Feinde vorhanden.

Künstliche Ökosysteme

Durch die Einwirkung des Menschen wurden schon vor Jahrtausenden und werden ganz besonders heute natürliche Ökosysteme wie ursprüngliche Waldlandschaften, Wiesen, Sumpfgebiete und Moore sowie Flußläufe mit ihren Uferzonen und Galerie- oder Auenwäldern tiefgreifend verändert. Schon vor 5000 Jahren begannen im Mittelmeerraum die ersten Hochkulturen des Menschen die Wälder für die Landwirtschaft und den Bau von Behausungen zu roden oder die ursprünglichen Pflanzengesellschaften durch intensive Beweidung (Wald-Weidewirtschaft) nachhaltig zu verändern. Die Folge ist mindestens eine beträchtliche Artenverarmung und Veränderung der Artenzusammensetzung der Pflanzen und Tiere sowie des Landschaftsbildes (z. B. in Südeuropa von natürlichen Gebirgswäldern zu Karstlandschaften), oft aber auch das Entstehen künstlicher Artengemeinschaften und Ökosysteme.

Charakteristische Beispiele für künstliche Ökosysteme sind Getreidefelder und andere landwirtschaftliche Anbaugebiete (Kartoffel- und Rübenäcker, Obstplantagen usw.), Weideflächen, ferner Hochwälder und andere Nutzholzanpflanzungen und nicht zuletzt kanalisierte Fluß- und Bachläufe. Auch die in Gärten beliebten Rasenflächen bilden ein ausgesprochen artenarmes künstliches Ökosystem.

Gegenüber natürlichen Ökosystemen sind die künstlichen stets bedeutend ärmer an Tier- und Pflanzenarten, zeichnen sich also durch eine geringe Diversität aus. Viele künstliche Ökosysteme bestehen wie beim Ackerbau oder der Forstwirtschaft aus willkürlich zusammengesetzten Lebensgemeinschaften.

Es gibt gelegentlich aber auch künstliche Ökosysteme mit einer recht hohen Diversität, also größerer Artenvielfalt. Das gilt besonders für „natürliche" Wiesen. Entstanden sind sie durch Entwaldung oder frühere Beweidung in Waldgebieten, wodurch sich großflächige Lichtungen ausgebildet haben. Dort sind aus Gräsern und anderen niedrigwüchsigen Gewächsen Pflanzengesellschaften als „wilde" Wiesen entstanden, die bei günstigen Bodenverhältnissen recht artenreich sein können. Wenn aber diese Wiesen, die sich im Frühjahr und Sommer durch eine vielfältige Blütenpracht auszeichnen, nicht regelmäßig gemäht oder beweidet werden, werden sie sehr bald durch den Wald verdrängt. Es bedarf also eine solche Wiese einer gelegentlichen Maht (was auch für die sogenannten Ökowiesen gilt). Demgegenüber ist ein Rasen, der in kurzen Abständen sehr kurz gemäht wird, ein Lebensraum mit sehr wenigen Grasarten, wenigen oder nahezu keinen Insekten und vielfach verdichtetem Boden. Rasen bilden also ein sehr artenarmes künstliches Ökosystem mit geringer Diversität.

Meist wird heute bei künstlichen Ökosystemen die verminderte Artenzahl durch Eingriffe des Menschen noch mehr verringert, insbesondere beim Ackerbau durch Anwendung von Kunstdüngern sowie durch Behandlung mit Insektiziden, Herbiziden usw. So bringt eine mit Kunstdüngern sowie Insekten- und Unkrautvertilgern behandelte Wiese quantitativ mehr Gras, ist aber bedeutend artenärmer als eine unbehandelte „natürliche" Wiese. Bei solchen artenarmen Ökosystemen verarmt auch der Boden einerseits an natürlichen Nährstoffen und an Humus, andererseits an natürlichen Bodenlebewesen, es kommt zu erhöhter Bodenverdichtung.

Da viele künstliche Ökosysteme als Monokulturen aus einzelnen Arten mit großer Individuenzahl und Dichte bestehen (z. B. Getreide- und Kartoffelfelder), können sich bestimmte Schädlinge sprunghaft und massenweise vermehren. In verhältnismäßig kurzer Zeit können große Teile einer Monokultur vernichtet werden, zumal es in solchen Ökosystemen keine oder nicht genügend natürliche Feinde der Schädlinge gibt. Die anschließende Anwendung von Pestiziden führt zu einer zusätzlichen Belastung von Boden, Pflanzen und Tieren durch die Gifteinwirkung und läßt das Ökosystem weiter verarmen.

Umweltschutz und Wirtschaftssysteme

Heute wird bei uns der Umweltschutzgedanke von seiten vieler Politiker und der Industrie allgemein anerkannt und verbal auch seine Berücksichtigung unterstützt, ohne allerdings das angeblich angestammte Prioritätsrecht der Wirtschaft antasten lassen zu wollen. Es werden „umweltfreundliche" Bilanzen veröffentlicht, Umweltbroschüren herausgegeben, Umweltfilme produziert, Umwelt-Foren und -Tagungen abgehalten, Umweltschutzzeichen eingeführt, neue Forschungslabors eingerichtet und Umweltschutzobleute ernannt. Doch das Thema Umweltschutz in das Grundgesetz der Bundesrepublik Deutschland aufzunehmen, wird immer noch von der Masse der Bundestagsabgeordneten abgelehnt.

Immerhin wurden von der Bundesregierung wie auch von einer Reihe von Landesregierungen unter dem Druck der umweltbelastenden Fakten Gesetze und zahlreiche Verordnungen gegen bestimmte Umweltverschmutzungen erlassen, durch die auch erste Erfolge und Verbesserungen bereits eingetreten sind. So haben die Technische Anleitung (TA) Luft und die Großfeuerungsanlagen-Verordnung zumindest dazu geführt, daß sich die Luftverschmutzung durch bestimmte Verursacher nicht mehr verschlimmert. Dies gilt allerdings nicht für das Automobil als einem der schlimmsten Luftverunreiniger.

Wie sehr die Wirtschaft und nationale Interessen vor dem Umweltschutz rangieren, zeigen das europäische Gerangel um den Katalysator und die fragwürdigen Ergebnisse der Verhandlungen der Europäischen Gemeinschaft. Wie in diesem Fall, so wird auch auf vielen anderen Gebieten, z. B. dem Gewässerschutz, aus wirtschaftlichen Gründen der Umweltschutz umgangen oder hintangestellt, um die eigenen nationalen Interessen gegenüber den Partnerstaaten und Nachbarn zu fördern.

Doch nicht nur im zerrissenen Europa, auch in der Neuen Welt, wo die Erkenntnisse der Umweltverschmutzung und Naturzerstörung sehr früh schon zu einer nationalen Bewegung geworden waren und wo bereits John F. Kennedy diesen Fragenkomplex in sein Regierungsprogramm aufgenommen hatte, wird der Umweltschutz wieder wirtschaftlichen und militärischen Interessen ohne Bedenken geopfert. Schon 1970 hatte Präsident Nixon seinen Innenminister Hickel entlassen, weil dessen energische Umweltschutzmaßnahmen auf die entschiedene Abwehr großer Unternehmen, besonders der Ölindustrie, gestoßen waren. Nachdem zwischenzeitlich in den USA manches wichtige Umweltschutzgesetz eingeführt und sogar das Autofahren mit bleifreiem Benzin zur Regel geworden ist, hat Präsident Reagan nach seiner Amtsübernahme sogleich den engagierten Umweltbeauftragten der Regierung entlassen. Wirtschaft und Aufrüstung haben wiederum absolute Priorität.

In der gesamten industrialisierten Welt ist trotz zahlreicher erkennbarer Schädigungen und Gefahren unter vielen Politikern und Wirtschaftlern immer noch die Meinung verbreitet, daß man in den wirtschaftlichen Wachstumsprozeß nicht aus ökologischen Gründen bremsend eingreifen dürfe und daß Natur, Wissenschaft und Technik durch regulierende Kräfte stets rechtzeitig Auswege finden und die Menschheit vor Rückschlägen bewahren würden.

Trotzdem darf nicht übersehen werden, daß sich auch schon von einer veränderten Einstellung vieler Politiker, von der Gesetzgebung, von der Rechtssprechung, von vielen praktischen Maßnahmen und von umweltbezogenen Entwicklungen der Industrie her im Verlaufe der vergangenen 15 Jahre die Situation mancherorts deutlich verbessert hat. So wurden allein in der Bundesrepublik in den siebziger Jahren etwa 120 Milliarden DM für den Umweltschutz ausgegeben (allerdings im weitesten Sinne, wozu u. a. auch Kanalisierung, mancher Straßen- und Wegebau und vielerorts die Stadtsanierung gerechnet wurden – der echte Umweltschutz hatte einen bedeutend geringeren Anteil). Wichtig und erfreulich ist auch die umweltbewußte Einstellung vieler Menschen, wodurch besonders im lokalen Bereich manches Übel verhindert oder abgestellt werden kann.

Manche Politologen und Ideologen vertraten und vertreten gelegentlich auch heute noch die Ansicht, daß die Umweltverschmutzung nur ein Problem der kapitalistischen Wirtschaftssysteme sei. Sie meinen, daß mit Einführung sozialistischer Prinzipien sich das Umweltproblem von selbst lösen würde. So wird nach Ansicht des Darmstädter Politologen Professor Kade „die Frage des Umweltschutzes zur Frage nach der Ablösung des kapitalistischen Systems, nach der Beseitigung der privaten Verfügungsmacht über den Einsatz der produktiven Faktoren, nach einem menschlicheren Verwertungszusammenhang von Wissenschaft und Technik". Nach seiner Auffassung führe uns nur das „Profitmotiv in die Katastrophe". Noch dialektischer drückte sich der polnische Wissenschaftler W. Michajlow aus.: „Der Privatbesitz an den Produktionsmitteln stellt den Umweltschutz vor schwierige Probleme ... Im Gegensatz dazu sind die sozialistischen Länder in der Lage, das Umweltproblem auf der Basis einer wissenschaftlichen Diagnose zu lösen."

Doch wie steht es in Wirklichkeit mit dem Umweltschutz in den sozialistischen Volksdemokratien?

Vom wirtschaftlichen Standpunkt her gesehen ist festzuhalten, daß zwischen dem westlichen Privat-Kapitalismus und dem östlichen Wirtschaftssystem einige prinzipielle Gemeinsamkeiten bestehen: Auch bei den sozialistischen Staaten spielen wirtschaftliches Wachstum, finanzielle Rentabilität, das Profitmotiv im Sinne einer Gewinnsteigerung und nach Möglichkeit auch eine ökonomische Überlegenheit (z. B. mit russischem Erdöl gegenüber den übrigen COMECON-Staaten) eine wichtige Rolle, was kapitalistische Kriterien par excellance sind. Nur untersteht im Osten die Wirtschaft dem Staatsapparat, stellt also einen Staatskapitalismus dar. Beide Blöcke verfolgen mit der Wirtschaft auch politische Ziele. Bei beiden herrscht Fortschrittsgläubigkeit vor. Und es wird bei beiden der Umweltschutz zurückgedrängt.

Bekanntlich wird im Osten die Wirtschaft durch Fünf-, Sieben- und Zehnjahrespläne programmiert und festgelegt. Als im Westen, also in den „kapitalistischen" Ländern schon heftig um Umweltschutzfragen gerungen und manche Verbesserung eingeführt wurde, fand im Osten die Umwelt bei keinem Plan entsprechende Berücksichtigung. So befindet sich der Umweltschutz in den sozialistischen Industrienationen nicht nur wirtschaftspolitisch in einer fast hoffnungslosen Lage, die Umweltverseuchung als solche und die ökologischen Folgen sind auch teilweise erheblich größer als in den westlichen Ländern.

So liegt die einst blühende Fischerei-Industrie im Kaspischen Meer wegen extremer Gewässerverschmutzung darnieder, der Störfang ging um 90% zurück. Der Baikalsee, der größte Süßwasserspeicher der Welt, weist durch die Abwasser von Papierfabriken, vielen anderen Industriebetrieben und Ortschaften, die alle keinerlei Klärwerke haben, beträchtliche ökologische Schädigungen auf, von denen manche russischen Fachleute meinen, daß sie irreversibel seien. In Sibirien sind große Waldgebiete der Taiga durch die Luftverschmutzung der dortigen Industrie und durch die Müllablagerung abgestorben. Das Asowsche Meer, ein sehr flaches Nebenmeer des Schwarzen Meeres, einst berühmt durch seinen Fischreichtum, wird als die „Latrine der im Süden Rußlands und in der Ukraine gelegenen Industrie" bezeichnet. Ähnlich sind die Verhältnisse in den übrigen Ostblockstaaten, je nach Industrialisierungsgrad. So haben nach einem UNO-Wirtschaftsbericht 1980 in der DDR die Schwefeldioxid-Emissionen 234 kg pro Kopf der Bevölkerung betragen, in der CSSR 210 kg (in Ungarn nur 155, Bulgarien 114, in der Bundesrepublik sogar nur 62 kg).

Im Gegensatz zu den westlichen Industrienationen lassen die sozialistischen Staaten folgende Aktivitäten nicht zu:

Bürgerinitiativen für den Umweltschutz, Kritik der Massenmedien an Regierung und Behörden wegen umweltlaxen Verhaltens, Veröffentlichung bestimmter Mißstände (Verschmutzung von Wasser und Luft, Trinkwassersituation, Industriemüll usw.), selbständige Untersuchungen von Wissenschaftlern über bestimmte, gegebenenfalls katastrophale Umweltsituationen und die Veröffentlichung der Ergebnisse.

Doch inzwischen werden in der Sowjetunion und anderen sozialistischen Ländern kritische Stimmen laut. „Die Lebenssphäre ist in Gefahr, wir töten die Erde", resümierte der russische Ökonom Oldak. Seit einiger Zeit gibt es eine freimütigere Kritik von Wissenschaftlern an der Naturvernichtung durch das planwirtschaftlich starre Industriesystem. Anfang 1984 berichtete sogar die „Prawda“, daß es in der Sowjetindustrie zu wenig Filteranlagen und keine Lagerstätten für Industriemüll gäbe, von 580000 Tonnen Giftabfälle könnten nur 90000 Tonnen ordnungsgemäß gelagert werden. Ende Dezember 1983 hat der damalige Chef der Sowjetunion, Generalsekretär Jurij Andropow, eine überraschend kritische Rede über Umweltprobleme im Kreml verlesen lassen, der eine Flut von Zeitungsartikeln folgte. Das Fazit der Berichte aus dem Ostblock lautet: In den sozialistischen Ländern ist die Belastung, Verschmutzung und Vergiftung der Umwelt vielfach noch bedeutend größer und die Gefährdung der Menschen dementsprechend schlimmer als in Westeuropa. Durch das starre System der Pläne und die Planvorgaben, durch den Kompetenzwirrwarr, durch die Ideologisierung der wirtschaftlichen Leistungen und durch das Fehlen einer umweltbewußten Erziehung der Bevölkerung und insbesondere der Jugend dürfte es so gut wie unmöglich sein, in näherer Zukunft in den sozialistischen Staaten einen einigermaßen effektiven Umweltschutz zu verwirklichen.

Bilanz

Ziehen wir aus den hier in aller Nüchternheit gegebenen Fakten Bilanz. Sie ist, auf die Gegenwart gesehen, zum Erschrecken. Sie nimmt, auf die Zukunft gesehen, die Hoffnung; das ist schlimmer.

Umwelt 2000: bis zu diesem Jahr 2000, das ist in 15 Jahren, wird sich unter heutigen Voraussetzungen die Menschheit fast verdoppeln. Das hat unausweichliche Konsequenzen:

Die Ernährung dieser hohen Bevölkerung auf dem Planeten Erde muß sichergestellt werden, und dies gelingt nur durch eine Industrialisierung der Erde im Ganzen unter einheitlichen Gesichtspunkten. Mit dieser globalen Industrialisierung und mit den gestiegenen Anforderungen für eine ausreichende Ernährung dieser nach der Zahl gewachsenen Menschheit steigt der Wasserbedarf ins Immense. Er ist letzten Endes aus den heutigen Gegebenheiten zu decken. Ernährung bei Verdoppelung der Bevölkerung, globale Industrialisierung, Dekkung des Wasserbedarfs machen neue Energiequellen nötig.

Alle diese unausweichlichen Gegebenheiten bedeuten eine ungeheure Belastung unserer Umwelt, genauer: der uns tragenden Natur mit ihren Bodenschätzen und Humusschichten, den Meeren und der Lufthülle und mit den belebten Ökosystemen. Allein in der Pflege dieser natürlichen Grundlagen, in ihrer Erhaltung und in ihrer gezielten Steigerung liegen die eigentlichen Voraussetzungen für Ernährung, Industrialisierung, vermehrte Wasser- und Energiewirtschaft.

Die Menschheit wäre wissenschaftlich und technisch in der Lage, diese hier aufgezählten Forderungen zu erfüllen. Doch nach den Erfahrungen der letzten Jahre und nach der Art, wie der Mensch auf alle einsichtigen Vorschläge und Versuche reagiert, die natürliche Umwelt und ihre Leistungskraft trotz notwendiger Eingriffe zu schützen, zu steigern und durch vernünftiges Handeln neue Wege zu beschreiten, scheinen ihr die moralischen Kräfte zu fehlen, diese Aufgaben entschlossen auf sich zu nehmen. Wie reagiert die Menschheit auf diese Anforderungen heute? Durch Bagatellisierung der offensichtlichen Krankheitssymptome, durch Gleichgültigkeit und Egoismus, durch gespielte Ahnungslosigkeit, durch scheinbare Maßnahmen in der notwendigen Richtung, durch Forschheit an der falschen Stelle, durch Gewinnsucht auf Kosten der Allgemeinheit, durch fahrlässiges Handeln, durch Lässigkeit und mangelnden Mut im Durchführen erkannter Notwendigkeiten.

Es wäre vertane Zeit, die Schuld auf einzelne – etwa auf „die Industrie", etwa auf „den Verkehr", etwa auf „die Städte und Kommunen" usw. – zu schieben, Prügelknaben auszumachen und damit sich selber reinzuwaschen. Dies wäre die falsche Art, in dieser fast hoffnungslosen Lage zu reagieren. Denn wir alle sitzen im gleichen Boot und zehren nur zu gern von den in jedem Fall auf Kosten der Ökosysteme geschaffenen Errungenschaften unserer Zivilisation und unseres wirtschaftlichen Fortschritts.

Um es ganz deutlich zu sagen, was zu tun wäre: Wir müssen ab heute als Menschheit gegenüber Zusammenhängen und Tatsachen moralisch handeln, gegenüber denen – und deshalb ist dieser Anfang so schwer – die Menschheit in ihrer Vergangenheit noch niemals so hat handeln müssen. Wir haben uns an ganz neue Wertmaßstäbe zu gewöhnen.

Die „Zeichen der Zeit" sind eindeutig und unübersehbar: Die Hungerkatastrophen, die vorwiegend Folgen von irreversiblen Umweltschädigungen sind und die bisher erst die „Dritte Welt" ergriffen haben, werden von Jahr zu Jahr schrecklicher – das Waldsterben, das auch bei uns eine riesige Versteppung der Natur und dadurch verhängnisvolle Folgen für den natürlichen Wasserkreislauf nach sich ziehen wird, nimmt in katastrophaler Weise zu – die endgültige Vernichtung kulturhistorischer Bausubstanz durch die angesäuerte Luft – die erschreckende, explosionsartige Vermehrung der Menschheit, für die nicht genug Nahrung vorhanden ist – diese und andere Entwicklungen sollten die Menschen und insbesondere die Politiker zur Umkehr bestimmen.

Doch mit der Veränderung der Welt und mit den damit verbundenen und bisher noch niemals abverlangten Forderungen hat sich der Mensch selber nicht geändert. Er bleibt der alte. Ob er weiterhin in Egoismus und sträflichem Leichtsinn verharren bleibt oder ob er sich noch rechtzeitig in allen Industrienationen zur entscheidenden Umkehr durchringen kann, dürfte eine der Überlebensfragen der Menschheit sein.

Hinweise zur Ökoliteratur

Während in der 1971 erschienenen 1. Auflage von „Umwelt 2000" noch ein Großteil der damaligen Fachliteratur erfaßt werden konnte, wurden in der 3. Auflage 1973 bereits nur noch die bis dahin veröffentlichten Hauptwerke über Fragen der Umweltbelastung und des Umweltschutzes aufgeführt. Inzwischen ist die Ökoliteratur im wissenschaftlichen und im allgemeinverständlichen Bereich derart angewachsen, daß allein schon ihre Titel mehrere Bände füllen. Sie im Rahmen einer solchen Broschüre abzudrucken, wäre völlig unmöglich. Thematisch erfaßt und bibliographisch für den Interessenten bereitgestellt werden diese Publikationen aber von einer Reihe deutscher Dokumentations- und Informationsdienste und von zahlreichen Fachbibliotheken. Daher beschränken wir uns hier nur auf die folgenden Zusammenstellungen: die Literaturdienste, die Auskunft über ökologische und umweltbezogene Veröffentlichungen geben; deutsche Umweltdatenbanken, die ökologische Forschungsergebnisse speichern; einige Titel zusammenfassender Literatur und Bibliographien; eine Liste jener deutschen Zeitschriften, in denen regelmäßig über Fragen der Ökologie und der Umweltbelastung veröffentlicht wird; ferner Listen internationaler und deutscher Institutionen und Organisationen, die auf überregionaler Ebene regelmäßig Literatur über Fragen der Ökologie und des Umweltschutzes herausgeben, entsprechende Forschungen in Auftrag geben oder sich anderweitig mit diesen Themenkomplexen befassen. Aus Platzgründen nicht berücksichtigt wurden allerdings regionale, auf die Bundesländer beschränkte Institutionen und Behörden einschließlich der Umweltministerien, wiewohl sie vielfach sehr gute regionale Publikationen herausgeben. Das gleiche gilt für jene, in der Bundesrepublik zahlreichen Verlage, die regelmäßig und in großer Zahl sowohl Nachschlagewerke und Fachbücher über verschiedene Umweltthemen als auch allgemeinverständliche Bücher über den Umwelt-, Natur- und Tierschutz veröffentlichen. Jeder Fachbuch- oder Allgemeinbuchhändler informiert bereitwilligst über die neueren Titel und hat entsprechend umfangreiche bibliographische Unterlagen.

I. Literaturdienste

Umweltliteraturdatenbank (ULIT) des Umweltbundesamtes, Berlin. Diese bibliographische Datenbank enthält Literaturzitate aus dem deutschen Sprachraum seit 1976.

Informations- und Dokumentationssystem Umwelt (UMPLIS) des Umweltbundesamtes, Berlin. Eine deutschsprachige Fachinformation zum Umweltschutz.

Bertelsmann Datenbankdienste GmbH, München, DATA-STAR. Informationen zu Datenbanken zum Thema Umwelt.

Bundesforschungsanstalt für Fischerei, Informations- und Dokumentationsstelle, Hamburg (Aquatische Biologie, Ökologie, Gewässerverschmutzung, Limnologie, Meereskunde usw.).

Bundesforschungsanstalt für Forst- u. Holzwirtschaft, Dokumentation, Hamburg (Umweltschutz u. Naturschutz, auf den Wald bezogen).

Informationszentrum für Biologie (IZB), Forschungsinstitut Senckenberg, Frankfurt/M. (Biologie, Zoologie, Botanik, Ökologie).

Ferner ermöglichen zahlreiche nationale und zentrale Fachbibliotheken, große Regionalbibliotheken und insbesondere Universitätsbibliotheken die Benutzung von Informations- und Dokumentationssystemen.

II. Datenbanken und Datenbankenbetreiber

BDNL (Bundesdatenbank für Naturschutz und Landschaftspflege/Flächendatenbank) Datenbasishersteller: Bundesforschungsanstalt für Naturschutz und Landschaftsökologie, Bonn.

LISDOK (Literaturdatenbank Immissionsschutz) Datenbasishersteller: Landesanstalt für Immissionsschutz des Landes Nordrhein-Westfalen, Essen (Luftverunreinigungen, Lärm, Europa).

ELIS (Environmental Law Information System) Datenbasishersteller: International Union for Conservation of Nature and Natural Resources (IUCN), Bonn (Umweltrecht, Umweltpolitik, Umweltverwaltung).

DETEQ (DECHEMA Environmental Technology Equipment Databank) Datenbasishersteller: DECHEMA Deutsche Gesellschaft für chemisches Apparatewesen e.V., Frankfurt/M. (Umwelttechniken, Sicherheitstechnik).

DIMDI (Deutsches Institut für medizinische Dokumentation und Information, Köln).

UFORDAT (Umweltforschungsdatenbank) Datenbasishersteller: Umweltbundesamt, Berlin (sämtliche Umweltfragen).

DATA-STAR: Informationen zu Datenbanken zum Thema Umwelt. Über Bertelsmann Datenbankdienste GmbH, München, u. a. UFOR, Umweltforschungsdatenbank (s.o.), National Technical Information Service, Compendex (Abfall, Umweltverschmutzung), Martindale Online (Insektizide, Gifte).

GEOFIZ, Informationszentrum Rohstoffgewinnung, Geowissenschaften, Wasserwirtschaft, Hannover (u. a. Umweltgeologie).

GRID (Global Resource Information Database) funded by the United Nations Environment Programme, Norwegian Computing Centre, and British Department of the Environment.

III. Zusammenfassende Literatur

Verzeichnis deutscher Datenbanken, Datenbank-Betreiber und Informationsvermittlungsstellen: Bundesrep. Deutschland und Berlin (West). – Hrsg. Ges. f. Inform. u. Dokum., Frankfurt/M. (Verl. Saur, München), 1985.

Verzeichnis deutscher Informations- und Dokumentationsstellen: Bundesrep. Deutschland u. Berlin (West). – Hrsg. Ges. f. Inform. u. Dokument. (GID), Frankfurt/M. (Verl. Saur, München), 1982.

SCHMIDT, R.: Informationsagenturen im Bereich der Raumforschung, Geowissenschaften und Umweltdisziplinen. Bd. 1. 297 S., (Verl. Saur, München), 1986.

Dokumentation für Umweltschutz. (Verl. W. Kohlhammer, Stuttgart).

The State of the Environment 1985. Umweltbilanz der OECD, 271 S. (OECD Public. & Inform. Centre Bonn), 1985.

OECD Environmental Data Compendium 1985. Zahlenwerk der Umwelt-Probleme aller OECD-Länder, 297 S. (OECD Publ. & Inform. Centre Bonn), 1985.

Environment and Economics. Ergebnisse OECD-Umweltministerkonferenz, 247 S. (OECD Publ. & Inform. Centre Bonn), 1985.

Daten und Dokumente zum Umweltschutz, eine Informationsreihe der Dokumentationsstelle der Universität Hohenheim (Bibliographien, Tabellen, Originalarbeiten).

Oceanic Abstracts. (Data Courier Inc., Louisville).

Pollution Abstracts. (Data Courier Inc., Louisville).

Was Sie schon immer über Umwelt wissen wollten. Ausg. 1984/85. 2. verb. u. erw. Aufl., herausg. v. Bundesministerium des Innern. (Verl. W. Kohlhammer, Köln), 1985.

IV. Zeitschriften

Acta Oecologica

Allgemeine Forst Zeitschrift (BLV Verlagsges. München).

Anzeiger für Schädlingskunde, Pflanzenschutz, Umweltschutz (Verl. Parey Berlin).

Archiv für Hydrobiologie (Schweizerbart Stuttgart).

Beiträge zur Umweltgestaltung (E. Schmidt Verl. Berlin).

Berichte der Akademie für Naturschutz und Landschaftspflege (ANL), Laufen/Salzach (mit Beiheften).

Bio Garten (pala-verlag, Schaafheim).

Das Tier. Grzimeks und Sielmanns internationale Zeitschrift für Tier, Mensch und Natur (Verl. Hallwag, Bern).

Der Sportfischer. Informationsdienst des Verbandes Deutscher Sportfischer, Offenbach a. M.

Die Umschau. Forschung, Entwicklung, Technologie (Brönner Verl. Breidenstein, Frankfurt/M.).

Die Vogelwelt. Zeitschrift für Vogelkunde und Vogelschutz (Verl. Duncker & Humblot, Berlin).

Dokumentation für Umweltschutz und Landschaftspflege (Verl. W. Kohlhammer, Stuttgart).

Forstwissensch. Centralblatt (Verlag Parey Hamburg).

Garten und Landschaft (Verl. Callwey, München).

Garten Organisch. Zeitschrift für naturgemäßes Gärtnern (Verl. Siebeneicher, Ulm).

Gesunde Pflanzen. Zeitschrift für Pflanzenschutz, Verbraucherschutz, Umweltschutz.

Geographische Rundschau (Westermann Verl., Braunschweig).

Hercynia, N. F.

Informationen zu Naturschutz und Landschaftspflege in Nordwestdeutschland (BSH-Verl., Wardenburg).

Informationen zur Raumentwicklung.

Kosmos. Damit Mensch und Natur Zukunft haben (Franckh, Stuttgart).

Laufener Seminarbeiträge (Akad. Natursch. Landschaftspfl., Laufen/Salzach).

Marine Biology (Springer Verl., Berlin).

Marine Ecology (Verl. Parey Berlin).

Meeresforschung (Verl. Parey Hamburg).

Mitteilungen der Bundesforschungsanstalt für Forst- und Holzwirtschaft, Hamburg.

Nachrichtenblatt des Deutschen Pflanzenschutzdienstes (Verl. Ulmer, Stuttgart).

Natur. Das Umweltmagazin (Ringier Verlag München).

Natur und Landschaft. Zeitschrift für Umweltschutz, Landschaftspflege und Umweltschutz (Verl. Kohlhammer, Köln).

Natur + Recht. Zeitschrift für das gesamte Recht zum Schutze der natürlichen Lebensgrundlagen (Verl. Parey Hamburg).

Naturwissenschaftliche Rundschau (Wissenschaftl. Verlagsges. Stuttgart).

Oecologia (Springer-Verl. Berlin).

Osnabrücker Naturwissenschaftliche Mitteilungen (Naturwiss. Mus. u. Naturwiss. Verein, Osnabrück).

Panda (Hrsg. WWF Schweiz).

Rheinische Landschaften. Schriftenreihe für Naturschutz und Landschaftspflege (Rhein. Ver. f. Denkmalpfl. u. Landschaftsschutz, Köln).

Schriftenreihe für Landschaftspflege und Naturschutz (Veröff. d. Bundesforschungsanst. f. Naturschutz u. Landschaftsökol., Bonn; Landwirtschaftsverl. Münster-Hiltrup).

Schriftenreihe für Vegetationskunde (alles wie vor).

Schriftenreihe des Vereins für Wasser-, Boden- und Lufthygiene (Verl. G. Fischer, Stuttgart).

Umwelt. Zeitschrift des Vereins Deutscher Ingenieure für Immissionsschutz, Abfall, Gewässerschutz (VDI-Verl. Düsseldorf).

Umweltmagazin. Fachzeitschrift für Umwelttechnik in Industrie und Kommune (Vogel-Verl. Würzburg).

Umwelt-Report. Schnellinformation für Politik, Forschung, Wirtschaft, Industrie (VDI-Verl. Düsseldorf).

umwelt & technik. Kennziffer-Informationen für Umwelt-Investitionen (Europa-Fachpresse-Verl., München).

Unterricht Biologie. Zeitschrift für moderne Natur- und Umwelterziehung (Friedrich Verl., Seelze).

Veröffentlichungen für Naturschutz und Landschaftspflege in Baden-Württemberg (Landesanst. f. Umweltschutz Baden-Württ., Karlsruhe).

Wasser und Boden. Organ des Bundes der Wasser- und Kulturbauingenieure (Verl. Parey Hamburg).

Wasserwirtschaft. Organ des Dtsch. Verb. f. Wasserwirtschaft u. Kulturbau (Franckh, Stuttgart).

Zeitschrift für Kulturtechnik und Flurbereinigung (Verl. Parey Berlin).

Zeitschrift für Lärmbekämpfung (Springer-Verl. Berlin).

V. Institutionen

die regelmäßig Literatur zu Fragen der Ökologie und des Umweltschutzes herausgeben oder sich anderweitig mit diesem Themenkomplex befassen.

1. Internationale Institutionen und Organisationen:

Europäische Gemeinschaften, Direktorat für Umweltfragen und Verbraucherschutz, Rue de la Loi, Brüssel 170, Belgien.

Europarat, Council of Europe, Ausschuß für Naturschutz und natürliche Hilfsquellen, Place Lenôtre 67, Strasbourg, Frankreich.

European Environmental Bureau, Rue Vautier 31, B-1040 Brüssel, Belg.

Internationale Rheinschutzkommission, Kaiserin-Augusta-Anlage 15–17, 5400 Koblenz.

Internationale Naturschutz-Union, International Union for Conservation of Nature and Natural Resources (IUCN), Avenue Mont Blanc, CH-1196 Gland, Schweiz.

Internationaler Rat für Vogelschutz (IRV), Deutsche Sektion, An der Vogelwarte 21, 2940 Wilhelmshaven.

International Union for Conservation of Nature and Natural Resources (IUCN), Adenauerallee 214, 5300 Bonn 1.

OECD Publications & Information Centre Bonn, Simrockstr. 4, 5300 Bonn 1.

Organisation für wirtschaftliche Zusammenarbeit und Entwicklung (OECD), Umweltkomitee, Château de la Muette, Rue André Pascal, Paris XVI, Frankreich.

Vereinte Nationen, United Nations (UN), UN-Verwaltungsrat für Umweltprogramme, UN-Headquarters, New York, USA.

World Wildlife Fund (WWF), Verein zur Förderung des WWF e.V., Sophienstr. 44, 6000 Frankfurt/M. 90.

2. Deutsche Institutionen, Behörden und Organisationen:

Akademie für Naturschutz und Landschaftspflege, Seethalerstr. 6, 8229 Laufen/Salzach.

Aktionsgemeinschaft Umweltschutz e.V., Lauteschlägerstr. 24, 6100 Darmstadt.

Arbeitsgemeinschaft für Abfallwirtschaft, Lindenallee 13–17, 5000 Köln-Marienburg.

Arbeitsgemeinschaft für Alltagsökologie (AGA), Norrenbergstr. 132, 5600 Wuppertal 2.

Arbeitsgemeinschaft Deutscher Beauftragter für Naturschutz und Landschaftspflege (ABN), Konstantinstr. 110, 5300 Bonn 2.

Arbeitsgemeinschaft Ökologischer Forschungsinstitute (AGÖF), c/o IBEK, Bismarckstr. 33, 7500 Karlsruhe.

Arbeitskreis regionale und kommunale Energiekonzepte, c/o Öko-Institut Freiburg.

Bund Umwelt- und Naturschutz Deutschland (BUND), Godesbergerstr. 17, 5300 Bonn 1.

BUND-Umweltzentrum, Rotebühlstr. 84/1, 7000 Stuttgart 1.

BUND-Naturschutzzentrum, Mühlbachstr. 2, 7760 Radolfzell 16.

Bundesanstalt für Land- und Forstwirtschaft, Messeweg 11/12, 3300 Braunschweig.

Bundesarbeitsgemeinschaft Biogas, c/o Lym Johannsen, Hoisbütteler Dorfstr. 5, 2071 Ammersbeck 1.

Bundesforschungsanstalt für Fischerei, Palmaille 9, 2000 Hamburg 50.

Bundesforschungsanstalt für Forst- und Holzwirtschaft, Leuschnerstr. 91, 2050 Hamburg 80.

Bundesforschungsanstalt für Naturschutz und Landschaftsökologie, Konstantinstr. 110, 5300 Bonn 2.

Bundesministerium für Ernährung, Landwirtschaft und Forsten, Rochusstr. 1, 5300 Bonn-Duisdorf.

Bundesministerium für Forschung und Technologie, Heinemannstr. 2, 5300 Bonn 2.

Bundesministerium des Innern, Rheindorferstr. 198, 5300 Bonn 1.

Bundesverband Bürgerinitiativen Umweltschutz e.V. (BBU), Friedrich-Ebert-Allee 120, 5300 Bonn 1.

Bundesvereinigung gegen Fluglärm e.V., 6082 Mörfelden.

Deutsche Gesellschaft für Sonnenenergie, Goethestr. 28, 8000 München 2.

Deutsche Gesellschaft für Windenergie e.V., Sonnenweg 7, 2121 Kirchgellersen.

Deutscher Alpenverein, Praterinsel 5, 8000 München 22.

Deutsche Umwelthilfe – Fachinformation, Schloßstr. 12, 7763 Öhningen/Bodensee.

Deutsche Umweltstiftung, Schlachthofstr. 6, 6778 Germersheim.

Deutscher Naturschutzring e.V., Kalkuhlstr. 24, 5300 Bonn 3.

Dokumentationsstelle der Universität Hohenheim, 7000 Stuttgart-Hohenheim.

Europäisches Institut für Umweltpolitik (Dokumentationsservice Luftreinhaltung), Aloys-Schultestr. 6, 5300 Bonn 1.

Forschungsinstitut Senckenberg, Senckenberganlage 25, 6000 Frankfurt/Main 1.

Fortbildungszentrum Gesundheits- und Umweltschutz Berlin e.V., Caspar-Theyß-Str. 7, 1000 Berlin 33.

Fraunhofer-Institut für Solare Energiesysteme (ISE), Olttmannstr. 22, 7800 Freiburg-Merzhausen.

Greenpeace–Deutschland, Hohe Brücke 1 (Haus der Seefahrt), 2000 Hamburg.

Institut für Energie- und Umweltforschung Heidelberg e.V. (IFEU), Im Sand 5, 6900 Heidelberg.

Institut für ökologische Forschung und Bildung e.V., Kettelerstr. 15, 4400 Münster.

Landesanstalt für Immissionsschutz (LIS) des Landes Nordrhein-Westfalen, Wallneyer Str. 6, 4300 Essen I.

Öko-Institut, Hindenburgstr. 20, 7800 Freiburg.

Schutzgemeinschaft Alpen e.V., Altersheimerstr. 16, 8000 München 90.

Studiengruppe für Biologie und Umwelt GmbH, Nussbaumstr. 14, 8000 München 2.

Umweltbundesamt, Bismarckplatz 1, 1000 Berlin 33.

Vereinigung Deutscher Gewässerschutz e.V., Mathias-Grünewaldstr. 1–3, 5300 Bonn 2.

World Wildlife Fund (WWF), Sophienstr. 44, 6000 Frankfurt/M. 90.

Sachregister